Marco Kruse

Mehrobjekt-Zustandsschätzung mit verteilten Sensorträgern am Beispiel der Umfeldwahrnehmung im Straßenverkehr

**Forschungsberichte aus der Industriellen Informationstechnik
Band 5**

Institut für Industrielle Informationstechnik
Karlsruher Institut für Technologie
Hrsg. Prof. Dr.-Ing. Fernando Puente León
     Prof. Dr.-Ing. habil. Klaus Dostert

Eine Übersicht über alle bisher in dieser Schriftenreihe erschienenen Bände
finden Sie am Ende des Buchs.

Mehrobjekt-Zustandsschätzung mit verteilten Sensorträgern am Beispiel der Umfeldwahrnehmung im Straßenverkehr

von
Marco Kruse

Dissertation, Karlsruher Institut für Technologie (KIT)
Fakultät für Elektrotechnik und Informationstechnik
Tag der mündlichen Prüfung: 24. Januar 2013
Referenten: Prof. Dr.-Ing. F. Puente León (KIT),
Prof. Dr. W. Burgard (Albert-Ludwigs-Universität Freiburg)

Impressum

Karlsruher Institut für Technologie (KIT)
KIT Scientific Publishing
Straße am Forum 2
D-76131 Karlsruhe
www.ksp.kit.edu

KIT – Universität des Landes Baden-Württemberg und
nationales Forschungszentrum in der Helmholtz-Gemeinschaft

KIT Scientific Publishing 2013
Print on Demand

ISSN 2190-6629
ISBN 978-3-86644-982-4

Mehrobjekt-Zustandsschätzung mit verteilten Sensorträgern am Beispiel der Umfeldwahrnehmung im Straßenverkehr

Zur Erlangung des akademischen Grades eines

DOKTOR-INGENIEURS

von der Fakultät für

Elektrotechnik und Informationstechnik

des Karlsruher Instituts für Technologie (KIT)

genehmigte

DISSERTATION

von

Dipl.-Ing. Marco Kruse

geb. in Heppenheim/Bergstraße

Tag der mündl. Prüfung: 24. Januar 2013
Hauptreferent: Prof. Dr.-Ing. F. Puente León, KIT
Korreferent: Prof. Dr. W. Burgard, Albert-Ludwigs-Universität Freiburg

Vorwort

Diese Dissertation entstand während meiner Zeit als wissenschaftlicher Mitarbeiter am Institut für Industrielle Informationstechnik (IIIT) des Karlsruher Instituts für Technologie. Ich möchte ganz herzlich allen danken, die zu ihrem Gelingen beigetragen haben.

Insbesondere danke ich Professor Fernando Puente León für die Ermöglichung und Betreuung der Arbeit, die großen Freiheiten bei der Themenwahl und -bearbeitung, sowie das große Verständnis in schweren Zeiten. Auch Professor Wolfram Burgard gilt meine große Dankbarkeit dafür, dass er ein weiteres Korreferat übernommen hat und sogar zwischen den Jahren Zeit für das Gutachten opferte.

Das familiäre Arbeitsklima am Institut wird mir fehlen, daher möchte ich allen Angestellten des IIIT für die schöne Zeit danken.

Ohne meine Frau Sandra und ihre endlose Unterstützung wäre mir diese Arbeit nie gelungen. Danke.

Karlsruhe, im Februar 2013   Marco Kruse

Für Mathilda

Inhaltsverzeichnis

Abkürzungen und Symbole

Allgemeine Abkürzungen

Akronym	Bedeutung
d. h.	das heißt
i. Allg.	im Allgemeinen
o. B. d. A.	ohne Beschränkung der Allgemeinheit
u. i. v.	unabhängig identisch verteilt
v. a.	vor allem
z. B.	zum Beispiel
AMM	*autonomous multiple model*
APF	*Auxiliary*-Partikel-Filter
BF	*Bootstrap*-Filter
CA	*constant acceleration*
CBMeMBer	*Cardinality-Balanced Multi-Target-Multi-Bernoulli*
CKF	*Cubature-Kalman*-Filter
CP	*constant position*
CTRA	*constant turn rate and acceleration*
CV	*constant velocity*
EAP	*expected a posteriori*
EKF	*Extended-Kalman*-Filter
EZM	endliche Zufallsmenge
ESP	elektronisches Stabilitätsprogramm
FISST	*finite set statistics*
ID	*identity*
IKF	*Iterated-Kalman*-Filter
IMM	*interacting multiple model*
JIPDA	*joint integrated probabilistic data association*
KF	*Kalman*-Filter
MAP	*maximum a posteriori*
MB	Multi-*Bernoulli*
MeMBer	*Multi-Target-Multi-Bernoulli*
MKMC	*Markov-Ketten-Monte-Carlo*
OSPA	*optimal subpattern assignment*

Akronym	Bedeutung
PHD	*probability hypothesis density*
SIR/SIS	*sequential importance re-/sampling*
SLAM/SLAT	*simultaneous localization and mapping/tracking*
SPUKF	*Spherical-Simplex-Unscented-Kalman*-Filter
SRUKF	*Square-Root-Uncented-Kalman*-Filter
UKF	*Unscented-Kalman*-Filter
UT	*Unscented*-Transformation
WEF	wahrscheinlichkeitserzeugendes Funktional

Generelle mathematische Notation

Notation	Bedeutung
a	Skalare und Funktionen: kursiv geschrieben
$\mathbf{a}$	Matrizen und Vektoren: fett geschrieben
a	Mengen: serifenlos geschrieben
a	Mengenvektoren: serifenlos und fett geschrieben
$A, \mathbf{A}, \mathsf{A}, \mathbf{A}$	Zufallsgrößen: groß geschrieben
$\emptyset$	leere Menge
$A \sim f_A$	Die Zufallsgröße A ist verteilt anhand der Dichte f_A

Kurzschreibweisen

Schreibweise	Bedeutung
$\langle f, g \rangle_{\mathbf{x}}$	Innenprodukt für reelle Funktionen: $\int f(\mathbf{x}) \cdot g(\mathbf{x})\, d\mathbf{x}$
$\sum_d f(d), \prod_d f(d), \bigcup_d f(d)$	Summation, Multiplikation, Vereinigung über alle zulässigen Werte von d
$\mathsf{a} \uplus \mathsf{b}$	disjunkte Vereinigung: $\mathsf{a} \cup \mathsf{b} \,\vert\, \mathsf{a} \cap \mathsf{b} = \emptyset$
$J_f(\mathbf{x})$	*Jacobi*-Matrix der Funktion f an der Stelle $\mathbf{x}$
$\mathsf{L}_{\mathbf{z}}$	*Likelihood* einer Detektion $f_{\mathbf{Z}}(\mathbf{z} \vert \mathbf{x}, \mathbf{s})$
$L(\mathsf{z}, \mathsf{x})$	*Likelihood* der Detektionsmenge z für die Objektmenge x
$\mathcal{N}(\mathbf{x}; \mathbf{m}, \mathbf{c})$	Dichte einer normalverteilten Zufallsgröße mit Erwartungswert $\mathbf{m}$ und Kovarianzmatrix $\mathbf{c}$
$\mathcal{U}(\mathbf{x}; \mathbf{x}_{\min}, \mathbf{x}_{\max})$	Dichte der Gleichverteilung mit Träger $\mathbf{x}_{\min} \leq \mathbf{x} \leq \mathbf{x}_{\max}$
$\mathcal{UT}_f(\mathbf{m}, \mathbf{c})$	*Unscented*-Transformation des Erwartungswertes $\mathbf{m}$ und der Kovarianzmatrix $\mathbf{c}$ mit der Funktion f

Operatoren

Notation	Bedeutung
$\frac{\delta}{\delta a}$	Mengenableitung
$\int \delta a$	Mengenintegral
$\mathbf{1}_a$	Indikatorfunktion der Menge a
$|a|$	Betrag des Skalars a
$|\mathbf{a}|$	Betrag des Vektors / Determinante der Matrix $\mathbf{a}$
$|a|$	Kardinalität der Menge a
$\|a\|$	Norm von a
$\bar{a}$	Komplementärmenge der Menge a
$\mathbb{E}\{A\}$	Erwartungswert der Zufallsgröße A
$F_A[h]$	WEF der EZM A bezüglich der Testfunktion h
$\mathcal{F}(a)$	Menge der endlichen Teilmengen der Menge a
$\mathcal{P}(a)$	Potenzmenge der Menge a
Π_a	Menge aller Permutationen der Elemente der endlichen Menge a

Zahlenmengen

Symbol	Zahlenmenge
$\mathbb{N}$	natürliche Zahlen
$\mathbb{Z}$	ganze Zahlen
$\mathbb{R}$	reelle Zahlen

Lateinische Symbole

Notation	Bedeutung
a	Beschleunigung
c	Begrenzungsparameter der OSPA-Metrik
$\mathbf{c}_A$	Kovarianzmatrix des Zufallsvektors $\mathbf{A}$
C	Falschalarmmenge
d_c^p	OSPA-Metrik
d_F	*Fréchet*-Distanz
d_M	*Mahalanobis*-Distanz

Notation	Bedeutung
$d, \mathbf{d}, D, \mathbf{D}$	Metrik, Differenzvektor oder diskrete Zustandsgrößen
D_A	PHD der EZM A
f_A	Wahrscheinlichkeitsdichte der Zufallsgröße A
$F_A(a)$	Verteilungsfunktion der Zufallsgröße A
$g, \overline{g}, \overline{\mathbf{g}}$	Systemmodell, zugehörige Matrix oder Testfunktion bezüglich der Messung
$h, \mathbf{h}$	Messmodel, zugehörige Matrix oder Testfunktion bezüglich des Mehrobjekt-Zustandes
$\mathbf{i}$	Einheitsmatrix
i	Menge von Indices
k	Vorschlagsdichte
l	Zuordnungsvektor von Objekten zu Detektionen
$\mathbf{m_A}$	Erwartungswertvektor des Zufallsvektors $\mathbf{A}$
N_A	erwartete Kardinalität der EZM A
p	Wahrscheinlichkeit, Ordnungsparameter
$\mathbf{p}$	Übergangswahrscheinlichkeiten-Matrix oder Positionsvektor
p_d	Moduswahrscheinlichkeit
p_{d_1,d_2}	Übergangswahrscheinlichkeit von Modus d_1 nach d_2
p_D	Detektionswahrscheinlichkeit
$p_\exists$	Existenzwahrscheinlichkeit
p_G	*Gating*-Wahrscheinlichkeit
p_P	Persistenzwahrscheinlichkeit
P_A	Wahrscheinlichkeitsmaß der Zufallsgröße A
q	Testfunktion bezüglich des Sensorträgerzustand
q_{d_1,d_2}	Übergangsrate von Modus d_1 nach Modus d_2
$\mathbf{q}$	Kovarianz des Systemrauschens oder Übergangsratenmatrix
r	radialer Abstand
$\mathbf{r}$	Kovarianz des Messrauschens
$\mathbf{s}, s$	Sensorträgerzustand, stetige Zustandsgrößen oder *Cholesky*-Faktor
t	Zeit
T_k	Abtastzeit des k-ten Zeitschrittes
$\mathbf{T}$	binäre Matrix-Maske
$u, \mathbf{u}$	Steuergrößen
v	Geschwindigkeitsbetrag
v_rad	Radialgeschwindigkeit
$V, \mathbf{V}$	Systemrauschen

Notation	Bedeutung
w	Gewichtungsfaktor
$W, \mathbf{W}$	Messrauschen
$x, \mathbf{x}, \mathsf{x}, \boldsymbol{\mathsf{x}}$	System-, Objekt- oder Mehrobjekt-Zustand
$\mathcal{X}$	Zustandsraum eines Objektes
$\mathsf{X_L}$	Fehldetektions-Objekthypothesen
$\mathsf{X_U}$	detektionsinduzierte Objekthypothesen
$z, \mathbf{z}, \mathsf{z}, \boldsymbol{\mathsf{z}}$	Messung oder Detektion
$\mathcal{Z}$	möglicher Wertebereich einer Detektion

Griechische Symbole

Notation	Bedeutung
α	Skalierungsfaktor
β	Beobachtungswinkel bei Lidar-/Radarsensoren
$\beta_{i,l}$	Assoziationswahrscheinlichkeit zwischen Objekt i und Detektion l
β_A	Glaubwürdigkeitsfunktion der EZM A
δ	*Kronecker*-Delta oder *Dirac*-Distribution
ζ	Objekt-ID
θ	Orientierungswinkel
θ_{il}	*Gating*-Koeffizienz für Objekt i und Detektion l
Θ	*Gating*-Matrix
λ	Assoziationskoeffizient
$\lambda(\mathsf{i}, \mathbf{z})$	Subassoziations-*Likelihood*
Λ	A-priori-Assoziations-*Likelihood*-Matrix
$\Lambda(\mathsf{i}, \mathbf{z})$	Subassoziations-Matrix
μ_A	Erwartungswert der Zufallsgröße A
ρ	Korrelationskoeffizient
σ	Standardabweichung oder *Heaviside*-Funktion
Σ	σ-Algebra
τ_d	Verweildauer im Modus d
ψ	Abbildung einer endlichen Menge in einen Vektor durch Verkettung der Elemente
ω	Elementarereignis oder Gierrate
Ω	Ereignismenge

1 Einleitung

1.1 Motivation

Nutzten Menschen technische Werkzeuge zunächst um ihnen einzelne Arbeitsschritte zu erleichtern, sind mit zunehmendem Fortschritt in immer größeren Teilen der Berufswelt und des Alltags technische Systeme in der Lage, die jeweilige Aufgabe des Menschen vollständig autonom auszuüben. Die größte Hürde bei der Entwicklung autonomer Systeme ist vor allem die zuverlässige Beherrschung der Variabilität und Komplexität der Umgebung, in der die Systeme eingesetzt werden. Daher ist zur Zeit in abgeschlossenen, kontrollierten Umgebungen wie Produktionsstraßen der Automatisierungsgrad deutlich höher als z. B. in offenen, weniger vorhersehbaren Umgebungen wie dem Straßenverkehr.

Damit ein System die ihm gestellte Aufgabe selbstständig bewältigen kann, muss es zunächst alle nötigen Größen bestimmen, welche seine Handlung beeinflussen könnten. Dies geschieht durch A-priori-Wissen, welches der Entwickler fest vorgibt, direkt durch sensorische Messungen oder indirekt durch Inferenz aus diesen. Die Gesamtheit dieser Größen bildet dann das Weltbild bzw. Umfeldlagebild des Systems, welches die Grundlage der Entscheidungsfindung ist, welche wiederum die nötigen Stellgrößen für die Aktorik des Systems vorgeben muss, damit sich der Wirkungskreis aus Umfeld, Wahrnehmung, Entscheidungsfindung und Aktorik – einem Regelkreis entsprechend – schließt.

Da sowohl das Vorwissen zumeist unvollständig ist und auch die sensorischen Messungen stets fehlerbehaftet sind, ist eine stochastische Herangehensweise vorteilhaft, so dass das System nicht ein konkretes Weltbild, sondern alle möglichen Weltbilder, jeweils mit einer zugeordneten Wahrscheinlichkeit, betrachtet. Die konsequente Beibehaltung der stochastischen Beschreibung bis in die Entscheidungsfindung ermöglicht es, auch verschiedene Handlungsalternativen und deren Folgen gemäß der Wahrscheinlichkeit ihres Eintretens und der damit verbundenen Risiken zu bewerten. Dies ist vor allem nützlich, wenn die Unsicherheit bezüglich des Weltbildes oder die Variabilität des Risikos bezüglich Änderungen des Weltbildes besonders hoch ist.

Um in komplexen Umgebungen alle relevanten Größen des Umfeldes zu erfassen, nutzen technische Systeme aus mehreren Gründen in zunehmendem Maß multiple Sensoren und fusionieren deren Daten. Durch konkurrierende Fusion (homogene Sensoren mit überlappendem Erfassungsbereich) können die stochastischen Messfehler einzelner Sensoren kompensiert werden, so dass eine höhere Präzision des Gesamtsystems ermöglicht wird. Komplementäre Fusion (homogene Sensoren mit disjunktem Erfassungsbereich) ermöglicht eine Erweiterung des Wahrnehmungshorizontes des Systems. Die kooperative Fusion ermöglicht die Extraktion neuartiger Information durch die gleichzeitige Betrachtung mehrerer Sensoren (z. B. Bestimmung des Einfallwinkels eines Audiosignals mit einem Stereomikrofon). Die Fusion kann hierbei auf unterschiedlichen Abstraktionsniveaus stattfinden, wobei die Signalebene die niedrigste Stufe darstellt, auf der die rohen Sensorsignale verwendet werden. Dadurch geht keinerlei Information verloren, aber der Verarbeitungsaufwand ist mitunter enorm, und teilweise ist eine Fusion auf dieser Ebene theoretisch unmöglich. Darüber angesiedelt ist die Merkmalsebene, gefolgt von der Symbolebene als höchstes Abstraktionsniveau. Mit jeder Abstraktionsstufe sinkt der Verarbeitungsaufwand, da eine Datenreduktion stattfindet, weshalb aber auch stets Information verloren geht [80].

Die begriffliche Gliederung der Wahrnehmung in der Psychologie in **Exterozeption** (die Wahrnehmung der Außenwelt) und **Interozeption** (die Wahrnehmung des eigenen Körpers) lässt sich auch auf autonome Systeme anwenden. Die Interozeption ist nochmals unterteilt in **Propriozeption** (Wahrnehmung der eigenen Pose und Bewegung) und **Viszerozeption** (Wahrnehmung körperinterner Vorgänge). Hierbei ist für das Beispiel des Automobils eine Entwicklung der Wahrnehmung von der Anfangs reinen Viszerozeption (im Zuge der Überwachung des Antriebsstranges) über Hinzunahme der Propriozeption (im Zuge von Sicherheitssystemen wie ESP) hin zur umfassenden Wahrnehmung inklusive Exterozeption (mittels Kameras, Radar etc. für moderne Fahrerassistenzsysteme) beobachtbar. Der nächste logische Schritt ist die Ausweitung der Wahrnehmung durch das Einbeziehen der Sensoren anderer Verkehrsteilnehmer durch Kommunikation, sozusagen eine kooperative Exterozeption. Es ist zu erwarten, dass hierdurch für den einzelnen Verkehrsteilnehmer der Wahrnehmungshorizont erweitert wird und die Zuverlässigkeit der Wahrnehmung steigt.

Während Systeme auf Basis der Propriozeption, wie ESP oder Navigationssysteme, heutzutage Standard in Automobilen sind, erhalten Systeme welche auch die Exterozeption miteinbeziehen erst nach und nach Einzug ins Automobil. Diese Arbeit möchte einen Beitrag dazu leisten, den nächsten Schritt hin zur kooperativen Exterozeption zu gehen, wobei das Augenmerk darauf liegt, die relevanten Verkehrsteilnehmer wahrzunehmen und deren Zustände zu schätzen. Dies bildet die Grundlage für zukünftige Fahrerassistenzfunktionen oder gar autonomes Fahren. Ein großes Manko der methodischen Ansätze, die man auf diese erweiterte Aufgabenstellung übertragen kann, ist die fehlende Berücksichtigung der Unsicherheit bezüglich der Position der verschiedenen Sensorträger, weshalb dieser Aspekt in dieser Arbeit in den Fokus gestellt wird.

1.2 Struktur der Arbeit

Die übrigen Kapitel dieser Arbeit gliedern sich wie folgt. In Kapitel 2 werden grundlegende mathematische Zusammenhänge wiederholt. Das Kapitel 3 stellt den grundsätzlichen Ansatz der *Bayes*-Rekursion sowie deren bekannteste analytische Lösung – das *Kalman*-Filter – vor, woraufhin Kapitel 4 die wichtigsten Methoden umreißt, um diesen Ansatz auf praktische Anwendungen zu übertragen, in denen die restriktiven Annahmen des *Kalman*-Filters meist nicht erfüllt sind. Eine ebenfalls häufig in der Praxis benötigte Erweiterung sind diskrete Zustandsgrößen, z. B. um Systeme mit zeitlich stark variierender Dynamik zu beschreiben, weshalb diese in Kapitel 5 behandelt werden. All diese Methoden bilden die Grundlage für das Kapitel 6, welches das Hauptkapitel dieser Arbeit darstellt. In ihm wird zunächst ein Rahmenwerk vorgestellt, welches in der Lage ist, Daten sowohl von stationären als auch mobilen sowie unsicher lokalisierten Sensoren zu fusionieren. Die hierfür benötigten Mehrobjekt-Zustandsschätzer werden anschließend im Detail hergeleitet und ein approximatives Messmodel vorgestellt, um zu implementierbaren Lösungen zu gelangen. Das Kapitel endet mit einer Simulation und Evaluierung. Abschließend findet sich in Kapitel 7 eine Zusammenfassung der Arbeit sowie denkbare Ansätze für Nachfolgearbeiten.

1.3 Eigener Beitrag

Diese Arbeit richtet sich auf Grund ihrer Natur als Abschlussarbeit an zwei unterschiedliche Lesergruppen. Zum einen die Prüfer, welche vor allem die eigene Leistung des Autoren klar erkennen und bewerten müssen, zum anderen rein fachlich interessierte Leser, welche, ebenso wie der Autor, einer klaren, stringenten Darstellung des Inhalts gegenüber einer klaren Trennung von eigener und Vorarbeit den Vorzug geben dürften. Auch wenn später verwendete und weiterführende Literatur stets angegeben ist, soll in diesem Abschnitt klar herausgestellt werden, welche Aspekte dieser Arbeit der Autor als eigene Leistung beansprucht und als promotionswürdig erachtet.

Dies ist zunächst die Modellierung der Modus-Übergangswahrscheinlichkeit mit Hilfe von Modell-Modus-Dichten in Kapitel 5, wodurch es ermöglicht wird, A-priori-Wissen darüber, wann welches Bewegungsmodell vorteilhafter ist, in die Zustandsschätzung mit einzubringen.

Des Weiteren die systematische Betrachtung der Unsicherheit des Sensorträgerzustandes in Kapitel 6. Als einzige vergleichbare Arbeit ist dem Autoren die Quelle [60] bekannt, welche ausschließlich das PHD-Filter berücksichtigt. In ihr wird aber zunächst ein sehr unterschiedliches Sensormodell angesetzt, um dann durch ein einfacheres ersetzt zu werden, bei dem unklar ist, welche Annahmen es widerspiegelt. Als Ergebnis wird für die Korrektur des Sensorträgerzustandes eine Formel präsentiert, welche keinerlei Abhängigkeit von der Messung des exterozeptiven Sensors besitzt. Dies würde aber die Effektivität sämtlicher SLAM-Methoden leugnen. Die dem Autor bekannten SLAM-Verfahren hingegen betrachten im Gegensatz zu dieser Arbeit nur einen einzigen Sensorträger.

Nach Wissen des Autors ist dies auch die erste Arbeit, welche, durch Einführung des Konzeptes eines Mengenvektors, eine Herleitung der Korrekturgleichungen des JIPDA-Filters vollständig im Rahmen der Statistik endlicher Zufallsmengen leistet. In den Arbeiten [64, 66] wird die Marginalisierung bezüglich der Assoziationshypothesen zwar anhand von Plausibilitätsüberlegungen begründet, eine formale Herleitung ist somit jedoch nicht gegeben. Die effiziente Berechnung der Assoziations-Wahrscheinlichkeiten im JIPDA-Filter wurde vom Autor ebenfalls selbstständig entwickelt, die Arbeiten von [36, 98] wurden ihm, erst im Nachhinein bekannt. Die Unterschiede werden in der hier kompakteren Herleitung und durchgehenden Matrix-Notation deutlich.

2 Mathematische Grundlagen

Dieses Kapitel fasst die wichtigsten mathematischen Grundlagen der späteren Kapitel zusammen und soll dem Leser vor allem ein zu häufiges Nachschlagen in weiterführender Literatur ersparen. Die Hauptquellen für die hier zusammengefassten Aussagen sind [32, 43, 76, 79, 81, 104].

2.1 Grundlagen der Wahrscheinlichkeitstheorie

Die Wahrscheinlichkeitstheorie stellt Formalismen bereit, Vorgänge mit zufälligem Ausgang mathematisch zu beschreiben. Fundamentale Konzepte hierbei sind das Zufallsexperiment und die Zufallsgröße.

2.1.1 Zufallsexperiment

Ein Zufallsexperiment ist ein wiederholbarer Vorgang, dessen Ausgang bei gleichen Randbedingungen jedoch ungewiss ist. Eine Zufallsgröße X ist eine Variable, deren Wert durch den Ausgang eines Zufallsexperimentes bestimmt wird.

Ergebnismenge und Ereignisse

Eine beliebige, nicht-leere Menge Ω, welche alle möglichen Ausgänge des Zufallsexperimentes umfasst, heißt Ergebnismenge. Eine beliebige Teilmenge $a \subseteq \Omega$ der Ergebnismenge heißt Ereignis; einelementige Ereignisse $\omega := \{a \subseteq \Omega : |a| = 1\}$ heißen **Elementarereignisse**. Die Potenzmenge $\mathcal{P}(\Omega)$ von Ω ist die Menge aller möglichen Ereignisse.

σ-Algebra und Messraum

Eine Menge von Ereignissen $\Sigma = \{a_i\}$ ist eine σ-Algebra auf Ω, wenn folgende Bedingungen erfüllt sind:

$$\Omega \in \Sigma, \tag{2.1a}$$

$$\bar{a} := (\Omega \setminus a) \in \Sigma \,|\, a \in \Sigma, \tag{2.1b}$$

$$a_1 \cup a_2 \in \Sigma \,|\, a_1, a_2 \in \Sigma. \tag{2.1c}$$

Zu jeder Ergebnismenge Ω lässt sich eine σ-Algebra Σ konstruieren. Das geordnete Paar (Ω, Σ) bildet einen Messraum, wobei jedes Element von Σ messbar ist.

Die kleinste σ-Algebra, welche die offenen Mengen von Ω enthält, heißt **Borel'sche σ-Algebra**. Für den Spezialfall $\Omega = \mathbb{R}^D$ ist die *Borel'*sche σ-Algebra die Menge aller offenen Quader

$$(a_1, b_1) \times \ldots \times (a_D, b_D) \,|\, (a_d < b_d) \wedge (a_d, b_d \in \mathbb{R}) \;\forall d. \tag{2.2}$$

Wahrscheinlichkeitsraum

Eine Abbildung $P : \Sigma \to [0, 1]$ heißt **Wahrscheinlichkeitsmaß**, wenn sie folgende Bedingungen erfüllt:

$$P(\Omega) = 1, \tag{2.3a}$$

$$P(a_i \cup a_k) = P(a_i) + P(a_k) \,|\, a_i \cap a_k = \varnothing. \tag{2.3b}$$

Wenn P ein Wahrscheinlichkeitsmaß ist, bildet das Tripel (Ω, Σ, P) einen **Maßraum** und heißt Wahrscheinlichkeitsraum. Dieser stellt eine vollständige Modellierung eines Zufallsexperimentes dar, wobei $P(a)$ die Wahrscheinlichkeit angibt, dass nach einer Durchführung des Zufallsexperimentes $X \in a$ gilt.

2.1.2 Zufallsgröße

Eine Zufallsgröße X ist eine messbare Funktion, welche einen Wahrscheinlichkeitsraum (Ω, Σ, P) auf einen Messraum $\left(\Omega', \Sigma'\right)$ abbildet, d. h. :

$$X : \Omega \to \Omega' \,|\, X^{-1}\left(a' \in \Sigma'\right) \in \Sigma, \tag{2.4}$$

wobei $X^{-1}\!\left(\mathsf{a}'\right)$ das Urbild von a' gemäß

$$X^{-1}\!\left(\mathsf{a}'\right) := \left\{\omega \in \Omega : X(\omega) \in \mathsf{a}'\right\} \tag{2.5}$$

bezeichnet. Mit dem Bildmaß

$$P' := P \circ X^{-1} : \Sigma' \to [0, 1] \tag{2.6}$$

kann das der Zufallsgröße X zu Grunde liegende Zufallsexperiment durch den zugehörigen Wahrscheinlichkeitsraum (Ω', Σ', P') beschrieben werden. Hierbei bezeichnet $\circ$ die Verkettung von Funktionen.

Reelle Zufallsgrößen

Eine Zufallsgröße X mit $\Omega \subseteq \mathbb{R}^D$ heißt reell. Die ihr zugeordnete Ereignismenge Σ ist die *Borel*'sche σ-Algebra auf Ω.

Diskrete Zufallsgrößen

Eine Zufallsgröße X, deren Ergebnismenge höchstens abzählbar viele Elementarereignisse enthält, also $|\Omega| \leq \aleph_0$, heißt diskret. Für sie gilt

$$P(\mathsf{a}) = \sum_{\omega \in \mathsf{a}} P(\{\omega\}), \tag{2.7}$$

d. h. die Wahrscheinlichkeitsfunktion

$$f_X(\omega) := P(\{\omega\}) : \Omega \to [0, 1] \tag{2.8}$$

legt P eindeutig fest.

Stetige Zufallsgrößen

Eine reelle Zufallsgröße heißt stetig, wenn es eine Funktion $f_X(x)$ gibt, für die

$$P(\mathsf{a}) = \int_{\mathsf{a}} f_X(x)\,\mathrm{d}x \qquad \forall \mathsf{a} \in \Sigma \tag{2.9}$$

gilt. Diese Funktion heißt Wahrscheinlichkeitsdichte (oder kurz: Dichte) von X.

Wenn der Ausdruck $X \leq x$ sinnvoll definiert ist, heißt

$$F_X(x) := P(X \leq x) \tag{2.10}$$

Verteilungsfunktion von X. Sie enthält dieselbe Information wie die Wahrscheinlichkeitsdichte.

Häufig wird im Folgenden für eine bessere Lesbarkeit der Index zur Kennzeichnung der Zufallsgröße weggelassen, solange dies zu keinen Verwirrungen führt, so dass $f(x) = f_X(x)$ und $F(x) = F_X(x)$ gilt.

Ist für reelle Zufallsgrößen die zugehörige Wahrscheinlichkeitsdichte oder Wahrscheinlichkeitsfunktion bekannt, so ist das zugehörige Wahrscheinlichkeitsmaß P eindeutig festgelegt. Daher wird im Folgenden zur Charakterisierung einer Zufallsgröße deren Dichte verwendet, wobei die Schreibweise

$$X \sim f_X(x) \tag{2.11}$$

ausdrückt, dass X gemäß der Dichte $f_X(x)$ verteilt ist. Es wird angenommen, dass die zugehörigen Größen Ω und Σ sinnvoll ergänzt werden können.

2.1.3 Zufallsvektor

Gegeben sei ein Wahrscheinlichkeitsraum (Ω, Σ, P), wobei $\Omega \subseteq \mathbb{R}^D$. Dann lässt sich die damit beschriebene Zufallsgröße $\mathbf{X} = [X_1, \ldots, X_D]^{\mathrm{T}}$ als ein zufallsbehafteter Vektor bzw. Zufallsvektor interpretieren. Genauso gut kann man sich auch D skalare Zufallsgrößen X_d mit einer gemeinsamen Ergebnismenge vorstellen. Daher werden je nach Kontext für Funktionen η die Schreibweisen $\eta(\mathbf{x})$, $\eta\left([x_1, \ldots, x_D]^{\mathrm{T}}\right)$ und $\eta(x_1, \ldots, x_D)$ gleichbedeutend verwendet.

2.1.4 Erwartungswerte und Momente

Der Erwartungswert $\mathbb{E}$ der Funktion η einer Zufallsgröße $\mathbf{X}$ ist definiert als

$$\mathbb{E}\{\eta(\mathbf{X})\} := \int \eta(\mathbf{x}) \cdot f_\mathbf{X}(\mathbf{x}) \, d\mathbf{x}, \tag{2.12}$$

wobei für nichtkategoriale, diskrete Zufallsgrößen die Integration durch eine entsprechende Summation zu ersetzen ist.

Es lässt sich leicht zeigen (Anhang E.1), dass der Erwartungswertoperator linear ist, d. h. mit $a, b \in \mathbb{R}$ gilt

$$\mathbb{E}\{a \cdot \eta_1(\mathbf{X}) + b \cdot \eta_2(\mathbf{Y})\} = a \cdot \mathbb{E}\{\eta_1(\mathbf{X})\} + b \cdot \mathbb{E}\{\eta_2(\mathbf{Y})\} \, . \qquad (2.13)$$

Für $\eta(X) = X^n$ spricht man vom n-ten Moment der Zufallsgröße X und für $\eta(X) = (X - \mathbb{E}\{X\})^n$ vom n-ten zentralen Moment.

Das 1. Moment wird oft einfach als der Erwartungswert von $\mathbf{X}$ bezeichnet und entspricht dem Schwerpunkt der zugehörigen Wahrscheinlichkeitsdichte. Das 2. zentrale Moment heißt Varianz und ist ein Maß für die Streuung der Zufallsgröße um den Erwartungswert.

Das zentrale Verbundmoment $\mathbb{E}\left\{(\mathbf{X} - \mathbb{E}\{\mathbf{X}\})(\mathbf{Y} - \mathbb{E}\{\mathbf{Y}\})^{\mathrm{T}}\right\}$ heißt Kovarianz $\mathbf{c}_{\mathbf{XY}}$ von $\mathbf{X}$ und $\mathbf{Y}$.

Zwei Zufallsgrößen mit $\mathbf{c}_{\mathbf{XY}} \equiv \mathbf{0}$ heißen **unkorreliert**. Dazu äquivalent ist die Aussage

$$\mathbb{E}\left\{\mathbf{X} \cdot \mathbf{Y}^{\mathrm{T}}\right\} = \mathbb{E}\{\mathbf{X}\}\,\mathbb{E}\{\mathbf{Y}\}^{\mathrm{T}} \, . \qquad (2.14)$$

2.1.5 Endliche Zufallsmengen

Ist eine mengenwertige Zufallsgröße X als eine messbare Abbildung eines Ergebnisraumes Ω auf den Raum $\mathcal{F}(\mathcal{X})$ endlicher Teilmengen von $\mathcal{X} \subseteq \mathbb{R}^D$ definiert

$$\mathsf{X} : \Omega \to \mathcal{F}(\mathcal{X}) \, , \qquad (2.15)$$

sind die Ausgänge des beschriebenen Zufallsexperimentes mengenwertig und X ist eine **endliche Zufallsmenge (EZM)**.

Um X vollständig zu charakterisieren, benötigt man eine **Kardinalitätsverteilung** genannte Wahrscheinlichkeitsfunktion $p_{\mathsf{X}}(n) := P(|\mathsf{X}| = n)$, welche nur für $n \in \mathbb{N}_0$ nichtnegative Werte annimmt und die Wahrscheinlichkeit angibt, dass X gerade n Elemente besitzt, sowie für alle $\{n : n \geq 0 \wedge p_{\mathsf{X}}(n) > 0\}$ eine Wahrscheinlichkeitsdichte $f_{\mathsf{X},n}\left(\left[\mathbf{x}_1^{\mathrm{T}}, \ldots, \mathbf{x}_n^{\mathrm{T}}\right]^{\mathrm{T}}\right)$, mit $f_{\mathsf{X},0} := 1$, welche die Verteilung der n Elemente $\mathbf{x}_i \in \mathcal{X}$ beschreibt, für den Fall, dass $|\mathsf{X}| = n$ gilt. Damit lässt sich

$$f_{\mathsf{X}}(\mathsf{x}) = p_{\mathsf{X}}(|\mathsf{x}|) \cdot f_{\mathsf{X},|\mathsf{x}|}\left(\psi^{-1}(\mathsf{x})\right) \qquad (2.16)$$

schreiben, wobei

$$\psi(\mathsf{x}) : \left[\mathbf{x}_1^{\mathrm{T}}, \ldots, \mathbf{x}_n^{\mathrm{T}}\right]^{\mathrm{T}} \to \{\mathbf{x}_1, \ldots, \mathbf{x}_n\} \qquad (2.17)$$

den Vektor $\left[\mathbf{x}_1^{\mathrm{T}},\dots,\mathbf{x}_n\right]^{\mathrm{T}}$ in eine Menge x abbildet [63, 102, 104]. Da die Reihenfolge der Elemente einer Menge keine Rolle spielt, ist offensichtlich, dass die $f_{\mathsf{X},n}$ symmetrisch bezüglich Permutationen der $\mathbf{x}_i$ sein müssen. Des Weiteren muss $f_{\mathsf{X},n}\left(\left[\mathbf{x}_1^{\mathrm{T}},\dots,\mathbf{x}_n^{\mathrm{T}}\right]^{\mathrm{T}}\right) = 0$ gelten, sobald $\mathbf{x}_i = \mathbf{x}_j | i \neq j$.

2.1.6 Bedingte Wahrscheinlichkeit

Um den statistischen Zusammenhang zwischen verschiedenen Ereignissen a_i und a_k bei einem Zufallsexperiment zu untersuchen, wird die bedingte Wahrscheinlichkeit

$$P\bigl(\mathsf{a}_i\big|\mathsf{a}_k\bigr) := \frac{P(\mathsf{a}_i \cap \mathsf{a}_k)}{P(\mathsf{a}_k)} \tag{2.18}$$

verwendet. Sie gibt die Wahrscheinlichkeit an, dass das Ereignis a_i eintritt, wenn das Ereignis a_k eingetreten ist. Das Ereignis $\mathsf{a}_i \cap \mathsf{a}_k$ heißt Verbundereignis.

Für den Zufallsvektor $\mathbf{X} = \left[\mathbf{A}^{\mathrm{T}}, \mathbf{B}^{\mathrm{T}}\right]^{\mathrm{T}}$ bzw. die beiden durch ihn definierten Zufallsgrößen $\mathbf{A}$ und $\mathbf{B}$ und deren Dichten (sofern diese existieren) lässt sich folgern

$$f_{\mathbf{AB}}(\mathbf{a},\mathbf{b}) = f_{\mathbf{A}|\mathbf{b}}(\mathbf{a}|\mathbf{B} = \mathbf{b})\, f_{\mathbf{B}}(\mathbf{b}) = f_{\mathbf{B}|\mathbf{a}}(\mathbf{b}|\mathbf{A} = \mathbf{a})\, f_{\mathbf{A}}(\mathbf{a})\,. \tag{2.19}$$

Häufig wird verkürzt $f(\mathbf{a}|\mathbf{b})$ für $f_{\mathbf{A}|\mathbf{b}}(\mathbf{a}|\mathbf{B} = \mathbf{b})$ geschrieben.

Die Dichten $f_{\mathbf{AB}}(\mathbf{a},\mathbf{b})$ und $f_{\mathbf{B}|\mathbf{a}}(\mathbf{b}|\mathbf{A})$ heißen **Verbund-** bzw. **bedingte Dichte**.

2.1.7 Stochastische Unabhängigkeit

Zwei Ereignisse a_i und a_k, bei denen das Eintreten des einen die Wahrscheinlichkeit für das Eintreten des anderen nicht beeinflusst, heißen stochastisch unabhängig. Dies ist genau dann der Fall, wenn

$$P(\mathsf{a}_i \cap \mathsf{a}_k) = P(\mathsf{a}_i) \cdot P(\mathsf{a}_k) \tag{2.20}$$

und somit wegen Gl. (2.18) auch

$$P\bigl(\mathsf{a}_i\big|\mathsf{a}_k\bigr) = P(\mathsf{a}_i) \tag{2.21}$$

gilt. Für den Zufallsvektor $\mathbf{X} = \left[\mathbf{A}^{\mathrm{T}}, \mathbf{B}^{\mathrm{T}}\right]^{\mathrm{T}}$ bzw. die beiden durch ihn definierten Zufallsgrößen $\mathbf{A}$ und $\mathbf{B}$ und deren Dichten (falls diese existieren) folgt, sofern $\mathbf{A}$ und $\mathbf{B}$ statistisch unabhängig sind,

$$f_{\mathbf{AB}}(\mathbf{a}, \mathbf{b}) = f_{\mathbf{A}}(\mathbf{a}) \cdot f_{\mathbf{B}}(\mathbf{b}) \tag{2.22}$$

bzw.

$$f_{\mathbf{A}|\mathbf{b}}(\mathbf{a}|\mathbf{B} = \mathbf{b}) = f_{\mathbf{A}}(\mathbf{a}), \qquad f_{\mathbf{B}|\mathbf{a}}(\mathbf{b}|\mathbf{A} = \mathbf{a}) = f_{\mathbf{B}}(\mathbf{b}) . \tag{2.23}$$

2.1.8 Marginalisierung

Wenn $\{\mathbf{a}_i\}$ eine disjunkte Zerlegung des Ergebnisraumes darstellt, also

$$\Omega = \bigcup_i \mathbf{a}_i, \tag{2.24a}$$

$$\mathbf{a}_i \cap \mathbf{a}_k = \varnothing | i \neq k, \tag{2.24b}$$

gilt

$$P(B) = P(B \cap \Omega) = P\left(B \cap \bigcup_i \mathbf{a}_i\right) = P\left(\bigcup_i (B \cap \mathbf{a}_i)\right) = \sum_i P(B \cap \mathbf{a}_i) . \tag{2.25}$$

Für den reellen Zufallsvektor $\mathbf{X} = \left[\mathbf{A}^{\mathrm{T}}, \mathbf{B}^{\mathrm{T}}\right]^{\mathrm{T}}$ folgt daraus und aus Gl. (2.19)

$$f_{\mathbf{A}}(\mathbf{a}) = \sum_{\mathbf{b}} f_{\mathbf{AB}}(\mathbf{a},\mathbf{b}) = \sum_{\mathbf{b}} f_{\mathbf{A}|\mathbf{b}}(\mathbf{a}|\mathbf{B} = \mathbf{b}) f_{\mathbf{B}}(\mathbf{b}) \tag{2.26a}$$

bzw.

$$f_{\mathbf{A}}(\mathbf{a}) = \int f_{\mathbf{AB}}(\mathbf{a},\mathbf{b})\,\mathrm{d}\mathbf{b} = \int f_{\mathbf{A}|\mathbf{b}}(\mathbf{a}|\mathbf{B} = \mathbf{b})\,f_{\mathbf{B}}(\mathbf{b})\,\mathrm{d}\mathbf{b} \tag{2.26b}$$

je nachdem, ob $\mathbf{B}$ diskret oder stetig ist. Die Dichte $f_{\mathbf{A}}(\mathbf{a})$ bezeichnet man als **Marginal-** oder **Randdichte** von $\mathbf{A}$.

In Abb. 2.1 werden für eine zweidimensionale Zufallsgröße deren Verbunddichte, Randdichten und die aus einer Unabhängigkeitsannahme für beide Dimensionen resultierende Verbunddichte gezeigt.

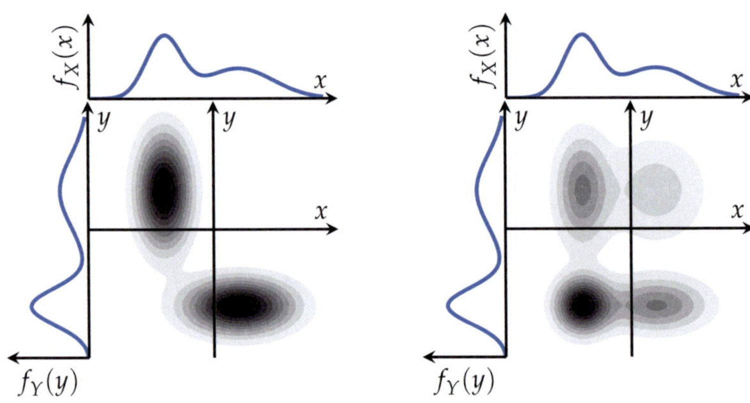

Abbildung 2.1 Links: Verbunddichte einer zweidimensionalen Zufallsgröße $[X, Y]$ sowie die zugehörigen Randdichten. Rechts: Aus denselben Randdichten resultierende Verbunddichte, wenn X und Y als unabhängig voneinander angenommen werden. (■) bezeichnet jeweils max $\{f_{XY}(x, y)\}$, (□) bezeichnet 0.

2.2 Schätzwerte

Oft ist es nötig, die Information, die in einer Wahrscheinlichkeitsdichte $f_{\mathbf{X}}(\mathbf{x})$ enthalten ist, zu einem einzelnen Punkt $\widehat{\mathbf{x}}$ zu verdichten. Dieser sogenannte Schätzwert sollte möglichst charakteristisch für die zu Grunde liegende Zufallsgröße sein.

Eine offensichtliche Wahl ist die Position des Maximums der Dichte

$$\widehat{\mathbf{x}}_{\mathrm{MAP}} := \underset{\mathbf{x}}{\operatorname{argmax}}\, f_{\mathbf{X}}(\mathbf{x}) \,. \tag{2.27}$$

Handelt es sich bei $f_{\mathbf{X}}(\mathbf{x})$ um eine A-posteriori-Dichte (vgl. Abschnitt 3.2), ist Gl. (2.27) der *Maximum-a-posteriori-Schätzer* (MAP-Schätzer).

Häufiger wird alternativ der Erwartungswert

$$\widehat{\mathbf{x}}_{\mathrm{EAP}} := \mathbb{E}\{\mathbf{X}\} \tag{2.28}$$

verwendet, da dieser die Eigenschaft besitzt, das erwartete Betragsquadrat des Schätzfehlers $\widehat{\mathbf{x}} - \mathbf{X}$ zu minimieren

$$\underset{\widehat{\mathbf{x}}}{\operatorname{argmin}} \left\{ \mathbb{E}\left\{ \|\widehat{\mathbf{x}} - \mathbf{X}\|^2 \right\} \right\} = \widehat{\mathbf{x}}_{\mathrm{EAP}} \,. \tag{2.29}$$

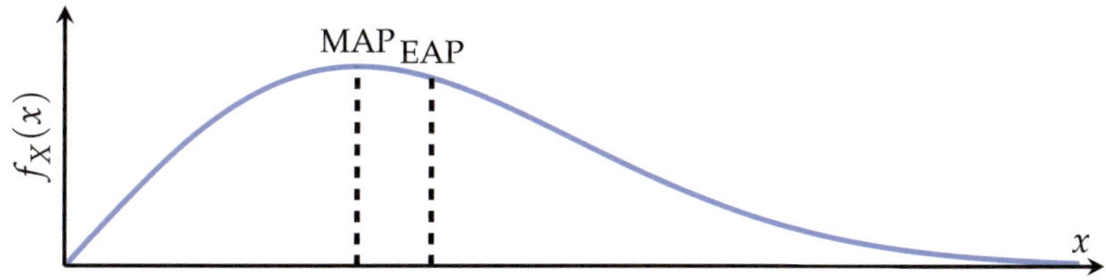

Abbildung 2.2 Eine Wahrscheinlichkeitsdichte mit markiertem EAP- bzw. MAP-Schätzerwert.

Gl. (2.28) heißt *Expected*-**a-posteriori-Schätzer (EAP-Schätzer)**, wenn $f_{\mathbf{X}}(\mathbf{x})$ eine A-posteriori-Dichte (vgl. Abschnitt 3.2) ist.

Für schiefe oder multimodale Dichten gilt im Allgemeinen $\widehat{\mathbf{x}}_{\text{EAP}} \neq \widehat{\mathbf{x}}_{\text{MAP}}$, was in Abb. 2.2 verdeutlicht wird.

2.3 Normalverteilte Zufallsgrößen

Die Normalverteilung spielt in der Stochastik eine herausragende Rolle, da die Wahrscheinlichkeitsdichte einer Summe unabhängig verteilter Zufallsgrößen, laut den zentralen Grenzwertsätzen (vgl. z. B. [43]), unter real häufig gegebenen Bedingungen, für eine steigende Anzahl an Summanden gegen eine Normalverteilung konvergiert. Da zufällige Störungen häufig als Überlagerung vieler unabhängiger Störquellen angesehen werden können, ist die Normalverteilung ein oft gewählter Ansatz für deren Modellierung. Des Weiteren lassen sich viele häufig benötige mathematische Operationen wie Marginalisierung, Faltung etc. für normalverteilte Zufallsgrößen in geschlossener Form darstellen. Die für diese Arbeit benötigten Aussagen über Normalverteilungen werden hier kurz zusammengefasst.

2.3.1 Dichte der Normalverteilung

Die Wahrscheinlichkeitsdichte einer D-dimensionalen, normalverteilten Zufallsgröße $\mathbf{X}$ mit Mittelwert $\mathbf{m}$ und Kovarianzmatrix $\mathbf{c}$ besitzt die Form

$$f_{\mathbf{X}}(\mathbf{x}) = \frac{1}{\sqrt{(2\pi)^D |\mathbf{c}|}} e^{-\frac{1}{2}(\mathbf{x}-\mathbf{m})^{\text{T}} \mathbf{c}^{-1}(\mathbf{x}-\mathbf{m})} =: \mathcal{N}(\mathbf{x};\, \mathbf{m}, \mathbf{c}), \qquad (2.30)$$

wobei $\mathcal{N}(\mathbf{x};\ \mathbf{m},\ \mathbf{c})$ als Kurzschreibweise verwendet wird. Eine normalverteilte Zufallsgröße ist also durch ihre ersten beiden Momente vollständig beschrieben. Ihre Wahrscheinlichkeitsverteilung ist nicht in geschlossener Form berechenbar, aber es gibt eine Vielzahl an numerischen Näherungsverfahren.

2.3.2 Affine Abbildungen

Durch affine Transformation einer normalverteilten Zufallsgröße resultiert wieder eine normalverteilte Zufallsgröße, und es gelten

$$\mathbf{X} \sim \mathcal{N}(\mathbf{x};\ \mathbf{m},\ \mathbf{c}) \Rightarrow \mathbf{Z} = \mathbf{aX} + \mathbf{b} \sim \mathcal{N}\left(\mathbf{z};\ \mathbf{am} + \mathbf{b},\ \mathbf{aca}^{\mathrm{T}}\right), \qquad (2.31)$$

$$\mathbf{X} \sim \mathcal{N}(\mathbf{x};\ \mathbf{m},\ \mathbf{c}) \Rightarrow \mathbf{Z} = \mathbf{c}^{-\frac{1}{2}}\left(\mathbf{X} - \mathbf{m}\right) \sim \mathcal{N}(\mathbf{x};\ \mathbf{0},\ \mathbf{i}), \qquad (2.32)$$

$$\mathbf{X} \sim \mathcal{N}(\mathbf{x};\ \mathbf{m},\ \mathbf{c}) \Rightarrow \mathbf{Z} = (\mathbf{X} - \mathbf{m})^{\mathrm{T}} \mathbf{c}^{-1}\left(\mathbf{X} - \mathbf{m}\right) \sim f_{\chi^2_D}(\mathbf{z}), \qquad (2.33)$$

wobei $f_{\chi^2_D}$ die Dichte einer χ^2-verteilten Zufallsgröße mit $D := \dim(\mathbf{Z})$ Freiheitsgraden bezeichnet.

Anstatt der Matrixwurzel $\mathbf{c}^{-\frac{1}{2}}$ kann in Gl. (2.32) auch der inverse *Cholesky*-Faktor $\mathbf{s}^{-1}$ gemäß $\mathbf{c} = \mathbf{ss}^{\mathrm{T}}$ verwendet werden, da mit Gl. (2.31)

$$\begin{aligned}
\mathbf{Z} = \mathbf{s}^{-1}\left(\mathbf{X} - \mathbf{m}\right) &\sim \mathcal{N}\left(\mathbf{x};\ \mathbf{s}^{-1}\mathbf{m} - \mathbf{s}^{-1}\mathbf{m},\ \mathbf{s}^{-1}\left(\mathbf{ss}^{\mathrm{T}}\right)\left(\mathbf{s}^{-1}\right)^{\mathrm{T}}\right) \\
&= \mathcal{N}(\mathbf{x};\ \mathbf{0},\ \mathbf{i})
\end{aligned} \qquad (2.34)$$

gilt ($\mathbf{i}$ bezeichnet hierbei die Einheitsmatrix).

2.3.3 Marginalisierung und bedingte Dichten

Für gemeinsam normalverteilte Zufallsgrößen $\mathbf{X}$ und $\mathbf{Y}$ lassen sich auch die Rand- und bedingten Dichten in geschlossener Form angeben. Sei

$$\begin{bmatrix} \mathbf{X} \\ \mathbf{Y} \end{bmatrix} \sim \mathcal{N}\left(\begin{bmatrix} \mathbf{x} \\ \mathbf{y} \end{bmatrix};\ \begin{bmatrix} \mathbf{m_X} \\ \mathbf{m_Y} \end{bmatrix},\ \begin{bmatrix} \mathbf{c_X} & \mathbf{c_{XY}} \\ \mathbf{c_{XY}^{\mathrm{T}}} & \mathbf{c_Y} \end{bmatrix}\right), \qquad (2.35)$$

dann gelten

$$\begin{aligned}
\mathbf{X} &\sim \mathcal{N}(\mathbf{x};\ \mathbf{m_X},\ \mathbf{c_X}), \\
\mathbf{Y} &\sim \mathcal{N}(\mathbf{y};\ \mathbf{m_Y},\ \mathbf{c_Y})
\end{aligned} \qquad (2.36)$$

und, sofern $c_{XY} \neq 0$, d. h. X und Y nicht stochastisch unabhängig sind,

$$X|y \sim \mathcal{N}\left(x;\ m_X + c_{XY}c_Y^{-1}\left(y - m_Y\right), c_X - c_{XY}c_Y^{-1}c_{X,Y}^T\right),$$
$$Y|x \sim \mathcal{N}\left(y;\ m_Y + c_{XY}^T c_X^{-1}\left(x - m_X\right), c_Y - c_{XY}^T c_X^{-1}c_{XY}\right). \tag{2.37}$$

2.3.4 Summation

Die Summe zweier normalverteilter Zufallsgrößen ist wieder eine normalverteilte Zufallsgröße, d. h.

$$X \sim \mathcal{N}(x;\ m_X, c_X) \wedge Y \sim \mathcal{N}(x;\ m_Y, c_Y)$$
$$\Rightarrow X + Y \sim \mathcal{N}(x;\ m_X + m_Y, c_X + c_Y). \tag{2.38}$$

2.3.5 Multiplikation

Das Produkt zweier Normalverteilungen lässt sich darstellen als das Produkt einer Normalverteilung mit einem skalaren Faktor

$$\mathcal{N}(x;\ m_1, c_1) \cdot \mathcal{N}(x;\ m_2, c_2) = c \cdot \mathcal{N}(x;\ m_3, c_3) \tag{2.39a}$$

mit

$$c = \sqrt{\frac{|c_3|}{(2\pi)^{\dim(x)}|c_1||c_2|}} \cdot e^{-\frac{1}{2}\left(m_1^T c_1^{-1}m_1 + m_2^T c_2^{-1}m_2 - m_3^T c_3^{-1}m_3\right)}, \tag{2.39b}$$

$$m_3 = c_3\left(c_1^{-1}m_1 + c_2^{-1}m_2\right), \tag{2.39c}$$

$$c_3 = \left(c_1^{-1} + c_2^{-1}\right)^{-1}. \tag{2.39d}$$

Die obige Formel setzt voraus, dass beide Normalverteilungen auf demselben Vektorraum definiert sind. Sollte dies nicht der Fall sein, kann trotzdem häufig folgender Zusammenhang verwendet werden

$$\mathcal{N}(x;\ m_1, c_1) \cdot \mathcal{N}(z;\ ax, c_2) = \mathcal{N}\left(z;\ am_1, c_2 + ac_1a^T\right) \cdot \mathcal{N}(x;\ m_3, c_3) \tag{2.40a}$$

mit

$$\mathbf{m}_3 = \mathbf{m}_1 + \mathbf{k}\left(\mathbf{z} - \mathbf{a}\mathbf{m}_1\right), \tag{2.40b}$$

$$\mathbf{c}_3 = (\mathbf{i} - \mathbf{k}\mathbf{a})\,\mathbf{c}_1, \tag{2.40c}$$

$$\mathbf{k} = \mathbf{c}_1 \mathbf{a}^{\mathrm{T}} \left(\mathbf{a}\mathbf{c}_1 \mathbf{a}^{\mathrm{T}} + \mathbf{c}_2\right)^{-1}. \tag{2.40d}$$

2.4 Metrik

Für eine beliebige Menge Ω ist die Abbildung $d : \Omega \times \Omega \to \mathbb{R}$ eine Metrik, wenn sie für beliebige $x, y \in \Omega$ folgende Bedingungen erfüllt:

$$d(x, y) = 0 \quad \Leftrightarrow \quad x = y, \tag{2.41a}$$

$$d(x, y) = d(y, x), \tag{2.41b}$$

$$d(x, y) \leq d(x, z) + d(z, y). \tag{2.41c}$$

Man beachte, dass daraus auch $0 \leq d(x, y)$ folgt, da

$$0 \overset{(2.41a)}{=} d(x, x) \overset{(2.41c)}{\leq} d(x, y) + d(y, x) \overset{(2.41b)}{=} 2 \cdot d(x, y). \tag{2.42}$$

2.4.1 *Minkowski*-Norm

Für $\mathbf{x} = [x_1, \ldots, x_D] \in \mathbb{R}^D$ heißt die Norm

$$\|\mathbf{x}\|_p = \left(\sum_d x_d^p\right)^{\frac{1}{p}} \tag{2.43}$$

p- oder auch *Minkowski*-Norm. Durch sie lässt sich die Metrik

$$d^p(\mathbf{x}, \mathbf{y}) = \|\mathbf{x} - \mathbf{y}\|_p \tag{2.44}$$

definieren. Für $p = 1$ spricht man auch von der **Manhattan-Distanz** und für $p = 2$ vom **euklidischen Abstand**.

2.4.2 *Mahalanobis*-Distanz

Sind $\mathbf{x}$ und $\mathbf{y}$ zwei Realisierungen derselben Zufallsgröße mit der Kovarianz $\mathbf{c}$, so ist die *Mahalanobis*-Distanz $d_{\mathrm{M}}(\mathbf{x}, \mathbf{y})$ [59] zwischen beiden definiert durch

$$d_{\mathrm{M}}(\mathbf{x}, \mathbf{y})^2 = (\mathbf{x} - \mathbf{y})^{\mathrm{T}} \mathbf{c}^{-1} (\mathbf{x} - \mathbf{y}). \tag{2.45}$$

Für $\mathbf{X} \sim \mathcal{N}(\mathbf{x};\, \mathbf{m}, \mathbf{c})$ gilt wegen Gl. (2.33)

$$P\left(d_{\mathrm{M}}(\mathbf{X}, \mathbf{m})^2 \le \tau\right) = F_{\chi_D^2}(\tau) \,. \tag{2.46}$$

Somit ist durch $\left\{\mathbf{x} : d_{\mathrm{M}}(\mathbf{x}, \mathbf{m})^2 \le \tau\right\}$ mit $\tau = F_{\chi_D^2}^{-1}(p)$ der umschließende Ellipsoid des in $\mathbf{m}$ zentrierten Bereiches gegeben, in den $\mathbf{X}$ mit Wahrscheinlichkeit p fällt.

2.4.3 *Fréchet*-Distanz

Für beliebige Wahrscheinlichkeitsdichten $f_{\mathbf{X}}(\mathbf{x})$, $f_{\mathbf{Y}}(\mathbf{y})$ ist die *Fréchet*-Distanz durch

$$d_{\mathrm{F}}(f_{\mathbf{X}}(\mathbf{x}), f_{\mathbf{Y}}(\mathbf{y}))^2 = \min_{\mathbf{X}, \mathbf{Y}} \left\{ \mathbb{E}\left\{ \|\mathbf{X} - \mathbf{Y}\|^2 \right\} \right\} \tag{2.47}$$

gegeben. Die Minimierung erfolgt hierbei bezüglich aller Verbunddichten $f_{\mathbf{XY}}(\mathbf{x}, \mathbf{y})$, für die $f_{\mathbf{X}}(\mathbf{x})$ und $f_{\mathbf{Y}}(\mathbf{y})$ als Randdichten resultieren. Für Normalverteilungen $\mathcal{N}_i := \mathcal{N}(\mathbf{x};\, \mathbf{m}_i, \mathbf{c}_i)$ ist die *Fréchet*-Distanz mit

$$d_{\mathrm{F}}(\mathcal{N}_1, \mathcal{N}_2)^2 = (\mathbf{m}_1 - \mathbf{m}_2)^{\mathrm{T}} (\mathbf{m}_1 - \mathbf{m}_2) + \mathrm{spur}(\mathbf{c}_1 + \mathbf{c}_2 - 2\sqrt{\mathbf{c}_1 \mathbf{c}_2}) \tag{2.48}$$

geschlossen bestimmbar [26].

3 *Bayes*'sche Zustandsschätzung

In vielen mess- und regelungstechnischen Aufgabestellungen gilt es, den Zustand x eines Systems möglichst genau zu bestimmen; entweder um diesen als Messergebnis auszugeben bzw. als Eingang für höher gelagerte Verarbeitungsschritte zu verwenden oder darauf aufbauend eine Regelung des Systems vorzunehmen.

Allerdings ist x in der Regel nicht direkt erfassbar und es muss aus Messgrößen, welche stets mit zufälligen Fehlern behaftet sind, auf x geschlossen werden. Sofern diese Fehler nicht vernachlässigt werden können, macht dies eine stochastische Herangehensweise erforderlich. Häufig ist es auch nicht möglich, den gesamten Zustand aus einer einzelnen Messung z zu inferieren; oder der Zustand $x(t)$ ist dynamisch, so dass Informationen aus mehreren Quellen (unterschiedliche Sensoren, gleicher Sensor zu unterschiedlichen Zeiten oder an unterschiedlichen Positionen etc.) erforderlich sind bzw. eine schritthaltende Schätzung durchgeführt werden muss.

Liegen bis zu einem gewissen Zeitpunkt t_k die Messungen $\mathbf{z}^{(k)} = [z_0, \dots, z_k]^{\mathrm{T}}$ vor, stellt die Wahrscheinlichkeitsdichte

$$f_{X_k|\mathbf{z}^{(k)}}\left(x_k\big|\mathbf{z}^{(k)}\right)$$

des als Zufallsgröße aufgefassten Zustandes $X_k := X(t_k)$ bedingt auf diese Messungen eine vollständige Beschreibung des Wissens über den Zustand des Systems zum aktuellen Zeitpunkt t_k, unter Fusion aller zur Verfügung stehenden Information, dar. Man beachte, dass obwohl hier der Einfachheit halber die Schreibweise für skalare Zustände x und Messungen z verwendet wird, ebenso vektor- oder mengenwertige Zufallsgrößen möglich sind.

Dieses Kapitel führt die grundsätzliche Methode ein, um diese Wahrscheinlichkeitsdichte fortlaufend auf Basis des zunächst vorgestellten Systemmodells zu bestimmen.

3.1 Systemmodell für Systeme mit vektorwertigem Zustand

Besitzt ein dynamisches System nur eine endliche Anzahl an Energiespeichern (z. B. Kondensatoren, Federn, Flip-Flops etc.) und Steuereingängen u_i, lässt sich eine Zustandsraumdarstellung ermitteln, welche das zeitliche Verhalten des Systems durch eine Differenzialgleichung der Form

$$\dot{\mathbf{x}}(t) = g(\mathbf{x}(t), \mathbf{u}(t)) \tag{3.1}$$

vollständig beschreibt (in dieser Arbeit werden nur zeitinvariante Systeme betrachtet, daher fehlt die Zeit t als weiteres Argument von g). Hierbei ist g das **Systemmodell**, $\mathbf{u}$ der **Steuervektor** und $\mathbf{x}$ der **Zustandsvektor**, welcher sich aus den Zustandsgrößen x_i zusammensetzt.

Liefert ein zeitdiskret arbeitender Sensor, mit (möglicherweise variierender) Abtastzeit T_k, verrauschte Beobachtungen $\mathbf{z}_k$ dieses Systems, hängen diese vom Zustand über das **Messmodell** h ab, so dass

$$\mathbf{Z}_k = h(\mathbf{x}_k) + \mathbf{W}_k \tag{3.2}$$

gilt, wobei $\mathbf{W}_k$ das **Messrauschen** modelliert, welches als weißer, mittelwertfreier, zu $\mathbf{x}$ unkorrelierter stochastischer Prozess angenommen wird. Natürlich könnten auch allgemeinere Messmodelle der Form $\mathbf{z} = h(\mathbf{x}, \mathbf{w})$ beschrieben werden.

Die Zusammenhänge sind im gemeinsamen Blockschaltbild Abb. 3.1 dargestellt.

Die weiteren Betrachtungen beschränken sich auf Systeme mit additiven Eingangsgrößen, d. h.

$$\dot{\mathbf{x}}(t) = g(\mathbf{x}(t) + \mathbf{u}(t)) \,. \tag{3.3}$$

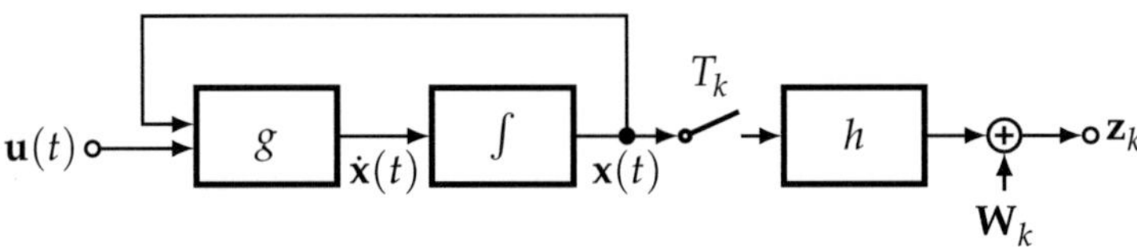

Abbildung 3.1 Allgemeines Blockschaltbild des Systemmodells für vektorwertige Zustände $\mathbf{x}$.

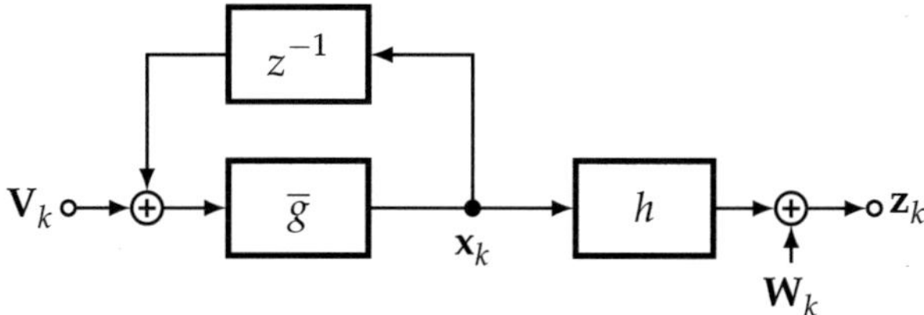

Abbildung 3.2   Blockschaltbild des vereinfachten und diskretisierten Systemmodells aus Abb. 3.1.

Da Messungen nur zu diskreten Zeitpunkten t_k vorliegen, interessiert vor allem der Zustandsvektor $\mathbf{x}_k$ zu diesen Zeitpunkten:

$$\mathbf{x}_k = \mathbf{x}_{k-1} + \int_{t_{k-1}}^{t_k} g(\mathbf{x}(t) + \mathbf{u}(t))\, \mathrm{d}t\,. \tag{3.4}$$

In der Praxis sind die Steuergrößen $\mathbf{u}(t)$ häufig unbekannt und werden zunächst vernachlässigt. Außerdem genügt es, auf Grund der Zeitinvarianz des Systemmodells o. B. d. A. $t_{k-1} = 0$ zu betrachten, so dass

$$\mathbf{x}_k = \mathbf{x}_{k-1} + \int_{0}^{T_k} g(\mathbf{x}(t) + \underbrace{\mathbf{u}(t)}_{=0})\, \mathrm{d}t =: \overline{g}(\mathbf{x}_{k-1}, T_k)\,. \tag{3.5}$$

Um dennoch den Einfluss der Eingangsgrößen $\mathbf{u}(t)$ sowie Modellfehler zu erfassen, wird der Zustand mit einer zu $\mathbf{x}$ unkorrelierten zufälligen Größe $\mathbf{V}_k$, dem sogenannten **Systemrauschen**, additiv überlagert, welche während der Abtastzeit als konstant angenommen wird. Somit folgen

$$\mathbf{x}_k = \overline{g}(\mathbf{x}_{k-1} + \mathbf{V}_k, T_k) \tag{3.6}$$

und das entsprechende Blockschaltbild in Abb. 3.2.

3.2 *Bayes*-Rekursion

Mit Hilfe bedingter Dichten (vgl. Abschnitt 2.1.6) und Marginalisierung (vgl. Abschnitt 2.1.8) lässt sich die gesuchte Wahrscheinlichkeitsdichte

$f_{X_k|\mathbf{z}^{(k)}}\left(x_k|\mathbf{z}^{(k)}\right)$ darstellen als

$$
\begin{aligned}
f_{X_k|\mathbf{z}^{(k)}}\left(x_k|\mathbf{z}^{(k)}\right) &= \frac{f\left(x_k,\mathbf{z}^{(k)}\right)}{f\left(\mathbf{z}^{(k)}\right)} = \frac{f\left(x_k,\mathbf{z}^{(k)}\right)}{\int f\left(x_k',\mathbf{z}^{(k)}\right)\mathrm{d}x_k'} \\[2ex]
&= \frac{f\left(x_k,\mathbf{z}^{(k-1)},z_k\right)}{\int f\left(x_k',\mathbf{z}^{(k-1)},z_k\right)\mathrm{d}x_k'} \\[2ex]
&= \frac{f\left(z_k|x_k,\mathbf{z}^{(k-1)}\right)f\left(x_k|\mathbf{z}^{(k-1)}\right)\cancel{f\left(\mathbf{z}^{(k-1)}\right)}}{\int f\left(z_k|x_k',\mathbf{z}^{(k-1)}\right)f\left(x_k'|\mathbf{z}^{(k-1)}\right)\mathrm{d}x_k'\cdot\cancel{f\left(\mathbf{z}^{(k-1)}\right)}}\,.
\end{aligned}
\tag{3.7}
$$

Die in dieser Gleichung vorkommende Wahrscheinlichkeitsdichte $f\left(x_k|\mathbf{z}^{(k-1)}\right)$ lässt sich mittels Marginalisierung expandieren:

$$
\begin{aligned}
f\left(x_k|\mathbf{z}^{(k-1)}\right) &= \int f\left(x_k,x_{k-1}|\mathbf{z}^{(k-1)}\right)\mathrm{d}x_{k-1} \\[1ex]
&= \int f\left(x_k|x_{k-1},\mathbf{z}^{(k-1)}\right)f\left(x_{k-1}|\mathbf{z}^{(k-1)}\right)\mathrm{d}x_{k-1}\,.
\end{aligned}
\tag{3.8}
$$

Mit den Annahmen, die aktuelle Messung sei unabhängig von den vorherigen Messungen, solange der aktuelle Zustand bekannt ist,

$$
f\left(z_k|x_k,\mathbf{z}^{(k-1)}\right) = f(z_k|x_k)\,,
\tag{3.9}
$$

sowie der aktuelle Zustand x_k sei unabhängig von den vorherigen Messungen, solange der vorherige Zustand x_{k-1} bekannt ist,

$$
f\left(x_k|x_{k-1},\mathbf{z}^{(k-1)}\right) = f(x_k|x_{k-1})\,,
\tag{3.10}
$$

gilt

$$
\boxed{
\begin{aligned}
f\left(x_k|\mathbf{z}^{(k-1)}\right) &= \int f(x_k|x_{k-1})f\left(x_{k-1}|\mathbf{z}^{(k-1)}\right)\mathrm{d}x_{k-1}\,, \\[3ex]
f\left(x_k|\mathbf{z}^{(k)}\right) &= \frac{f(z_k|x_k)f\left(x_k|\mathbf{z}^{(k-1)}\right)}{\int f\left(z_k|x_k'\right)f\left(x_k'|\mathbf{z}^{(k-1)}\right)\mathrm{d}x_k'}\,.
\end{aligned}
}
$$

$$\tag{3.11a}$$
$$\tag{3.11b}$$

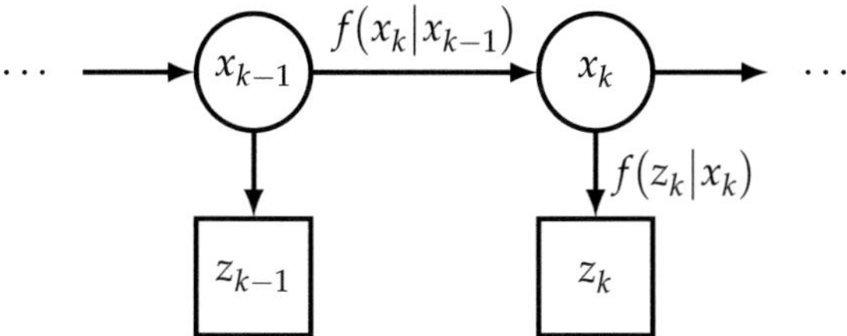

Abbildung 3.3 Stochastische Abhängigkeiten in einem *Hidden-Markov*-Modell.

Diese beiden Gleichungen bilden die **_Bayes_-Rekursion**. Sie benötigt ausschließlich die Größen $f\!\left(x_{k-1}\big|\mathbf{z}^{(k-1)}\right)$, $f(z_k|x_k)$ und $f(x_k|x_{k-1})$, um die aktualisierte Wissensbasis zu berechnen. Zur Berechnung von $f\!\left(x_{k+1}\big|\mathbf{z}^{(k+1)}\right)$ wird $f\!\left(x_{k-1}\big|\mathbf{z}^{(k-1)}\right)$ nicht mehr benötigt und muss nicht weiter gespeichert werden.

Die **_Likelihood_** $f(z_k|x_k)$ charakterisiert den Messprozess und somit den Sensor zum Zeitpunkt t_k vollständig. Sie kann aus dem **Messmodell** $z_k = h(x_k, w_k)$ bestimmt werden. Für Messmodelle mit additivem Rauschen $Z_k = h(X_k) + W_k$ gilt

$$f_{Z_k}(z_k|x_k) = f_{Z_k - h(x_k)}(z_k - h(x_k)|x_k) = f_{W_k}(z_k - h(x_k)) \,. \tag{3.12}$$

Ist h linear, also durch eine Matrixmultiplikation mit der Matrix $\mathbf{h}$ darstellbar, und das Messrauschen W_k zusätzlich mittelwertfrei und normalverteilt mit Kovarianzmatrix $\mathbf{r}$, gilt zusätzlich

$$f_{\mathbf{W}_k}(\mathbf{z}_k - \mathbf{h} \cdot \mathbf{x}_k) = \mathcal{N}(\mathbf{z}_k - \mathbf{h}\mathbf{x}_k;\, \mathbf{0}, \mathbf{r}_k) = \mathcal{N}(\mathbf{z}_k;\, \mathbf{h}\mathbf{x}_k, \mathbf{r}_k) \,. \tag{3.13}$$

Die **Übergangsdichte** $f(x_k|x_{k-1})$ charakterisiert die Systemdynamik zwischen t_{k-1} und t_k vollständig. Sie kann aus dem **Systemmodell** $x_k = \overline{g}(x_{k-1} + v_k, T_k)$ bestimmt werden.

Durch die Annahmen in Gl. (3.9) und Gl. (3.10) besitzen sowohl das System- als auch das Messmodell die **Markov-Eigenschaft** [49], weshalb X_k und Z_k ein **_Hidden-Markov_-Modell (HMM)** – vgl. Abb. 3.3 – bilden. Hieraus folgt automatisch, dass V und W mittelwertfrei und stochastisch unabhängig voneinander und von X sein müssen (vgl. [64], Seite 13).

Bei Eintreffen einer neuen Messung z_k wird zunächst mit der **Prädiktions-** oder **_Chapman-Kolmogorov_-Gleichung** (3.11a) unter Ausnutzung des Systemmodells $\overline{g}$ die **A-priori-Dichte** $f\left(x_k\big|\mathbf{z}^{(k-1)}\right)$ des Zustandes prädiziert (a priori, da vor Berücksichtigung der Messung). Die Information aus der neuen Messung und der A-priori-Dichte wird dann mittels der **Korrekturgleichung** (3.11b) unter Verwendung des Messmodells h zur neuen **A-posteriori-Dichte** $f\left(x_k\big|\mathbf{z}^{(k)}\right)$ fusioniert. Diese stellt, bei zutreffenden Annahmen und korrekten Modellen, die optimale stochastische Repräsentation des verfügbaren Wissens über den Sensorzustand dar.

Sollten zwei Sensoren zeitgleich Messungen $z_{1,k}$ und $z_{2,k}$ liefern, muss die Verbund-*Likelihood* $f(z_{1,k}, z_{2,k}|x_k)$ aufgestellt und in die *Bayes*-Rekursion eingesetzt werden. Für den Fall, dass die Messfehler beider Sensoren unabhängig voneinander sind, zerfällt die Verbund-*Likelihood* in das Produkt der Einzel-*Likelihoods*

$$f(z_{1,k}, z_{2,k}|x_k) = f(z_{1,k}|x_k) \cdot f(z_{2,k}|x_k) \tag{3.14}$$

und es kann gezeigt werden (Abschnitt E.2), dass der Korrekturschritt ebenso in zwei sequentielle Korrekturschritte (jeweils für einen der beiden Sensoren) zerfällt. Die Reihenfolge, in der die Sensoren für die Korrektur verwendet werden, ist dann irrelevant.

Zu Beginn der Rekursion muss die initiale Dichte $f_{X_0}(x_0)$ vorgegeben werden. Hierfür eignen sich uninformative Wahrscheinlichkeitsdichten, wie z. B. Normalverteilungen mit großer Varianz oder Gleichverteilungen über dem gesamten Zustandsraum.

Beim Entwurf eines Schätzfilters auf Grundlage der *Bayes*-Rekursion muss zum einen darauf geachtet werden, geeignete Modelle für System und Sensor zu entwickeln, damit diese die Realität möglichst gut widerspiegeln. Zum anderen liegt eine große Herausforderung darin, gute Approximationen der Integrale in Gl. (3.11a) und Gl. (3.11b) zu finden, da diese zumeist nicht analytisch gelöst werden können. Hierzu können entweder Annahmen über die Struktur der verwendeten Modelle gemacht werden, um dann eine analytische Lösung zu finden, oder es müssen numerische Methoden bemüht werden. Für beide Ansätze werden die geläufigsten Herangehensweisen im folgenden Abschnitt und im Kapitel 4 vorgestellt.

3.3 *Kalman*-Filter

Die *Bayes*-Rekursion lässt sich für Modelle gemäß Abschnitt 3.1 mit vektorwertigen Systemzuständen und Messungen geschlossen lösen [47], sofern alle vorkommenden Zufallsgrößen normalverteilt und alle Modelle linear sind, also

$$\mathbf{X}_{k-1}\big|\mathbf{z}^{(k-1)} \sim \mathcal{N}(\mathbf{x}_{k-1};\ \mathbf{m}_{k-1},\mathbf{c}_{k-1}),$$

$$\mathbf{x}_k = \overline{\mathbf{g}}_k \cdot (\mathbf{x}_{k-1} + \mathbf{V}_k), \qquad \mathbf{V}_k \sim \mathcal{N}(\mathbf{v}_k;\ \mathbf{0},\mathbf{q}_k), \qquad (3.15)$$

$$\mathbf{z}_k = \mathbf{h} \cdot \mathbf{x}_k + \mathbf{W}_k, \qquad \mathbf{W}_k \sim \mathcal{N}(\mathbf{w}_k;\ \mathbf{0},\mathbf{r}_k), \qquad (3.16)$$

wobei die Funktionen $\overline{g}$ und h durch die entsprechenden Matrizen $\overline{\mathbf{g}}$ und $\mathbf{h}$ ersetzt wurden. Da das *Kalman*-Filter rekursiv abläuft, wird zur besseren Lesbarkeit der zeitliche, tiefgestellte Index k im Folgenden durch die hochgestellten Indices $^-$, $^+$ und * ersetzt, womit A-posteriori-Werte der letzten Iteration bzw. A-priori- und A-posteriori-Werte der aktuellen Iteration bezeichnet werden.

Aus Gl. (3.15) folgt mit den Abschnitten 2.3.2 und 2.3.4, dass $\mathbf{X}_k\big|\mathbf{z}^{(k-1)}$ wieder normalverteilt ist mit

$$\boxed{\begin{aligned} \mathbf{X}_k\big|\mathbf{z}^{(k-1)} &\sim \mathcal{N}\!\left(\mathbf{x}^+;\ \mathbf{m}_X^+,\mathbf{c}_X^+\right), \\ \mathbf{m}_X^+ &= \overline{\mathbf{g}}\cdot\mathbf{m}_X^-, \\ \mathbf{c}_X^+ &= \overline{\mathbf{g}}\left(\mathbf{c}_X^- + \mathbf{q}_k\right)\overline{\mathbf{g}}^{\mathrm{T}}. \end{aligned}}$$

$$(3.17\mathrm{a})$$

$$(3.17\mathrm{b})$$

Dies sind gerade die *Kalman*-Prädiktionsgleichungen.

Die A-priori-Wahrscheinlichkeitsdichte der Messung $\mathbf{Z}_k\big|\mathbf{z}^{(k-1)}$ ist mit Gl. (3.16) folglich ebenfalls normalverteilt mit

$$\boxed{\begin{aligned} \mathbf{Z}_k\big|\mathbf{z}^{(k-1)} &\sim \mathcal{N}\!\left(\mathbf{z}^+;\ \mathbf{m}_Z^+,\mathbf{c}_Z^+\right), \\ \mathbf{m}_Z^+ &= \mathbf{h}\cdot\mathbf{m}_X^+, \\ \mathbf{c}_Z^+ &= \mathbf{h}\mathbf{c}_X^+\mathbf{h}^{\mathrm{T}} + \mathbf{r}. \end{aligned}}$$

$$(3.18\mathrm{a})$$

$$(3.18\mathrm{b})$$

Aus der Verbunddichte von $\left[\mathbf{X}_k^{\mathrm{T}},\mathbf{Z}_k^{\mathrm{T}}\right]^{\mathrm{T}}\big|\mathbf{z}^{(k-1)}$ kann über Gl. (2.37) die gesuchte A-posteriori-Dichte von $\mathbf{X}_k\big|\mathbf{z}^{(k)}$ angegeben werden. Hierzu wird die prädizierte Kovarianz c_{XZ}^+ bestimmt

$$
\begin{aligned}
c_{XZ}^+ &= \mathbb{E}\left\{ \left(X - m_X^+\right) \left(Z - m_Z^+\right)^{\mathrm{T}} \right\} \\
&= \mathbb{E}\left\{ \left(X - m_X^+\right) \left(hX + W - hm_X^+\right)^{\mathrm{T}} \right\} \\
&= \underbrace{\mathbb{E}\left\{ \left(X - m_X^+\right) W^{\mathrm{T}} \right\}}_{=0} + \mathbb{E}\left\{ \left(X - m_X^+\right) \left(X - m_X^+\right)^{\mathrm{T}} \right\} h^{\mathrm{T}} \\
&= c_X^+ h^{\mathrm{T}},
\end{aligned}
\tag{3.19}
$$

wobei ausgenutzt wird, dass W mittelwertfrei und zu X unkorreliert ist. Somit folgt

$$
\begin{bmatrix} X_k \\ Z_k \end{bmatrix} \sim \mathcal{N}\left(\begin{bmatrix} x^+ \\ z^+ \end{bmatrix} ; \begin{bmatrix} m_X^+ \\ hm_X^+ \end{bmatrix} , \begin{bmatrix} c_X^+ & c_X^+ h^{\mathrm{T}} \\ h\left(c_X^+\right)^{\mathrm{T}} & hc_X^+ h^{\mathrm{T}} + r \end{bmatrix} \right)
\tag{3.20}
$$

und mit Gl. (2.37)

$$
\boxed{
\begin{aligned}
X_k | z^{(k)} &\sim \mathcal{N}(x^*; m_X^*, c_X^*), & \\
m_X^* &= m_X^+ + k \cdot \left(z_k - m_Z^+\right), & \text{(3.21a)} \\
c_X^* &= (i - kh) \cdot c_X^+, & \text{(3.21b)} \\
k &= c_{XZ}^+ \left(c_Z^+\right)^{-1}. & \text{(3.21c)}
\end{aligned}
}
$$

Dies sind gerade die *Kalman*-Korrekturgleichungen, wobei die Matrix k als *Kalman*-**Verstärkung** bezeichnet wird.

Um zu einer Umsetzung der obigen Gleichungen mit möglichst guten numerischen Eigenschaften zu gelangen, gibt es diverse Implementierungsalternativen. Zu erwähnen sind hierbei zum einen die *Joseph*-**Form** der Korrekturgleichung (3.21b) der Varianz c_X^*

$$
c_X^* = (i - kh) \, c_X^+ \, (i - kh)^{\mathrm{T}} + krk^{\mathrm{T}}
\tag{3.22}
$$

und zum anderen Implementierungen, welche auf Matrixzerlegungen wie der Cholesky-, QR-, oder UD-Zerlegung beruhen, und anstatt der Varianzen c deren Zerlegungen propagieren.

4 Handhabung nichtnormalverteilter und nichtlinearer Modelle

Leider sind die wenigsten realen Systeme linear und auch die Annahme, die Rauschprozesse seien normalverteilt, ist nicht immer in ausreichender Näherung erfüllt. Um dennoch zu einer Implementierung der *Bayes*-Rekursion zu gelangen, wenn Gl. (3.11a) und Gl. (3.11b) nicht analytisch lösbar sind, müssen entweder die Systemfunktionen $\bar{g}$ und h oder die Dichten nach Anwendung dieser Funktionen auf die letzte A-posteriori- bzw. A-priori-Dichte approximiert werden. Die so bestimmte A-posteriori-Dichte weicht dadurch aber von der tatsächlichen A-posteriori-Dichte ab, und es ist in der Regel nicht mehr sichergestellt, dass der bestimmte Schätzwert des Filters mit zunehmender Anzahl an Messungen gegen den wahren Wert konvergiert.

Zur Approximation der Funktionen wird in den allermeisten Fällen eine Linearisierung durchgeführt, da die *Kalman*-Gleichungen auf lineare Systeme direkt anwendbar sind. Zur Approximation der Wahrscheinlichkeitsdichten gibt es eine Vielzahl an populären Verfahren.

4.1 Approximation der Systemfunktionen

Die Standardwerkzeuge eines Ingenieurs, um eine beliebige Funktion anzunähern, sind die *Taylor*-Reihe und die Interpolation aus Stützstellen.

4.1.1 *Taylor*-Reihen

Zur Linearisierung einer Funktion um einen beliebigen Arbeitspunkt bietet sich die Entwicklung in eine *Taylor*-Reihe an, was zum *Extended-*

***Kalman*-Filter (EKF)** [50, 95] führt, wenn diese nach dem linearen Glied abgebrochen wird. Somit wird

$$\boxed{\begin{aligned}\overline{g}(\mathbf{x}) &\approx \overline{g}(\mathbf{x}_0) + J_{\overline{g}}(\mathbf{x}_0) \cdot (\mathbf{x} - \mathbf{x}_0) \,, \\ h(\mathbf{x}) &\approx h(\mathbf{x}_0) + J_h(\mathbf{x}_0) \cdot (\mathbf{x} - \mathbf{x}_0)\end{aligned}}$$

$$\begin{aligned}&(4.1\text{a})\\&(4.1\text{b})\end{aligned}$$

abgeschätzt, wobei für $\eta : \mathbb{R}^N \to \mathbb{R}^M$

$$J_\eta(\mathbf{a}) := \left(\frac{\partial \eta_m}{\partial x_n}(\mathbf{a})\right) \,|\, m \in \{1, 2, \dots, M\} \wedge n \in \{1, 2, \dots, N\} \tag{4.2}$$

die *Jacobi*-Matrix von η im Punkt $\mathbf{a}$ bezeichnet.

Mit dem so linearisierten Systemmodell wird der prädizierte Erwartungswert des Zustandes $\mathbf{m}_X^+$ in Gl. (3.17a) zu

$$\begin{aligned}\mathbf{m}_X^+ &= \mathbb{E}\{\overline{g}(\mathbf{X}_{k-1} + \mathbf{V})\} \approx \mathbb{E}\left\{\overline{g}(\mathbf{x}_0) + J_{\overline{g}}(\mathbf{x}_0) \cdot [(\mathbf{X}_{k-1} + \mathbf{V}) - \mathbf{x}_0]\right\}\\ &= \overline{g}(\mathbf{x}_0) + J_{\overline{g}}(\mathbf{x}_0) \cdot [\mathbb{E}\{\mathbf{X}_{k-1}\} - \mathbf{x}_0] \,.\end{aligned} \tag{4.3}$$

Im EKF wird als Arbeitspunkt für die Linearisierung von $\overline{g}$ der Erwartungswert des zuletzt korrigierten Zustandes $\mathbf{x}_0 = \mathbf{m}_X^-$ gewählt, womit

$$\mathbf{m}_X^+ = \overline{g}(\mathbf{x}_0) = \overline{g}\left(\mathbf{m}_X^-\right) \tag{4.4}$$

folgt. Mit $\overline{g}_0 := \overline{g}(\mathbf{x}_0)$, $\mathbf{X}'_{k-1} = \mathbf{X}_{k-1} + \mathbf{V}$ und

$$\begin{aligned}\overline{g}&\left(\mathbf{X}'_{k-1}\right) - \overline{g}\left(\mathbf{m}_X^-\right)\\ &\approx \left(\overline{g}_0 + J_{\overline{g}}(\mathbf{x}_0)\left[\mathbf{X}'_{k-1} - \mathbf{x}_0\right]\right) - \left(\overline{g}_0 + J_{\overline{g}}(\mathbf{x}_0)\left[\mathbf{m}_X^- - \mathbf{x}_0\right]\right)\\ &= J_{\overline{g}}(\mathbf{x}_0) \cdot \left[\mathbf{X}'_{k-1} - \mathbf{m}_X^-\right]\end{aligned} \tag{4.5}$$

gilt für die prädizierte Varianz des Zustandes $\mathbf{c}_X^+$ in Gl. (3.17b) dann

$$\begin{aligned}\mathbf{c}_X^+ &= \mathbb{E}\left\{\left[\overline{g}\left(\mathbf{X}'_{k-1}\right) - \overline{g}\left(\mathbf{m}_X^-\right)\right]\left[\overline{g}\left(\mathbf{X}'_{k-1}\right) - \overline{g}\left(\mathbf{m}_X^-\right)\right]^{\mathrm{T}}\right\}\\ &\approx J_{\overline{g}}(\mathbf{x}_0) \cdot \mathbb{E}\left\{\left[\mathbf{X}'_{k-1} - \mathbf{m}_X^-\right]\left[\mathbf{X}'_{k-1} - \mathbf{m}_X^-\right]^{\mathrm{T}}\right\} J_{\overline{g}}(\mathbf{x}_0)^{\mathrm{T}}\\ &= J_{\overline{g}}(\mathbf{x}_0)\left(\mathbf{c}_X^- + \mathbf{q}_k\right) J_{\overline{g}}(\mathbf{x}_0)^{\mathrm{T}} \,.\end{aligned} \tag{4.6}$$

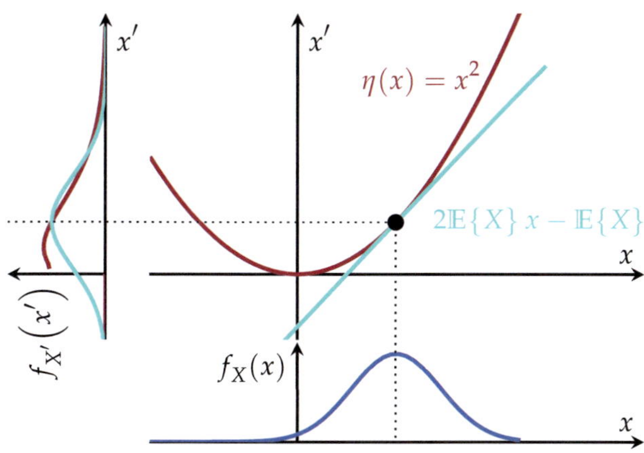

Abbildung 4.1 Transformation der Dichte $f_X(x)$ durch die Funktion $\eta(X) = X^2$ (——) und deren Approximation mit einer Taylor-Reihe 1. Ordnung (——) um $\mathbb{E}\{X\}$.

Das EKF setzt in Gl. (4.1b) üblicherweise $\mathbf{x}_0 = \mathbf{m}_X^+$, woraus folgt, dass

$$\mathbf{m}_Z^+ = h\left(\mathbf{m}_X^+\right), \tag{4.7}$$

$$\mathbf{c}_Z^+ = J_h\left(\mathbf{m}_X^+\right)\mathbf{c}_X^+ J_h\left(\mathbf{m}_X^+\right)^{\mathrm{T}} + \mathbf{r}, \tag{4.8}$$

$$\mathbf{c}_{XZ}^+ = \mathbf{c}_X^+ J_h\left(\mathbf{m}_X^+\right)^{\mathrm{T}} \tag{4.9}$$

gelten und die entsprechenden *Kalman*-Filter-Gleichungen ersetzen. Die Wahl des Arbeitspunktes ist entscheidend für die Güte dieser Approximation, und es ist klar, dass die Fehler in der Schätzung der Mittelwerte und Varianzen größer werden, je stärker die Funktionen $\bar{g}$ und h von ihren Linearisierungen abweichen und je größer die Varianzen der ursprünglichen A-posteriori-Dichte sind (vgl. Abb. 4.1). Um diese Fehler zu reduzieren, gibt es diverse Varianten des EKF, wobei hier nur das **Iterated-Kalman-Filter (IKF)** [8, 33] erwähnt werden soll. Hierbei werden Prädiktion und Korrektur pro Zeitschritt mehrfach durchlaufen, wobei als Entwicklungspunkt der *Taylor*-Reihe der Erwartungswert $\mathbf{m}_{X,i-1}^*$ des Zustandes aus der vorherigen Iteration $i-1$ (mit $\mathbf{m}_{X,0}^* = \mathbf{m}_X^-$) verwendet wird. Die Iteration wird abgebrochen, sobald die Schätzung konvergiert $\|\mathbf{m}_{X,i}^* - \mathbf{m}_{X,i-1}^*\| \leq \epsilon$ oder eine maximale Anzahl $i_{\max}$ an Iterationen erreicht wurde. Für $i_{\text{max}} = 1$ sind IKF und EKF somit identisch.

Da bereits die Bestimmung der *Jacobi*-Matrizen zum Teil sehr mühselig und fehleranfällig ist (bei einem 6-dimensionalen Zustandsvektor sind in Gl. (4.1a) 36 partielle Ableitungen zu bestimmen), werden, obwohl durch diese Methodik prinzipiell möglich, Ansätze mit *Taylor*-Reihen höherer Ordnung selten verwendet.

4.1.2 Interpolation der Systemfunktionen

Alternativ gibt es auch Ansätze, welche, anstatt das System- bzw. Messmodell um den Arbeitspunkt durch eine *Taylor*-Reihe zu approximieren, diese zunächst an einer Menge an Stützstellen um den Arbeitspunkt herum auswerten und darauf aufbauend mit einem Polynomansatz interpolieren [72]. Für einen Polynomansatz erster Ordnung entspricht dies dem EKF, wobei die *Jacobi*-Matrizen durch die entsprechenden zentralen Differenzenquotienten ersetzt werden [88].

4.2 Dichteapproximationen

Anstatt das System- und Messmodell direkt zu approximieren, können auch die resultierenden transformierten Wahrscheinlichkeitsdichten approximiert werden. Die geläufigsten Verfahren stellen die Dichten hierzu durch eine Menge an gewichteten Stützstellen dar, obwohl auch andere Ansätze, z. B. auf Basis von Wavelet-Darstellungen [34], existieren.

4.2.1 *Unscented*-Transformation

Um die Auswirkungen einer nichtlinearen Funktion η auf die ersten beiden Momente einer vektorwertigen Zufallsgröße $\mathbf{X}$ abzuschätzen, nähert die ***Unscented*-Transformation (UT)** [44, 45, 46, 107] die Ausgangsdichte $f_{\mathbf{X}}(\mathbf{x})$ zunächst durch P gewichtete Stützstellen $\left(w_{p,\mathbf{m}}, w_{p,\mathbf{c}}, \mathbf{x}_p \right)_{\mathbf{X}}$ (auch σ-**Punkte** genannt) an, deren Stichprobenmittelwert und -varianz mit den wahren Kenngrößen von $\mathbf{X}$ übereinstimmen, d. h.

$$\mathbf{m_X} = \sum_p w_{p,\mathbf{m}} \cdot \mathbf{x}_p \, , \tag{4.10a}$$

$$\mathbf{c_X} = \sum_p w_{p,\mathbf{c}} \cdot \left(\mathbf{x}_p - \mathbf{m_X}\right) \left(\mathbf{x}_p - \mathbf{m_X}\right)^{\mathrm{T}} , \tag{4.10b}$$

wobei $\sum_p w_p = 1$, jedoch nicht für alle Varianten der UT $w_p \geq 0$ und $w_{p,\mathbf{m}} = w_{p,\mathbf{c}}$ gefordert werden.

Hierbei werden die σ-Punkte $\left(w_{p,\mathbf{m}}, w_{p,\mathbf{c}}, \mathbf{x}_p\right)_{\mathbf{N}}$ für die Standardnormalverteilung $\mathbf{N} \sim \mathcal{N}(\mathbf{x}; \mathbf{0}, \mathbf{i})$ vorab bestimmt und deren Stützstellen-Positionen dann mit der Abbildung

$$\mathbf{x}_{p,\mathbf{X}} = \mathbf{s_X} \mathbf{x}_{p,\mathbf{N}} + \mathbf{m_X} , \tag{4.11}$$

mit $\mathbf{c_X} = \mathbf{s_X} \mathbf{s_X^{\mathrm{T}}}$, an $\mathbf{X} \sim \mathcal{N}(\mathbf{x}; \mathbf{m_X}, \mathbf{c_X})$ angepasst (vgl. Gl. (2.32)).

Die geschätzten Momente der transformierten Zufallsgröße $\mathbf{X}' := \eta(\mathbf{X})$ werden dann durch Stichprobenmittelwert und -varianz der transformierten σ-Punkte $\left(w_{p,\mathbf{m}}, w_{p,\mathbf{c}}, \mathbf{x}'_p\right)_{\mathbf{X}'}$ bestimmt

$$\mathbf{x}'_p = \eta\left(\mathbf{x}_p\right) , \tag{4.12a}$$

$$\widehat{\mathbf{m}}_{\mathbf{X}'} = \sum_p w_{p,\mathbf{m}} \cdot \mathbf{x}'_p , \tag{4.12b}$$

$$\widehat{\mathbf{c}}_{\mathbf{X}'} = \sum_p w_{p,\mathbf{c}} \cdot \left(\mathbf{x}'_p - \widehat{\mathbf{m}}_{\mathbf{X}'}\right) \left(\mathbf{x}'_p - \widehat{\mathbf{m}}_{\mathbf{X}'}\right)^{\mathrm{T}} . \tag{4.12c}$$

Die verschiedenen Varianten der UT unterscheiden sich darin, welche σ-Punkte $\left(w_{p,\mathbf{m}}, w_{p,\mathbf{c}}, \mathbf{x}_p\right)_{\mathbf{N}}$ verwendet werden [2, 39, 44, 45, 107], wobei die **symmetrischen σ-Punkte**

$$w_{p,\mathbf{m}} = w_{p,\mathbf{c}} = \frac{1}{P} , \tag{4.13a}$$

$$[\mathbf{x}_1, \ldots, \mathbf{x}_P] = \sqrt{D} \cdot [\mathbf{i}_{D \times D}, -\mathbf{i}_{D \times D}] \tag{4.13b}$$

mit $D = \dim(\mathbf{X})$ und $P = 2D$ die wohl einfachste Wahl darstellen. Alternativen werden in Anhang A vorgestellt.

Im Folgenden werden die Bestimmung der σ-Punkte aus Mittelwert $\mathbf{m}_X$ und Varianz $\mathbf{c}_X$ gemäß Gl. (4.10) und (4.11), sowie deren Transformation mit einer Funktion η und anschließender Bestimmung von Stichprobenmittelwert $\widehat{\mathbf{m}}_{X'}$ und -varianz $\widehat{\mathbf{c}}_{X'}$ gemäß Gl. (4.12) mit der Schreibweise

$$(\widehat{\mathbf{m}}_{X'}, \widehat{\mathbf{c}}_{X'}) = \mathcal{UT}_{\eta}(\mathbf{m}_X, \mathbf{c}_X) \tag{4.14}$$

abgekürzt.

Um zu einer Erweiterung des *Kalman*-Filters für nichtlineare Systeme zu gelangen, werden $\mathbf{m}_X^+$ und $\mathbf{c}_X^+$ anstatt mit Gl. (3.17a) und Gl. (3.17b) durch

$$\left(\mathbf{m}_X^+, \mathbf{c}_X^+\right) = \mathcal{UT}_{\overline{g}}\left(\mathbf{m}_X^-, \mathbf{c}_X^- + \mathbf{q}\right) \tag{4.15}$$

bestimmt. Anschließend wird

$$\left(\mathbf{m}_{Z'}^+, \mathbf{c}_{Z'}^+\right) = \mathcal{UT}_{\overline{g}}\left(\mathbf{m}_X^+, \mathbf{c}_X^+\right) \tag{4.16}$$

berechnet, wobei $\mathbf{Z}'$ die Messung ohne Messrauschen bezeichnet. Hierbei können natürlich die in Gl. (4.15) berechneten transformierten σ-Punkte wiederverwendet werden, um Rechenzeit zu sparen.

Da $\mathbf{Z} = \mathbf{Z}' + \mathbf{W}$ und $\mathbf{W}$ mittelwertfrei ist, gelten $\mathbf{m}_Z^+ = \mathbf{m}_{Z'}^+$ und $\mathbf{c}_Z^+ = \mathbf{c}_{Z'}^+ + \mathbf{r}$. Auf die Kovarianz $\mathbf{c}_{XZ}^+$ hat das Messrauschen keinen Einfluss, da

$$
\begin{aligned}
\mathbf{c}_{XZ}^+ &= \mathbb{E}\left\{ \left(\mathbf{X} - \mathbf{m}_X^+\right)\left(\mathbf{Z} - \mathbf{m}_Z^+\right)^{\mathrm{T}} \right\} \\
&= \mathbb{E}\left\{ \left(\mathbf{X} - \mathbf{m}_X^+\right)\left(h(\mathbf{X}) - \mathbf{m}_Z^+ + \mathbf{W}\right)^{\mathrm{T}} \right\} \\
&= \mathbb{E}\left\{ \left(\mathbf{X} - \mathbf{m}_X^+\right)\left(h(\mathbf{X}) - \mathbf{m}_Z^+\right)^{\mathrm{T}} \right\} + \underbrace{\mathbb{E}\left\{ \left(\mathbf{X} - \mathbf{m}_X^+\right)\mathbf{W}^{\mathrm{T}} \right\}}_{=0},
\end{aligned}
\tag{4.17}
$$

so dass

$$\mathbf{c}_{XZ}^+ = \sum_p w_{p,c} \cdot \left(\mathbf{x}_p^+ - \mathbf{m}_X^+\right)\left(\mathbf{z}_p^+ - \mathbf{m}_Z^+\right)^{\mathrm{T}} \tag{4.18}$$

abgeschätzt werden kann, womit alle benötigten Größen für die *Kalman*-Korrektur bekannt sind.

Das so entstandene **Unscented-Kalman-Filter (UKF)** wird in der Literatur auch als σ-Punkt-*Kalman*-Filter bezeichnet. Sollten das System- oder

Messrauschen nicht, wie hier angenommen, additiver Natur sein, muss im UKF der erweiterte Zustand $\tilde{\mathbf{X}} = \left[\mathbf{X}^{\mathrm{T}}, \mathbf{V}^{\mathrm{T}}, \mathbf{W}^{\mathrm{T}}\right]^{\mathrm{T}}$ betrachtet und der UT unterzogen werden, was aber, da die Anzahl der σ-Punkte linear abhängig von der Dimension des Zustandes ist, den Rechenaufwand erhöht. Es existieren auch für das UKF Varianten, welche anstatt der Varianzen deren Zerlegungen propagieren [3, 97].

4.2.2 Partikeldarstellungen

Wird bei der *Unscented*-Transformation die zu approximierende Wahrscheinlichkeitsdichte der Zufallsgröße $\mathbf{X}$ durch eine geringe Anzahl P deterministisch platzierter Stützstellen $\left(w_{p,\mathbf{m}}, w_{p,\mathbf{c}}, \mathbf{x}_p\right)_{\mathbf{X}}$ (sog. σ-Punkte) angenähert, so versuchen Partikeldarstellungen eine Approximation durch eine große Anzahl Q zufällig generierter Stützstellen $\left(w_q, \mathbf{x}_q\right)_{\mathbf{X}}$ (sog. Partikel) zu erreichen, im Sinne dass

$$\boxed{f_{\mathbf{X}}(\mathbf{x}) \approx \sum_q w_q \delta_{\mathbf{x}_q}(\mathbf{x}),} \qquad (4.19)$$

wobei $\delta_{\mathbf{x}_0}(\mathbf{x})$ die *Dirac*-Distribution mit Massenzentrum $\mathbf{x}_0$ bezeichnet. Aus Gl. (4.19) ist offensichtlich, dass $w_q \geq 0$ gelten muss. Für diese Partikel-Approximation ist auch der Begriff **empirische Dichte** geläufig. Mit ihr lassen sich Erwartungswerte beliebiger Funktionen $\eta(\mathbf{X})$ über

$$\boxed{\mathbb{E}\{\eta(\mathbf{X})\} := \int \eta(\mathbf{x})\, f_{\mathbf{X}}(\mathbf{x})\, \mathrm{d}\mathbf{x} \approx \sum_q w_q \eta\left(\mathbf{x}_q\right)} \qquad (4.20)$$

annähern. Es kann gezeigt werden, dass für $Q \to \infty$ diese Näherung mit Wahrscheinlichkeit 1 gegen den wahren Wert konvergiert, wenn $w_q = 1/Q$ und $\mathbf{X}_q \sim f_{\mathbf{X}}(\mathbf{x})$, d.h. die Partikel gleich gewichtet und unabhängig und identisch verteilt (u. i. v.) anhand der wahren Dichte von $\mathbf{X}$ sind [25]. So ist, im Gegensatz zu *grid*-basierten Methoden mit festem Abtastgitter, eine adaptive Abtastung des Zustandsraumes möglich. Jeder Erwartungswert (somit auch jedes Moment) kann also beliebig genau bestimmt werden, solange genügend Partikel unabhängig anhand der zugehörigen Wahrscheinlichkeitsdichte gezogen werden, wobei die Konvergenzgeschwindigkeit unabhängig von $\dim(\mathbf{X})$ ist. Leider kann oft nicht direkt aus der Dichte der interessierenden Zufallsgrößen gezogen werden, was aber z. B. mit *Markov-Ketten-Monte-Carlo*-**Verfahren** (**MKMC-Verfahren**) oder *importance sampling* umgangen werden kann.

Markov-Ketten-*Monte-Carlo*-Verfahren

Um von einer ungewichteten Stichprobe $\{x_q'\}$ einer Zufallsgröße X' zu einer ungewichteten Stichprobe $\{x_q\}$ der Zufallsgröße X mit $\mathrm{supp}(f_X) \subseteq \mathrm{supp}(f_{X'})$ (d. h. der Träger von $f_{X'}$ schließt den Träger von f_X ein) zu gelangen

$$\left\{x_q'\right\} \sim f_{X'}(x) \longrightarrow \left\{x_q\right\} \sim f_X(x) \,,$$

ist es prinzipiell nur nötig, die Partikelpositionen entsprechend zu verschieben. Wird diese Verschiebung in mehrere voneinander unabhängige, zufällige Teilverschiebungen zerlegt, lässt sich der Zustand X_q^i des q-ten Partikels nach der i-ten Teilverschiebung durch eine *Markov*-Kette beschreiben. Interessant wäre es nun, Übergangswahrscheinlichkeiten $f\left(x_q^i\middle|x_q^{i-1}\right)$ zu finden und Partikel daraus zu ziehen, so dass $f_X(x)$ als stationäre Verteilung dieser Kette resultiert. Dies ist z. B. mit dem *Metropolis-Hastings*-**Algorithmus** möglich. Mit einer zunächst beliebigen **Vorschlagsdichte** $k\left(x_q^i, x_q^{i-1}\right)$ wird dabei pro Iteration und Partikel x_q^i eine neue mögliche Position $\tilde{x}_q^i \sim k\left(x_q^i, x_q^{i-1}\right)$ generiert, welche dann mit der Akzeptanz-Wahrscheinlichkeit

$$p_{\mathrm{a}}\left(\tilde{x}_q^i, x_q^{i-1}\right) = \min\left(1, \frac{f_X\left(\tilde{x}_q^i\right) k\left(x_q^{i-1}, \tilde{x}_q^i\right)}{f_X\left(x_q^{i-1}\right) k\left(\tilde{x}_q^i, x_q^{i-1}\right)}\right) \tag{4.21}$$

angenommen (d. h. $x_q^i = \tilde{x}_q^{i-1}$) und mit der Gegenwahrscheinlichkeit $1 - p_{\mathrm{a}}$ abgelehnt (d. h. $x_q^i = x_q^{i-1}$) wird. Für symmetrische Vorschlagsdichten $k(a, b) = k(b, a)$ vereinfacht sich die Akzeptanz-Wahrscheinlichkeit zu

$$p_{\mathrm{a}}\left(\tilde{x}_q^i, x_q^{i-1}\right) = \min\left(1, \frac{f_X\left(\tilde{x}_q^i\right)}{f_X\left(x_q^{i-1}\right)}\right). \tag{4.22}$$

Folgende Punkte lassen dieses Verfahren für eine generische Umsetzung der *Bayes*-Rekursion ungeeignet erscheinen:

- Um die anzunähernde A-posteriori-Wahrscheinlichkeitsdichte des Zustandes an den vorgeschlagenen Partikelpositionen auszuwerten, müsste die A-priori-Dichte an dieser Stelle ausgewertet werden. Da diese aber nur als Partikel-Approximation vorliegt, wäre hierzu eine rechentechnisch aufwändige (und schwer generisch zu implementierende) Dichte-Schätzung (vgl. Abschnitt 4.2.2) notwendig.

- Es ist unklar, wie eine optimale Vorschlagsdichte zu wählen ist.

- Es ist unklar, welches Abbruchkriterium für die Iterationen der *Markov*-Kette geeignet ist.

Importance sampling

Um direkt zu einer Stichprobe einer beliebigen Zufallsgröße zu gelangen, wird ausgenutzt, dass die ursprüngliche Kenngröße über

$$
\begin{aligned}
\mathbb{E}\{\eta(\mathbf{X})\} &= \int \eta(\mathbf{x})\, f_{\mathbf{X}}(\mathbf{x})\, \mathrm{d}\mathbf{x} \\
&= \int \frac{\eta(\mathbf{x})\, f_{\mathbf{X}}(\mathbf{x})}{f_{\mathbf{X}'}(\mathbf{x})} f_{\mathbf{X}'}(\mathbf{x})\, \mathrm{d}\mathbf{x} = \mathbb{E}\left\{ \frac{\eta(\mathbf{X})\, f_{\mathbf{X}}(\mathbf{X})}{f_{\mathbf{X}'}(\mathbf{X})} \right\}
\end{aligned}
\tag{4.23}
$$

auf eine modifizierte Kenngröße $\eta(\mathbf{X})\, f_{\mathbf{X}}(\mathbf{X})\,/\,f_{\mathbf{X}'}(\mathbf{X})$ einer anderen Zufallsgröße $\mathbf{X}'$ zurückgeführt werden kann, solange $\mathrm{supp}(f_{\mathbf{X}}) \subseteq \mathrm{supp}(f_{\mathbf{X}'})$ gilt. Diese Methodik nennt man im englischsprachigen Raum *importance sampling*. Für eine Konvergenz der Schätzung müssen die Partikelpositionen und -gewichte dann (Einsetzen von Gl. (4.19) in Gl. (4.23) und vergleichen mit Gl. (4.20))

$$
\mathbf{X}_q \sim f_{\mathbf{X}'}(\mathbf{x}), \qquad\qquad w_{q,\mathbf{X}} = w_{q,\mathbf{X}'} \cdot \frac{f_{\mathbf{X}}\!\left(\mathbf{x}_q\right)}{f_{\mathbf{X}'}\!\left(\mathbf{x}_q\right)}
\tag{4.24}
$$

erfüllen, d. h. auch aus einer ungewichteten Stichprobe erhält man so eine gewichtete Stichprobe.

Zweckmäßigerweise wird die Vorschlagsdichte (engl. *importance* oder *proposal density*) $f_{\mathbf{X}'}$ so gewählt, dass leicht Stichproben aus ihr gezogen werden können und Partikel dabei in „interessante" Teile des Zustandsraumes, in denen $w_{q,\mathbf{X}}$ groß ist, platziert werden. Die Konvergenzgeschwindigkeit der Näherung in Gl. (4.20) wird maßgeblich durch die Wahl der Vorschlagsdichte beeinflusst.

Transformation einer Zufallsgröße

Ist der funktionale Zusammenhang $\mathbf{X} = \rho\left(\mathbf{X}'\right)$ zwischen zwei Zufallsgrößen bekannt, gilt außerdem

$$\sum_q w_q \cdot \eta\left(\mathbf{x}_q\right) \approx \mathbb{E}\{\eta(\mathbf{X})\}$$

$$= \mathbb{E}\left\{\eta\left(\rho\left(\mathbf{X}'\right)\right)\right\} \approx \sum_q w'_q \cdot \eta\left(\rho\left(\mathbf{x}'_q\right)\right), \tag{4.25}$$

weshalb $f_{\mathbf{X}}(\mathbf{x})$ durch die Partikeldarstellung $\left(w_q, \mathbf{x}_q\right)_{\mathbf{X}}$ mit

$$\mathbf{x}_q = \rho\left(\mathbf{x}'_q\right), \qquad\qquad w_q = w'_q \tag{4.26}$$

angenähert werden kann, wenn eine Partikeldarstellung $\left(w'_q, \mathbf{x}'_q\right)_{\mathbf{X}'}$ von $f_{\mathbf{X}'}\left(\mathbf{x}'\right)$ bekannt ist.

Neuabtastung

In rekursiven Algorithmen, wie z. B. der *Bayes*-Rekursion, ist es häufig nötig, Q' Partikel aus einer bereits als Partikeldarstellung vorliegenden Dichte zu ziehen, ohne dass deren zu Grunde liegende Wahrscheinlichkeitsdichte ausgewertet werden kann (weswegen MKMC-Verfahren oder *importance sampling* nicht anwendbar sind). Dieser Vorgang wird als Neuabtastung (engl. *resampling*) bezeichnet. Theoretisch wäre hierzu zunächst eine Schätzung der zu Grunde liegenden Dichte, basierend auf der empirischen Dichte, und anschließend Q'-maliges Ziehen aus dieser erforderlich. Allerdings sind noch keine zufriedenstellenden generischen Lösungen zur optimalen Dichte-Schätzung (insbesondere in hochdimensionalen Räumen) bekannt und viele existierende Ansätze sind zu rechenaufwändig für einen praktischen Einsatz [27, 30, 113]. Um eine geringe Rechenzeit zu erreichen und möglichst allgemein anwendbar zu bleiben, beschränken sich die geläufigsten Neuabtastungs-Verfahren daher darauf, ausschließlich Kopien bereits existierender Partikel zu erzeugen und diesen jeweils das Gewicht $1/Q'$ zuzuweisen [15, 25]. Ziel ist es dabei, Partikel mit großem Gewicht zu vervielfältigen und Partikel mit niedrigem Gewicht zu unterdrücken, um eine Konzentration der Partikel in relevanten Abschnitten des Zustandsraumes zu erzielen. Hierzu wird zunächst die Funktion $F : \{1, 2, \ldots, Q\} \to [0, 1]$ gemäß

$$F(i) = \sum_{q=1}^{i} w_q \tag{4.27}$$

mit ihrer verallgemeinerten Inversen

$$F^{-1}(p) = \min\{i : F(i) \geq p\} \tag{4.28}$$

definiert, welche Ähnlichkeit mit einer empirischen Verteilungsfunktion aufweist. Eine Neuabtastung beruht dann darauf, das Intervall $[0, 1]$ mit Q'-Stützstellen $p_{q'}, q' \in \{1, 2, \ldots, Q'\}$, abzutasten und

$$\mathbf{x}_{q'} = \mathbf{x}_{F^{-1}\left(p_{q'}\right)} \tag{4.29}$$

zu setzen. Die Verfahren unterscheiden sich hierbei in der Wahl der Stützstellen $p_{q'}$.

Für $P_{q'} \sim \mathcal{U}(p; 0, 1)$ spricht man von **multinomialem Neuabtasten**.

Das **geschichtete Neuabtasten** wählt

$$p_{q'} = \frac{q'}{Q'} - \tilde{P}_{q'} \quad \text{mit} \quad \tilde{P}_{q'} \sim \mathcal{U}\left(p; 0, \frac{1}{Q'}\right). \tag{4.30}$$

Beim **systematischen Neuabtasten** wird

$$p_{q'} = \frac{q'}{Q'} - \tilde{P} \quad \text{mit} \quad \tilde{P} \sim \mathcal{U}\left(p; 0, \frac{1}{Q'}\right) \tag{4.31}$$

gewählt, d. h. bis auf einen zufälligen Offset $\tilde{P} \in [0, 1/Q']$ wird F äquidistant abgetastet. Weitere Varianten werden z. B. in [15] beschrieben, während Abb. 4.2 die Zusammenhänge graphisch darstellt. Da diese systematische Neuabtastung am wenigsten rechenaufwändig ist und sehr gute Ergebnisse liefert [15], wird diese im Folgenden verwendet.

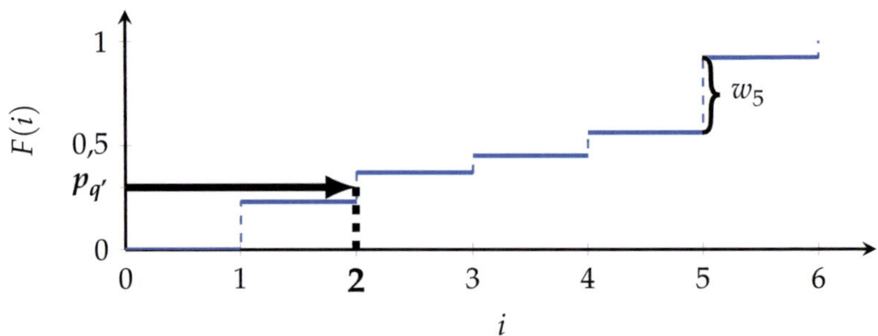

Abbildung 4.2 Verallgemeinerte Verteilungsfunktion $F(i)$ für 6 Partikel. Die Abbildung veranschaulicht, wie bei einer Neuabtastung die Partikelindices der überlebenden Partikel aus $p_{q'}$ bestimmt werden.

Anwendung auf die *Bayes*-Rekursion

Für die Umsetzung der *Bayes*-Rekursion mit Partikeldarstellungen in einem sog. **Partikel-Filter** muss nach jeder eingetroffenen Messung eine Partikel-Approximation der A-posteriori-Dichte bestimmt werden. Da $f\!\left(\mathbf{x}_k|\mathbf{z}^{(k)}\right)$ nicht analytisch bestimmbar ist und somit nicht direkt aus ihr gezogen werden kann, wird indirekt eine Approximation $\left(w_q, \mathbf{x}_q\right)_{\mathbf{X}_k|\mathbf{z}^{(k)}}$ gemäß *importance sampling* erzeugt, woraus

$$\mathbf{X}_q \sim f_{\mathbf{X}'}(\mathbf{x}), \qquad w_q = w_{q,\mathbf{X}'}\frac{f_{\mathbf{X}|\mathbf{z}^{(k)}}\!\left(\mathbf{x}_q\right)}{f_{\mathbf{X}'}\!\left(\mathbf{x}_q\right)} \qquad (4.32)$$

folgt. Einsetzen von Gl. (3.11b) liefert

$$w_q = w_{q,\mathbf{X}'}\frac{f\!\left(\mathbf{z}_k|\mathbf{x}_q\right)f\!\left(\mathbf{x}_q|\mathbf{z}^{(k-1)}\right)}{f_{\mathbf{X}'}\!\left(\mathbf{x}_q\right)} \cdot \frac{1}{\int f\!\left(\mathbf{z}_k|\mathbf{x}'\right)f\!\left(\mathbf{x}'|\mathbf{z}^{(k-1)}\right)\mathrm{d}\mathbf{x}'} \cdot \qquad (4.33)$$

Kürzt man

$$\boxed{w_{q,\mathbf{X}'}\frac{f\!\left(\mathbf{z}_k|\mathbf{x}_q\right)f\!\left(\mathbf{x}_q|\mathbf{z}^{(k-1)}\right)}{f_{\mathbf{X}'}\!\left(\mathbf{x}_q\right)} =: w_q'} \qquad (4.34)$$

ab (w'_q wird üblicherweise als *importance weight* bezeichnet) und nähert ebenfalls mittels *importance sampling*

$$\int f(\mathbf{z}_k|\mathbf{x})\, f\!\left(\mathbf{x}|\mathbf{z}^{(k-1)}\right) \mathrm{d}\mathbf{x} = \mathbb{E}\{f(\mathbf{z}_k|\mathbf{X})\}_{\mathbf{X}_k|\mathbf{z}^{(k-1)}}$$

$$\approx \sum_q w''_q f\!\left(\mathbf{z}_k|\mathbf{x}_q\right) = \sum_q w_{q,\mathbf{x}'}\, \frac{f\!\left(\mathbf{z}_k|\mathbf{x}_q\right) f\!\left(\mathbf{x}_q|\mathbf{z}^{(k-1)}\right)}{f_{\mathbf{X}'}\!\left(\mathbf{x}_q\right)} = \sum_q w'_q \qquad (4.35\text{a})$$

an, folgt schließlich

$$\boxed{\; w_q = \frac{w'_q}{\sum\limits_{q'} w'_{q'}}\; \cdot} \qquad (4.36)$$

Die benötigte Vorschlagsfunktion wird i. Allg. auf Grundlage der A-posteriori-Dichte der letzten Iteration bestimmt. Wird dabei eine Neuabtastung der alten A-posteriori-Dichte vollzogen, spricht man von *Sampling-Importance-Resampling-Filtern (SIR-Filtern)*; wird die Dichte-Approximation direkt übernommen von *Sequential-Importance-Sampling-Filtern (SIS-Filter)*. Da bei SIS-Filtern die Information aus den Messungen lediglich in die Gewichte, nicht aber die Positionen der Partikel einfließt, hat diese keine Auswirkung auf die Abtastung des Zustandsraumes, welche folglich ausschließlich von der A-priori-Vorschlagsdichte $f_{\mathbf{X}_0}(\mathbf{x})$ bestimmt wird. Dies führt zwangsläufig zu einer Divergenz des Filters, da nach ausreichend Iterationen alle Partikel mit Wahrscheinlichkeit 1 ein verschwindendes Gewicht besitzen. Man spricht in diesem Fall von einer **Degeneration** der Partikelgewichte oder auch einer **Verarmung** der Stützstellen. Daher ist es nötig, die Partikel gezielt in Regionen des Zustandsraumes zu „lenken", die auch von den Messungen „unterstützt" werden. Eine Neuabtastung ist daher unerlässlich, auch wenn diese weitere Approximationsfehler einführt und somit die *Monte-Carlo*-Varianz des Verfahrens erhöht. Aus diesen Überlegungen ist auch ersichtlich, dass es wünschenswert ist, den Informationsgehalt einer Partikeldarstellung möglichst vollständig in die Partikelpositionen und nicht in die -gewichte fließen zu lassen. Dies entspricht einer Verringerung der Varianz der Gewichte w'_q in Gl. (4.34).

Die simpelsten und wohl verbreitetsten SIR-Filter (sog. ***Bootstrap-Filter (BF)***) wählen $f_{\mathbf{X}'}(\mathbf{x}) = f\!\left(\mathbf{x}_k|\mathbf{z}^{(k-1)}\right)$, also die mit dem Systemmodell prädizierte Zustandsdichte, als Vorschlagsdichte. Dies hat den Vorteil, dass sich die Berechnung der Gewichte w'_q in Gl. (4.34) stark zu

$$w'_q = w_{q,\mathbf{X}'} f\left(\mathbf{z}_k | \mathbf{x}_q\right) \tag{4.37}$$

vereinfacht, wobei $f\left(\mathbf{z}_k | \mathbf{x}_q\right)$ oft leicht mit Gl. (3.12) bestimmt werden kann. Da $\mathbf{X}_k = \overline{g}(\mathbf{X}_{k-1} + \mathbf{V}_{k-1})$, können Q Stützstellen $\mathbf{x}_q$

$$\mathbf{x}_q \sim f\left(\mathbf{x}_k | \mathbf{z}^{(k-1)}\right) \tag{4.38}$$

gezogen werden, indem man zunächst aus der Verbunddichte von $\left[\mathbf{X}_{k-1}^{\mathrm{T}}, \mathbf{V}_k^{\mathrm{T}}\right]^{\mathrm{T}}$ zieht und die Stützstellen dann gemäß Gl. (4.26) transformiert. Um aus obiger Verbunddichte zu ziehen, werden, da $\mathbf{X}_{k-1}$ und $\mathbf{V}_k$ stochastisch unabhängig sind, jeweils Q Partikel aus der alten A-posteriori-Dichte und der Systemrausch-Dichte bestimmt und deren Gewichte multipliziert bzw. deren Positionen verkettet.

Varianzreduktion der *importance weights*

Die eben beschriebene Vorschlagsfunktion hängt implizit von den vorherigen Messungen $\mathbf{z}^{(k-1)}$ ab, ignoriert aber die aktuelle Messung $\mathbf{z}_k$, obwohl deren Berücksichtigung die adaptive Abtastung des Zustandsraumes weiter verbessern sollte. Einen Ansatz dies zu vermeiden stellt das ***Auxiliary*-Partikel-Filter (APF)** [78] dar. Die Namensgebung motiviert sich dadurch, dass der Zustandsraum für das Erzeugen der neuen Partikelpositionen zunächst um eine Hilfsvariable (engl. *auxiliary variable*) Q^- für den Index q^- der ursprünglichen Partikelmenge erweitert wird, welche dann aber wieder fallen gelassen wird. Die *importance weights* werden dadurch zu

$$w'_q = \frac{f\left(\mathbf{z}_k | \mathbf{x}_q\right) f\left(\mathbf{x}_q | \mathbf{x}_q^-\right) f\left(q^- | \mathbf{z}^{(k-1)}\right)}{f_{\mathbf{X}',Q'}\left(\mathbf{x}_q, q^- | \mathbf{z}^{(k)}\right)}, \tag{4.39}$$

wobei ausgenutzt wurde, dass die *Likelihood* für alle Partikel identisch ist, d.h. $f\left(\mathbf{z}_k | \mathbf{x}_q, q^-\right) = f\left(\mathbf{z}_k | \mathbf{x}_q\right)$ und dass $f\left(\mathbf{x}_q | \mathbf{z}^{(k-1)}, q^-\right) = f\left(\mathbf{x}_q | q^-\right) = f\left(\mathbf{x}_q | \mathbf{x}_q^-\right)$. Letzteres gilt, da jedem

q^- deterministisch ein $\mathbf{x}_{q^-}$ zugeordnet ist, was mittels Marginalisierung und Verwendung von Gl. (3.10) (vgl. Abschnitt E.4) zu der gemachten Aussage führt.

Ein generischer Ansatz für die erweiterte Vorschlagsfunktion ist

$$f_{\mathbf{X}',Q'}\left(\mathbf{x}_k, q \mid \mathbf{z}^{(k)}\right) = f\left(\mathbf{z}_k \mid \mu_q\right) f\left(\mathbf{x}_k \mid \mathbf{x}_q\right) f_{Q'}\left(q \mid \mathbf{z}^{(k-1)}\right), \qquad (4.40)$$

wobei μ_q einen beliebigen Kennwert bezeichnet, der aus der Position $\mathbf{x}_q$ des q-ten Partikels der vorherigen A-posteriori-Dichte bestimmt wurde (z. B. $\mu_q = \bar{g}(\mathbf{x}_q)$ erscheint geeignet). Für die Vorschlagsfunktion des Partikelindices wird $f_{Q'}\left(q \mid \mathbf{z}^{(k-1)}\right) = f\left(q \mid \mathbf{z}^{(k-1)}\right) = w_q$ gewählt, also die Gewichte der Ausgangs-Partikeldarstellung. Dieser Ansatz führt auf

$$w'_q = \frac{f\left(\mathbf{z}_k \mid \mathbf{x}_q\right) f\left(\mathbf{x}_q \mid \mathbf{x}_q^-\right) f\left(q^- \mid \mathbf{z}^{(k-1)}\right)}{f\left(\mathbf{z}_k \mid \mu_{q^-}\right) f\left(\mathbf{x}_q \mid \mathbf{x}_q^-\right) f\left(q^- \mid \mathbf{z}^{(k-1)}\right)} = \frac{f\left(\mathbf{z}_k \mid \mathbf{x}_q\right)}{f\left(\mathbf{z}_k \mid \mu_{q^-}\right)}. \qquad (4.41)$$

Ist die *Likelihood* näherungsweise konstant bezüglich der Streuungen, welche durch das Systemrauschen hervorgerufen werden, wird $f\left(\mathbf{z}_k \mid \mathbf{x}_q\right) \approx f\left(\mathbf{z}_k \mid \mu_{q^-}\right)$ gelten, d. h. die neuen *importance weights* sind nahezu identisch und weisen somit eine geringe Varianz auf. Anschaulich lässt sich das Vorgehen so interpretieren, dass die alten Partikel nicht mehr ausschließlich proportional zu ihren alten Gewichten gezogen werden, sondern obendrein proportional dazu, wie gut sie die aktuelle Messung erklären.

4.3 *Gauß*-Summen

Wahrscheinlichkeitsdichten der Form

$$f_{\mathbf{X}}(\mathbf{x}) = \sum_n w_n \cdot \mathcal{N}(\mathbf{x}; \mathbf{m}_n, \mathbf{c}_n), \qquad (4.42)$$

also Summen aus gewichteten Normalverteilungen, werden als *Gauß*-Summen bezeichnet; die einzelnen Normalverteilungen inklusive ihrem Gewichtungsfaktor w_n als (*Gauß*-)Komponenten. Damit es sich tatsächlich um eine Wahrscheinlichkeitsdichte handelt, muss natürlich $\sum_n w_n = 1$ gelten. Obwohl es auch Ansätze gab, *Gauß*-Summen zur

Handhabung nichtlinearer Modelle zu verwenden [1], werden sie mittlerweile hauptsächlich dazu benutzt, multimodale Wahrscheinlichkeitsdichten zu beschreiben. Die theoretische Motivation hierbei ist die Tatsache, dass sich jede stetige Wahrscheinlichkeitsdichte beliebig gut durch eine *Gauß*-Summe approximieren lässt, solange ausreichend viele Komponenten verwendet werden [22].

Der Erwartungswert $\mathbf{m}_X$ der zu Grunde liegenden Zufallsgröße $\mathbf{X}$ der *Gauß*-Summe ist entsprechend

$$
\begin{aligned}
\mathbf{m}_X := \mathbb{E}\{\mathbf{X}\} &= \int \mathbf{x} \cdot \sum_n w_n \cdot \mathcal{N}(\mathbf{x};\, \mathbf{m}_n,\, \mathbf{c}_n)\, \mathrm{d}\mathbf{x} \\
&= \sum_n w_n \cdot \int \mathbf{x} \cdot \mathcal{N}(\mathbf{x};\, \mathbf{m}_n,\, \mathbf{c}_n)\, \mathrm{d}\mathbf{x} = \sum_n w_n \cdot \mathbf{m}_n
\end{aligned}
\tag{4.43}
$$

der gewichtete Mittelwert der Erwartungswerte der Komponenten; die Varianz $\mathbf{c}_X$ ist durch

$$
\begin{aligned}
\mathbf{c}_X := \mathbb{E}\left\{ (\mathbf{X} - \mathbb{E}\{\mathbf{X}\})\,(\mathbf{X} - \mathbb{E}\{\mathbf{X}\})^{\mathrm{T}} \right\} \\
= \sum_n w_n \cdot \left[\mathbf{c}_n + (\mathbf{m}_X - \mathbf{m}_n)\,(\mathbf{m}_X - \mathbf{m}_n)^{\mathrm{T}} \right]
\end{aligned}
\tag{4.44}
$$

gegeben.

4.3.1 Reduktion

Aus Abschnitt 2.3.5 folgt, dass auch das Produkt zweier *Gauß*-Summen mit N bzw. M Komponenten eine *Gauß*-Summe mit $N \cdot M$ Komponenten ist. In vielen rekursiven Algorithmen, die in den folgenden Kapiteln vorgestellt werden, würde somit die zu speichernde Anzahl an Komponenten im Laufe der Zeit unbegrenzt ansteigen, so dass häufig Verfahren benötigt werden, um eine *Gauß*-Summe durch eine neue *Gauß*-Summe mit weniger Komponenten anzunähern.

Aus der Vielzahl an vorgeschlagenen Verfahren (z. B. [40, 86, 89]) wird in dieser Arbeit analog zu [99] einer der Ansätze in [86] auf Grund seiner Einfachheit gewählt und im Folgenden kurz zusammengefasst.

Der Algorithmus setzt sich aus mehreren Teilschritten zusammen, die der Reihe nach vorgestellt werden.

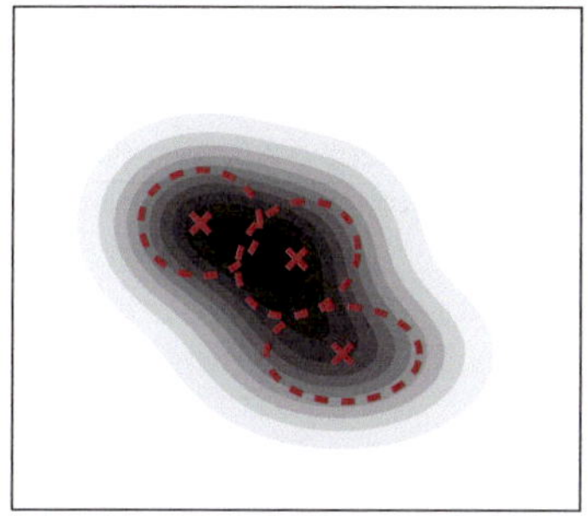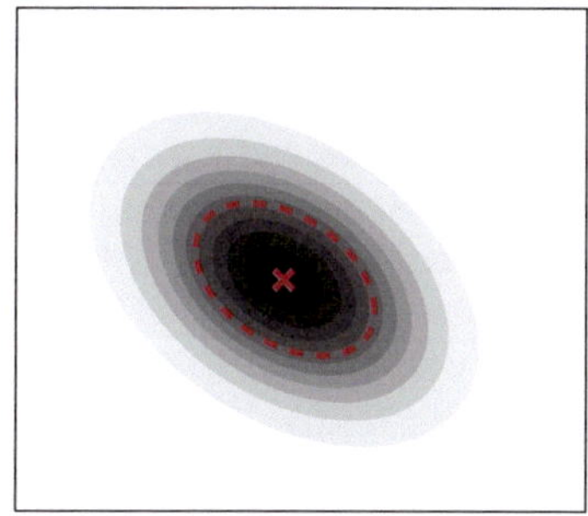

Abbildung 4.3 Links: *Gauß*-Summe bestehend aus drei gleich gewichteten Komponenten. Rechts: Approximation der Summe durch eine Normalverteilung mit identischen Momenten. (■) bezeichnet $f_{\mathbf{X}}(\mathbf{x}) \gg 0$, (□) bezeichnet $f_{\mathbf{X}}(\mathbf{x}) = 0$. (✖) markiert den Erwartungswert und (- - -) die 1-σ-Ellipse pro Komponente.

Schwellwertfiltern der Komponente

Komponenten mit einem geringen Gewichtungsfaktor tragen nur wenig zur grundsätzlichen Form der *Gauß*-Summe bei und werden daher konsequent vernachlässigt, wenn $w_n \leq \tau_{\mathrm{SF}}$, wobei τ_{SF} fest oder adaptiv, beispielsweise als Bruchteil von $\max\{w_n\}$, gewählt werden kann.

Zusammenlegen von Komponenten

Da die Summe von Normalverteilungen mit ähnlichem Erwartungswert und ähnlicher Varianz auch wieder näherungsweise einer Normalverteilung entspricht, werden „ähnliche" Komponenten zu einer einzelnen Komponente zusammengefasst, da dies die grundsätzliche Form der gesamten *Gauß*-Summe wenig verändert (vgl. Abb. 4.3).

Hierbei soll die neue Komponente identischen Erwartungswert und identische Varianz wie die Summe der zusammengelegten Komponenten haben. Um Gl. (4.43) und Gl. (4.44) anwenden zu können, müssen jedoch vorher die Gewichtungsfaktoren der ausgewählten Komponenten gemäß

$$w_n' = \frac{w_n}{\sum\limits_{n'} w_{n'}} \tag{4.45}$$

normiert werden, wobei n' den Index der Komponenten, die zusammengelegt werden, bezeichnet.

Eine einfache Heuristik, um geeignete Komponenten auszuwählen, ist folgendes iteratives Vorgehen, wobei die Menge i verbleibender Komponenten mit $i = \{1, 2, \ldots, N\}$ initialisiert wird.

1. Auswählen der verbleibenden Komponente i mit dem größten Gewichtungsfaktor

$$i = \underset{n \in i}{\arg\max} \{w_n\} \, . \qquad (4.46)$$

2. Bestimmen aller Komponenten, die der i-ten Komponente „ähnlich" sind

$$l = \{l : l \in i \wedge d(\mathcal{N}(\mathbf{x}; \mathbf{m}_i, \mathbf{c}_i), \mathcal{N}(\mathbf{x}; \mathbf{m}_l, \mathbf{c}_l)) \leq \tau_{ZL}\} \, , \qquad (4.47)$$

wobei eine geeignete Metrik d und ein geeigneter Schwellwert $\tau_{ZL} \geq 0$ zu wählen sind. Da für jede Metrik $d(x, x) = 0$ gilt, wird die Komponente i hierbei stets mit ausgewählt.

3. Ersetzen der so bestimmten Komponenten durch eine Komponente mit $w' = \sum_{l \in l} w_l$, wobei $\mathbf{m}'$ gemäß Gl. (4.43) und $\mathbf{c}'$ gemäß Gl. (4.44) bestimmt werden (nach vorheriger Normierung der Gewichte w_l).

4. Entfernen der zusammengelegten Komponenten aus der Menge verbleibender Komponenten $i = i \setminus l$.

5. Weiter mit Schritt 1, solange $i \neq \emptyset$.

In [99] wird als Metrik die *Mahalanobis*-Distanz $d_M(\mathbf{m}_l, \mathbf{m}_i)$ (vgl. Abschnitt 2.4.2) mit der Varianz $\mathbf{c}_i$ eingesetzt, so dass τ_{ZL} mit Hilfe der χ^2-Verteilung bestimmt werden kann. Diese Wahl lässt sich so interpretieren, dass zwei Komponenten als „ähnlich" gelten, wenn der Erwartungswert der Komponente mit dem geringeren Gewicht mindestens mit Wahrscheinlichkeit $F_{\chi_D^2}(\tau)$ eine Realisierung der Zufallsgröße, welche der Komponente mit dem größeren Gewicht zu Grunde liegt, sein könnte. Diese Wahl erscheint ungeeignet, da sie die Varianz $\mathbf{c}_l$ der kleineren Komponenten vollständig vernachlässigt. Versuche, diese mit einzubeziehen (z. B. Verwendung von $1/2 \cdot (\mathbf{c}_i + \mathbf{c}_l)$, statt $\mathbf{c}_i$), sind in der Regel ad-hoc und schwer interpretierbar. Daher wird in dieser Arbeit die modifizierte *Fréchet*-Distanz $\mathbb{E}\left\{\left\|\mathbf{d}_{\text{max}}^{\circ(-1)} \circ (\mathbf{X} - \mathbf{Y})\right\|^2\right\}$ (vgl. Abschnitt 2.4.3) verwendet, wobei $\circ$ die *Hadamard-* (also elementweise) Multiplikation bzw. Inversion mit

$$\mathbf{a} \circ \mathbf{b} := \left(a_{ij} \cdot b_{ij}\right), \qquad \mathbf{a}^{\circ(-1)} := \left(\frac{1}{a_{ij}}\right) \tag{4.48}$$

bezeichnet. Die Elemente des Vektors $\mathbf{d}_{\text{max}}$ definieren pro Dimension, ab welchem Abstand zwei Vektoren, welche in allen anderen Dimensionen identisch sind, nicht mehr als ähnlich gelten. In Gl. (2.48) werden dann folgende Ersetzungen vorgenommen

$$\mathbf{m}_1 - \mathbf{m}_2 \qquad \rightarrow \qquad \mathbf{d}_{\text{max}}^{\circ(-1)} \circ (\mathbf{m}_1 - \mathbf{m}_2)\,, \tag{4.49}$$

$$\mathbf{c}_{i/l} \qquad \rightarrow \qquad \left(\mathbf{d}_{\text{max}}^{\circ(-1)} \cdot \left(\mathbf{d}_{\text{max}}^{\circ(-1)}\right)^{\text{T}}\right) \circ \mathbf{c}_{i/l}\,. \tag{4.50}$$

Setzt man nun $\tau_{\text{ZL}} = 1$, werden Komponenten nur zusammengelegt, wenn $\min_{\mathbf{X}_i, \mathbf{X}_l} \mathbb{E}\{\mathbf{X}_i - \mathbf{X}_l\}$ innerhalb des Ellipsoiden mit den Halbachsenlängen $\mathbf{d}_{\text{max}}$ liegt.

Begrenzen der Komponentenanzahl

Sollte nach den beiden vorangegangenen Maßnahmen die Komponentenanzahl der *Gauß*-Summe immer noch zu hoch sein, um eine angemessene Verarbeitungsgeschwindigkeit zu garantieren, werden ausschließlich die N_{max} Komponenten mit den größten Gewichtungsfaktoren beibehalten.

Normalisieren der Dichte

Da durch das Verwerfen von Komponenten mit niedrigen Gewichtungsfaktoren der Wert des Integrals

$$\int \sum_n w_n \cdot \mathcal{N}(\mathbf{x};\, \mathbf{m}_n,\, \mathbf{c}_n)\, d\mathbf{x} \tag{4.51}$$

verändert wurde, müssen die Gewichtungsfaktoren w_n der verbleibenden Komponenten bei Bedarf entsprechend skaliert werden (z. B. um sicherzustellen, dass es sich um eine Wahrscheinlichkeitsdichte handelt).

4.4 Experimente

Da die meisten im Automobilbereich verwendeten System- und Beobachtungsmodelle nichtlinear sind, soll experimentell untersucht werden, welche der in diesem Kapitel besprochenen Methoden sich für diesen Einsatzbereich eignen. Insbesondere stellt sich die Frage, ob die auf der Statistik zweiter Ordnung beruhenden Verfahren verwendet werden können, da diese laut Literatur nur für „schwach" nichtlineare Systeme geeignet, in der Regel aber weniger rechenaufwändig sind. Das EKF wird in den Experimenten ausgeklammert, da z. B. [46, 97] gezeigt haben, dass das UKF diesem, bei vergleichbarem Rechenaufwand, bezüglich des mittleren Schätzfehlers überlegen ist. Zusätzlich ist das UKF für generische Implementierungen besser geeignet, da lediglich die nichtlinearen Funktionen $\bar{g}$ und h (vgl. Abschnitt 3.1) angegeben werden müssen, nicht jedoch deren Ableitungen.

Filter, welche zur Darstellung der Wahrscheinlichkeitsdichten *Gauß*-Summen verwenden, werden ebenfalls nicht berücksichtigt, da sowohl das System- als auch Messrauschen als unimodal angenommen werden und somit selbst bei einer multimodalen Initial-Dichte der Erwartungswert und die Kovarianz für alle *Gauß*-Komponenten nach wenigen Messungen konvergieren würden, so dass diese zu einer einzigen Normalverteilung zusammengefasst würden.

Für das UKF soll der Einfluss verschiedener Sätze an σ-Punkten untersucht werden. Ein Filter, welches im Folgenden mit UKF bezeichnet wird, verwendet daher die skalierten symmetrischen σ-Punkte (Abschnitt A.3) mit $\alpha = 10^{-3}$. Als SRUKF wird eine Implementierung bezeichnet, welche identische Parameter wie das UKF besitzt, jedoch anstatt der Kovarianzmatrix $\mathbf{c_x}$ deren Cholesky-Zerlegung propagiert [97]. Das SPUKF benutzt die Sphärischer-Simplex σ-Punkte mit $w_0 = 1/D$ [45]. Schließlich wird auch das ***Cubature-Kalman*-Filter (CKF)** [2] umgesetzt, was der Wahl der (nicht skalierten) symmetrischen σ-Punkte entspricht.

Szenario

Das Testszenario beschreibt das Wendemanöver eines Fahrzeuges, wie es in Tab. 4.1 beschrieben und in Abb. 4.4 dargestellt ist. Zur Beschreibung der Bewegung dient hierbei das (nichtlineare) *Constant-Turnrate-And-Acceleration*-Modell (CTRA-Modell) (Abschnitt C.1.3).

Zeit			Parameter		
0	–	2 s	$v_0 = 20\,\mathrm{m/s}$	$a = -5\,\mathrm{m/s^2}$	$\omega = 0\,^\circ/\mathrm{s}$
2	–	3 s	$v_2 = 10\,\mathrm{m/s}$	$a = -4\,\mathrm{m/s}$	$\omega = 18\,^\circ/\mathrm{s}$
3	–	6 s	$v_3 = 6\,\mathrm{m/s}$	$a = -1\,\mathrm{m/s}$	$\omega = 24\,^\circ/\mathrm{s}$
6	–	9 s	$v_6 = 3\,\mathrm{m/s}$	$a = 1\,\mathrm{m/s}$	$\omega = 24\,^\circ/\mathrm{s}$
9	–	10 s	$v_9 = 6\,\mathrm{m/s}$	$a = 4\,\mathrm{m/s}$	$\omega = 18\,^\circ/\mathrm{s}$
10	–	12 s	$v_{10} = 10\,\mathrm{m/s}$	$a = 5\,\mathrm{m/s^2}$	$\omega = 0\,^\circ/\mathrm{s}$

Tabelle 4.1 Beschreibung der simulierten Fahrzeugbewegung.

Als Sensoren werden ein Lidar und eine Mono-Kamera gemäß den Modellen in Abschnitt D.1 verwendet. Beide sind fest im Ursprung montiert und haben jeweils eine Abtastrate von $f = 5\,\mathrm{Hz}$, wobei die Messzeitpunkte versetzt zueinander sind, so dass effektiv alle 100 ms eine Messung vorliegt. In tatsächlichen Anwendungen ist die Abtastrate in der Regel höher, was die Schätzaufgabe durch mehr Information pro Zeit aber vereinfacht (vom steigenden Rechenaufwand abgesehen).

Das Sensorrauschen des Lidars wird durch

$$\mathbf{W}_{\mathrm{Lid}} \sim \mathcal{N}\!\left([\beta, r]^{\mathrm{T}};\ \mathbf{0},\ \mathrm{diag}\!\left((1\,^\circ)^2, (0{,}3\,\mathrm{m})^2\right)\right), \tag{4.52}$$

das der Kamera durch

$$W_{\mathrm{Cam}} \sim \mathcal{N}\!\left(k;\ 0,\ (2\,\mathrm{px})^2\right), \tag{4.53}$$

modelliert.

Filterparameter und -initialisierung

Das Systemmodell der Filter entspricht dem der Fahrzeugbewegung, bis auf die Sprünge in Beschleunigung und Gierrate. Um bei Auftreten dieser Sprünge das Fahrzeug nicht zu verlieren, wird die Kovarianzmatrix des Systemrauschens der Filter zu

$$\mathbf{q}_k = T_k^2 \cdot \mathrm{diag}\!\left(\approx 0, \approx 0, \approx 0, \approx 0, (50\,^\circ/\mathrm{s})^2, (15/3{,}6\,\mathrm{m/s^2})^2\right) \tag{4.54}$$

gewählt. Versuche, bei denen die Filter stattdessen ein *Constant-Acceleration*-Modell (CA-Modell) (vgl. Abschnitt C.1.2) verwendeten,

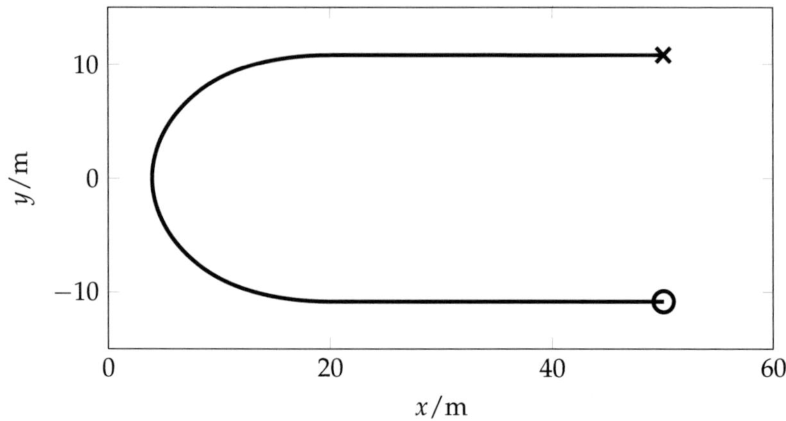

Abbildung 4.4 Objekttrajektorie des simulierten Szenarios. (**O**) markiert die initiale Position, (**X**) die finale Position.

zeigten keinen gravierenden Einfluss der Modellwahl auf die Filtergüte, obwohl dieses Modell linear ist.

Die Filter erhalten

$$f_{\mathbf{X}_0}(\mathbf{x}) = \mathcal{N}(\mathbf{x};\, \mathbf{x}_0,\, \mathbf{c}_0) \tag{4.55a}$$

mit

$$\mathbf{c}_0 = \mathrm{diag}\left((1\,\mathrm{m})^2, (1\,\mathrm{m})^2, (40\,^\circ)^2, (3\,\mathrm{m/s})^2, (30\,^\circ/\mathrm{s})^2, \left(1\,\mathrm{m/s}^2\right)^2\right) \tag{4.55b}$$

bzw. eine Q_{Filter}-elementige Stichprobe daraus als initiale Dichte, wobei $\mathbf{x}_0$ der tatsächliche Zustand des Fahrzeugs bei Simulationsbeginn ist.

Da im APF pro Partikel auf Grund der Bestimmung der $f\left(\mathbf{z}_k|\mu_q^-\right)$ das System- und Messmodell jeweils zweimal ausgewertet werden muss, ist dessen Rechenzeit bei identischer Partikelanzahl wie beim BF ungefähr doppelt so hoch. Daher wird hier $Q_{\mathrm{APF}} = Q_{\mathrm{BF}}/2$ gewählt um zu überprüfen, inwiefern sich der Mehraufwand pro Partikel lohnt. Damit das BF nicht allzu oft divergiert, wird $Q_{\mathrm{BF}} = 10^4$ gesetzt.

Filter	UKF	SRUKF	SPUKF	CKF	BF	APF
$\bar{t}_{calc}/\mathrm{s}$	1,60	1,78	1,58	1,60	6,44	6,48
N_{Div}	3	4	0	0	20	22
$N_{\mathrm{Div,rel}}/\%$	0,3	0,4	0	0	2,0	2,2

Tabelle 4.2   Gemittelte Laufzeiten der Filter pro *Monte-Carlo*-Durchlauf sowie relative und absolute Häufigkeit der Divergenz der Filter.

Ergebnisse

Sowohl durch den zufälligen Messfehler als auch durch die stochastische Natur der Partikel-Filter ist ein Simulationsdurchlauf nicht deterministisch, so dass für 10^3 *Monte-Carlo*-Durchläufe Messdaten erzeugt und gefiltert werden.

Um die Filtergüte zu beurteilen, werden die bezüglich der *Monte-Carlo*-Durchläufe gemittelten *euklidischen* Abstände (vgl. Abschnitt 2.4.1)

$$\overline{d^2} := \overline{d^2(\widehat{\mathbf{x}}_{\mathrm{Filter}}, \mathbf{x}_{\mathrm{wahr}})}$$

zwischen wahrem Objektzustand $\mathbf{x}_{\mathrm{wahr}}$ und EAP-Schätzung $\widehat{\mathbf{x}}_{\mathrm{Filter}}$ der einzelnen Filter betrachtet. Durchläufe, für die ein Filter divergiert, werden daran erkannt, dass der *euklidische* Abstand während des Durchlaufs einen gewissen Schwellwert τ_{Div} mindestens 5 mal überschreitet. Sie werden in $\overline{d^2}$ nicht berücksichtigt. Stattdessen sind in Tab. 4.2 die absolute und relative Häufigkeit N_{Div} bzw. $N_{\mathrm{Div,rel}}$ des Auftretens einer Divergenz der Filter angegeben. Um den Schwellwert zu bestimmen wurde ein maximal zulässiger Differenzvektor $\mathbf{d}_{\mathrm{max}}$

$$\mathbf{d}_{\mathrm{max}} = \left[2\,\mathrm{m}, 2\,\mathrm{m}, 90\,^\circ, 3\,\mathrm{m/s}, 25\,^\circ/\mathrm{s}, 4\,\mathrm{m/s}^2\right]^{\mathrm{T}} \tag{4.56}$$

gewählt und $\tau_{\mathrm{Div}} = \sqrt{\mathbf{d}_{\mathrm{max}}^{\mathrm{T}}\mathbf{d}_{\mathrm{max}}}$ gesetzt.

Da sich die Ergebnisse der verschiedenen Varianten des UKF wenig unterscheiden, sind in Abb. 4.5 nur die Ergebnisse für die symmetrischen σ-Punkte ohne Skalierung (CKF) angegeben.

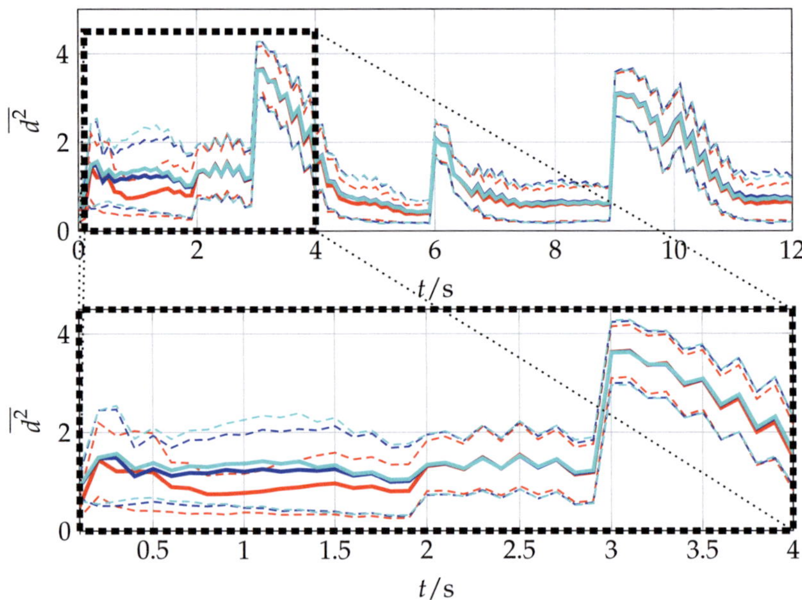

Abbildung 4.5 Gemittelte Fehlerkurven der implementierten Filter, jeweils mit 1-σ-Schlauch. Durchläufe, in denen das Filter divergiert, wurden nicht berücksichtigt. (———) CKF, (———) BF, (———) APF.

4.5 Diskussion

Die Fehlerkurven weisen, wie zu erwarten war, zu den Zeitpunkten der Zustandssprünge des Fahrzeugs ebenfalls abklingende Sprünge auf. Danach klingt der Fehler jeweils auf einen stabilen Endwert ab. Der minimal oszillierende Verlauf des Schätzfehlers ist auf die unterschiedliche Charakteristik der beiden abwechselnden Sensoren zurückzuführen.

Bis auf den Einschwingvorgang der Filter zu Beginn der Simulation sind die Schätzfehlerkurven sämtlicher Filter nahezu identisch. Dies legt zum einen nahe, dass die verwendeten Modelle als „schwach" nichtlinear betrachtet werden können und die resultierenden A-posteriori-Dichten näherungsweise normalverteilt sind, und zum anderen erscheint die Partikelanzahl ausreichend hoch gewählt, um eine gute Approximation der A-posteriori-Dichten zu gewährleisten.

Zum Vergleich zwischen APF und BF lässt sich sagen, dass der Mehraufwand für die „Vorausschau" des APF bei vergleichbarer Rechenzeit keinen Vorteil bezüglich der Häufigkeit einer Filterdivergenz gebracht hat.

Für dieses Szenario weisen die UKF-Filter, bei gleichem Schätzfehler, eine um ungefähr den Faktor 4 geringere Rechenzeit als die partikelbasierten Verfahren auf. Weitere Versuche zeigten, dass die Partikel-Filter deutlich häufiger (>50 % der Durchläufe) divergieren, wenn die Partikelanzahl soweit gesenkt wird, dass die Rechenzeit vergleichbar zum UKF wird.

Allerdings wurden sämtliche Simulationen mit einer selbsterstellten MATLAB-Implementierung durchgeführt, die nicht speziell auf minimale Rechenzeit optimiert wurde. Insbesondere optimale Speicherverwaltung und parallele Berechnungen wurden nicht umgesetzt. Da fast sämtliche Berechnungen pro einzelnem Partikel parallelisierbar sind, ist zu erwarten, dass partikelbasierte Verfahren von der Verwendung spezieller *Single-Instruction-Multiple-Data*-Hardware wie GPUs deutlich stärker profitieren können als das UKF, bei dem die rechenzeitintensivsten Schritte Matrixinversionen und -zerlegungen sind, die nicht in gleichem Maße mit dieser Hardware beschleunigbar sind.

Abschließend sollte bemerkt werden, dass dieses Szenario zeigt, dass das UKF gegenüber partikelbasierten Verfahren zu bevorzugen ist, solange dessen Modellannahmen ausreichend gut erfüllt sind, während Partikel-Filter für Anwendungen, in denen dies nicht der Fall ist, herangezogen werden müssen.

Damit ist klar, dass für spezifische Anwendungen auch Hybride aus *Kalman-* und Partikel-Filtern, die sogenannten **Rao-Blackwellised-Partikel-Filter** [87, 92], von enormer Bedeutung, jedoch schwer generisch implementierbar sind.

5 Mehrmodell-Ansätze

In vielen praktischen Aufgabenstellungen hat man es mit einem hybriden Systemzustand zu tun, d. h. $\mathbf{X}$ setzt sich sowohl aus stetigen als auch diskreten Zufallsgrößen $\mathbf{S}$ bzw. $\mathbf{D}$ zusammen

$$\mathbf{X} = \left[\mathbf{S}^{\mathrm{T}}, \mathbf{D}^{\mathrm{T}}\right]^{\mathrm{T}} . \tag{5.1}$$

Der Einfachheit halber wird im Folgenden angenommen, jeder diskrete Zustand D_i besitze nur n_i mögliche Werte, so dass der diskrete Zustandsvektor $\mathbf{D}$ auf einen skalaren diskreten Zustand D mit gerade $n = \prod_i n_i$ möglichen Werten abgebildet werden kann.

Stetige Zustände stellen häufig den kinematischen Zustand des Systems dar, also z. B. Position, Geschwindigkeit etc. während diskrete Zufallsgrößen typischerweise bei einer Klassifikation des Systems auftreten. Eine weitere häufige Ursache für eine Modellierung mit diskreten Zustandsgrößen ist die Schwierigkeit, ein für alle Zeitpunkte adäquates Systemmodell zu finden, so dass mehrere Systemmodelle verwendet werden, zwischen denen dann datengetrieben umgeschaltet wird. In Anlehnung an diese zweite Interpretation werden die Werte d der diskreten Zufallsgröße D im Folgenden als **Modi** bezeichnet, auch wenn damit ebenso Objektklassen oder andere Größen beschrieben werden können.

Für die Darstellung auf digitalen Rechnern wird die Verbunddichte des Zustandes gemäß

$$f_{\mathbf{X}}(\mathbf{x}) = f_{\mathbf{S}|d}(\mathbf{s}|d) \cdot f_D(d) \tag{5.2}$$

zerlegt, d. h. für jeden Modus d wird dessen marginale Wahrscheinlichkeit $p_d := f_D(d)$ (sog. Moduswahrscheinlichkeit) sowie die Wahrscheinlichkeitsdichte $f_{\mathbf{S}|d}(\mathbf{s}|d)$ aller stetigen Zustände bedingt auf diesen Modus (sog. Modus-Dichte) gespeichert.

Im Folgenden werden zwei Ansätze zur Lösung der *Bayes*-Rekursion für solch hybride Zustände vorgestellt und miteinander verglichen. Diese unterscheiden sich ausschließlich im Prädiktionsschritt, so dass auf den identischen Korrekturschritt im Anschluss für beide gemeinsam eingegangen wird.

5.1 Prädiktionsschritt

Die Indices $^+$ und $^-$ bezeichnen den zeitlichen Index k bzw. $k-1$. Die **A-priori-Modus-Dichte** ist allgemein durch

$$f\left(\mathbf{s}^+\middle|d^+,\mathbf{z}^{(-)}\right) = \int f\left(\mathbf{s}^+\middle|\mathbf{s}^-,d^+,\mathbf{z}^{(-)}\right) f\left(\mathbf{s}^-\middle|d^+,\mathbf{z}^{(-)}\right) \mathrm{d}\mathbf{s}^- \qquad (5.3)$$

gegeben. Auf Grund der *Markov*-Eigenschaft des Zustandes (3.10) ist $f\left(\mathbf{s}^+\middle|\mathbf{s}^-,d^+,\mathbf{z}^{(-)}\right) = f\left(\mathbf{s}^+\middle|\mathbf{s}^-,d^+\right)$, was der Transitionsdichte des Modus entspricht, die aus dem zugehörigen Systemmodell bestimmt werden kann, so dass Gl. (5.3) einer modusabhängigen *Chapman-Kolmogorov*-Gleichung entspricht. Die sogenannte **Re-Initialisierungsdichte** $f\left(\mathbf{s}^-\middle|d^+,\mathbf{z}^{(-)}\right)$ bestimmt sich über

$$f\left(\mathbf{s}^-\middle|d^+,\mathbf{z}^{(-)}\right) = \frac{\sum\limits_{d^-} f\left(d^+,\mathbf{s}^-,d^-\middle|\mathbf{z}^{(-)}\right)}{f\left(d^+\middle|\mathbf{z}^{(-)}\right)} \qquad (5.4)$$

mit

$$f\left(d^+,\mathbf{s}^-,d^-\middle|\mathbf{z}^{(-)}\right) = f\left(d^+\middle|\mathbf{s}^-,d^-,\mathbf{z}^{(-)}\right) \underbrace{f\left(\mathbf{s}^-\middle|d^-,\mathbf{z}^{(-)}\right) f\left(d^-\middle|\mathbf{z}^{(-)}\right)}_{f\left(\mathbf{x}^-\middle|\mathbf{z}^{(-)}\right)} .$$

$$(5.5)$$

Wiederum auf Grund der *Markov*-Eigenschaft des Zustandes ist $f\left(d^+\middle|\mathbf{s}^-,d^-,\mathbf{z}^{(-)}\right) = f\left(d^+\middle|\mathbf{x}^-\right)$ und wird im Weiteren als **Modus-Übergangswahrscheinlichkeit** bezeichnet. Die noch zu bestimmende **A-priori-Moduswahrscheinlichkeit** bestimmt sich über

$$f\left(d^+\middle|\mathbf{z}^{(-)}\right) = \int \sum\limits_{d^-} f\left(d^+,\mathbf{s}^-,d^-\middle|\mathbf{z}^{(-)}\right) \mathrm{d}\mathbf{s}^- . \qquad (5.6)$$

Die entscheidende Frage ist nun, welche Form die Modus-Übergangswahrscheinlichkeit besitzt.

Sollte der diskrete Zustand eine Klassenzugehörigkeit beschreiben, wie es z. B. der Fall ist, wenn ein Klassifikator-Ergebnis durch zeitliche Filterung verbessert werden soll, gilt, da Objekte in den üblichen Szenarien die Klasse nicht wechseln können (beispielsweise wird ein Auto niemals zu einem Fußgänger), i. Allg. für die Modus-Übergangswahrscheinlichkeiten

$$f\left(d^+\,|\,\mathbf{s}^-,d^-\right) = \delta_{d^+,d^-} \tag{5.7}$$

mit dem *Kronecker*-Delta

$$\delta_{i,j} = \left\{ \begin{array}{ll} 1, & i = j \\ 0, & i \neq j \end{array} \right. . \tag{5.8}$$

Einsetzen in Gl. (5.6) zeigt für die A-priori-Moduswahrscheinlichkeit

$$f\left(d^+\,|\,\mathbf{z}^{(-)}\right) = \int \sum_{d^-} \delta_{d^+,d^-} f\left(\mathbf{s}^-,d^-\,|\,\mathbf{z}^{(-)}\right) \mathrm{d}\mathbf{s}^-$$
$$= \int f\left(\mathbf{s}^-,d^-\,|\,\mathbf{z}^{(-)}\right) \mathrm{d}\mathbf{s}^- = f\left(d^-\,|\,\mathbf{z}^{(-)}\right) . \tag{5.9}$$

Für die Re-Initialisierungsdichte folgt analog

$$f\left(\mathbf{s}^-\,|\,d^+,\mathbf{z}^{(-)}\right) = \frac{f\left(\mathbf{s}^-,d^-\,|\,\mathbf{z}^{(-)}\right)}{f\left(d^-\,|\,\mathbf{z}^{(-)}\right)} = f\left(\mathbf{s}^-\,|\,d^-,\mathbf{z}^{(-)}\right) , \tag{5.10}$$

d. h. pro Modus werden die Moduswahrscheinlichkeiten beibehalten und die Re-Initialisierungsdichten sind identisch zu den vorherigen A-posteriori-Modus-Dichten. Das so resultierende Filter entspricht damit (vgl. auch Abschnitt 5.2) einer Bank aus (bezüglich der stetigen Zustandsgrößen) voneinander unabhängig arbeitenden Zustandsfiltern und heißt daher im englischsprachigen Raum *Autonomous-Multiple-Model*-**Filter** (**AMM-Filter**) [54].

Sollte der Modus jedoch zur Beschreibung unterschiedlicher Bewegungsmodelle dienen, ist Annahme (5.7) nicht zulässig. In diesem Fall wird in der Literatur [10, 13, 28, 29, 35, 51, 53, 56, 54, 109] stets eine Markov-Kette zur Modellierung des Modus (vgl. Abschnitt 5.1.1) verwendet. Als alternativer Ansatz wird in Abschnitt 5.1.2 eine klassifikationsbasierte Modellierung erarbeitet.

Sollte die diskrete Zustandsgröße sowohl Klassenzugehörigkeit als auch Bewegungsmodi umfassen, kann das nötige Vorgehen leicht aus den hier beschriebenen Gleichungen abgeleitet werden.

5.1.1 Modellierung mittels *Markov*-Ketten

In der gängigen Literatur wird angenommen, dass

$$f\left(d^+ \big| \mathbf{x}^-\right) = f\left(d^+ \big| d^-\right) \, . \tag{5.11}$$

Somit wird die A-priori-Moduswahrscheinlichkeit aus Gl. (5.6) zu

$$f\left(d^+ \big| \mathbf{z}^{(-)}\right) = \sum_{d^-} f\left(d^+ \big| d^-\right) f\left(d^- \big| \mathbf{z}^{(-)}\right), \tag{5.12}$$

wodurch sich die Prädiktion der Moduswahrscheinlichkeiten durch eine einfache Matrixmultiplikation lösen lässt.

Die zugehörige Re-Initialisierungsdichte vereinfacht sich zu

$$f\left(\mathbf{s}^- \big| d^+, \mathbf{z}^{(-)}\right) = \sum_{d^-} \frac{f\left(d^+ \big| d^-\right) f\left(d^- \big| \mathbf{z}^{(-)}\right)}{f\left(d^+ \big| \mathbf{z}^{(-)}\right)} f\left(s^- \big| d^-, \mathbf{z}^{(-)}\right), \tag{5.13}$$

also einer gewichteten Summe der vorherigen A-posteriori-Modus-Dichten.

Die Annahme (5.11) bedeutet, dass der Modus als eine vom stetigen Zustand losgelöste Markov-Kette angenommen wird. Dies bringt den Vorteil mit sich, dass sich die Prädiktionsgleichungen stark vereinfachen. Jedoch geht damit auch eine starke Einschränkung dessen, was modelliert werden kann, einher. Bezeichnet z. B. der Modus verschiedene Bewegungsmodelle und beschreibt der stetige Zustand den kinematischen Zustand eines Objektes, so wird in vielen Fällen die Übergangswahrscheinlichkeit zwischen zwei Bewegungsmodellen stark vom kinematischen Zustand abhängen. Konkret wird beispielsweise der Übergang vom Modell „Kurvenfahrt" zum Modell „konstante Bewegung" deutlich unwahrscheinlicher, wenn die Gierrate wächst. Solches A-priori-Wissen lässt sich mit diesem Ansatz leider nicht direkt einbringen, weshalb in der Literatur [54] eine variable Menge an Bewegungsmodellen vorgeschlagen wird.

Eine von der Prädiktionsdauer T_k unabhängige Modellierung des Systemverhaltens erfolgt über die Übergangsraten q_{d^-,d^+} von Modus d^- nach Modus d^+ (vgl. [49], S. 80-87), die in der Übergangsraten-Matrix

$\mathbf{q} = [q_{d^-,d^+}]$ zusammengefasst werden. Aus ihnen werden die Übergangswahrscheinlichkeiten $p_{d^-,d^+} := f\left(d^+ | d^-\right)$ durch

$$\mathbf{p}_k = \left(p_{d^-,d^+}\right) = \mathrm{e}^{\mathbf{q} \cdot T_k} = \mathbf{i} + \mathbf{q} \cdot T_k + \frac{1}{2!}\left(\mathbf{q} \cdot T_k\right)^2 + \frac{1}{3!}\left(\mathbf{q} \cdot T_k\right)^3 + \dots \tag{5.14}$$

bestimmt. Damit $\mathbf{q}$ eine gültige Übergangsraten-Matrix ist, müssen die Zeilensummen identisch null sein, also

$$\sum_{d^+} q_{d^-,d^+} = 0. \tag{5.15}$$

Dies stellt sicher, dass in keinem Modus Wahrscheinlichkeitsmasse entsteht oder verschwindet.

5.1.2 Klassifikationsbasierte Modellierung

Komplementär zu Gl. (5.11), wird hier die Annahme

$$f\left(d^+ | \mathbf{x}^-\right) = f\left(d^+ | \mathbf{s}^-\right) \tag{5.16}$$

vorgeschlagen. Hierin lässt sich die Übergangswahrscheinlichkeit $f\left(d^+ | \mathbf{s}^-\right)$ wie folgt umformen:

$$f\left(d^+ | \mathbf{s}^-\right) = \frac{f\left(d^+, \mathbf{s}^-\right)}{f\left(\mathbf{s}^-\right)} = \frac{f\left(\mathbf{s}^- | d^+\right) f\left(\cancel{d^+}\right)}{\sum\limits_{d'} f\left(\mathbf{s}^- | d'\right) f\left(\cancel{d'}\right)}, \tag{5.17}$$

wobei angenommen wurde, dass a priori alle Modi gleich wahrscheinlich sind. In Gleichung (5.17) wird die Ähnlichkeit dieses Ansatzes zur *Bayes*-Klassifikation deutlich. Das zu den Übergangsraten in Abschnitt 5.1.1 analoge Modellierungswerkzeug sind hierbei die **Modell-Modus-Dichten** $f\left(\mathbf{s}^- | d^+\right)$, welche als beliebige Wahrscheinlichkeitsdichten gewählt werden können, solange sichergestellt ist, dass

$$\mathrm{supp}\left(f\left(\mathbf{s}^- | d^-, \mathbf{z}^{(-)}\right)\right) \subseteq \bigcup_{d^+} \mathrm{supp}\left(f\left(\mathbf{s}^- | d^+\right)\right). \tag{5.18}$$

Mit diesem Ansatz ergeben sich mit der Abkürzung

$$f\left(\mathbf{s}^- \mid \mathbf{z}^{(-)}\right) = \sum_{d^-} f\left(\mathbf{s}^- \mid d^-, \mathbf{z}^{(-)}\right) f\left(d^- \mid \mathbf{z}^{(-)}\right) \tag{5.19}$$

die A-priori-Moduswahrscheinlichkeit

$$f\left(d^+ \mid \mathbf{z}^{(-)}\right) = \int f\left(d^+ \mid \mathbf{s}^-\right) f\left(\mathbf{s}^- \mid \mathbf{z}^{(-)}\right) \mathrm{d}\mathbf{s}^- \tag{5.20}$$

und die zugehörige Re-Initialisierungsdichte

$$f\left(\mathbf{s}^- \mid d^+, \mathbf{z}^{(-)}\right) = \frac{f\left(d^+ \mid \mathbf{s}^-\right) f\left(\mathbf{s}^- \mid \mathbf{z}^{(-)}\right)}{\int f\left(d^+ \mid \mathbf{s}'\right) f\left(\mathbf{s}' \mid \mathbf{z}^{(-)}\right) \mathrm{d}\mathbf{s}'} \,. \tag{5.21}$$

Auch wenn Gl. (5.21) einem *Bayes*-Korrekturschritt entspricht, ist zu beachten, dass selbst bei normalverteilten $f\left(\mathbf{s}^- \mid d^+\right)$ der Quotient in Gl. (5.17), d. h. die „*Likelihood*" in Gl. (5.21), i. Allg. schlecht durch eine *Gauß*-Summe angenähert werden kann, so dass für diesen Ansatz der Modus-Übergangswahrscheinlichkeit partikelbasierte Filter zum Einsatz kommen sollten.

5.1.3 Modellwahl

Beide Ansätze zur Modellierung der Modus-Übergangswahrscheinlichkeiten lassen die Frage offen, welche Bewegungsmodelle verwendet werden sollen und wie die einzelnen Parameter (Übergangsraten bzw. Modell-Modus-Dichten) zu bestimmen sind. In der Literatur findet sich bisher kein systematischer Ansatz zur optimalen Wahl der Bewegungsmodelle. Stattdessen ist es gängige Praxis, dass durch A-priori-Wissen des Anwenders ein oder mehrere Modellsätze ausgewählt werden und das am besten geeignete experimentell (idealerweise anhand belastbarer realer Testdaten) bestimmt wird. Zumeist wird auch gewünscht, eine möglichst kleine Anzahl an Modellen zu verwenden, um so den Berechnungsaufwand gering zu halten. Es hat sich gezeigt (vgl. z. B. [54], VII-B.) dass das Filterverhalten wenig empfindlich gegenüber der Wahl der Übergangsraten ist. Dennoch zeigt [48], wie diese aus empirischen Messdaten bestimmt werden können. Für die Wahl der Modell-Modus-Dichten wird darauf gebaut, dass diese sich aus A-priori-Überlegungen leicht ableiten lassen.

5.2 Korrekturschritt

Die **A-posteriori-Modus-Dichte** lässt sich darstellen als

$$f\left(\mathbf{s}_k \middle| d_k, \mathbf{z}^{(k)}\right) = \frac{f\left(\mathbf{z}_k, \mathbf{s}_k \middle| d_k, \mathbf{z}^{(k-1)}\right)}{f\left(\mathbf{z}_k \middle| d_k, \mathbf{z}^{(k-1)}\right)}, \tag{5.22}$$

mit

$$f\left(\mathbf{z}_k, \mathbf{s}_k \middle| d_k, \mathbf{z}^{(k-1)}\right) = f(\mathbf{z}_k \middle| \mathbf{s}_k, d_k)\, f\left(\mathbf{s}_k \middle| d_k, \mathbf{z}^{(k-1)}\right), \tag{5.23}$$

und der **Modus-*Likelihood***

$$f\left(\mathbf{z}_k \middle| d_k, \mathbf{z}^{(k-1)}\right) = \int f\left(\mathbf{z}_k, \mathbf{s}_k \middle| d_k, \mathbf{z}^{(k-1)}\right) \mathrm{d}\mathbf{s}_k. \tag{5.24}$$

Hierbei ist $f\left(\mathbf{s}_k \middle| d_k, \mathbf{z}^{(k-1)}\right)$ die aus dem Prädiktionsschritt bekannte A-priori-Modus-Dichte und $f(\mathbf{z}_k \middle| \mathbf{s}_k, d_k)$ die aus dem Messmodell bekannte (möglicherweise Modus-abhängige) Sensor-*Likelihood*. Einsetzen von Gl. (5.23) und Gl. (5.24) in Gl. (5.22) liefert

$$f\left(\mathbf{s}_k \middle| d_k, \mathbf{z}^{(k)}\right) = \frac{f(\mathbf{z}_k \middle| \mathbf{s}_k, d_k)\, f\left(\mathbf{s}_k \middle| d_k, \mathbf{z}^{(k-1)}\right)}{\int f\left(\mathbf{z}_k \middle| \mathbf{s}_k', d_k\right) f\left(\mathbf{s}_k' \middle| d_k, \mathbf{z}^{(k-1)}\right) \mathrm{d}\mathbf{s}_k'}, \tag{5.25}$$

und es ist ersichtlich, dass pro Modus ein gewöhnliches *Bayes*-Update der Modus-Dichten stattfindet, so dass hierfür, je nach Bewegungs- und Messmodell, eine der bereits besprochenen Umsetzungen/Approximationen der *Bayes*-Rekursion zum Einsatz kommen kann.

Die **A-posteriori-Moduswahrscheinlichkeit** lässt sich darstellen als

$$f\left(d_k \middle| \mathbf{z}^{(k)}\right) = \frac{f\left(\mathbf{z}_k \middle| d_k, \mathbf{z}^{(k-1)}\right) f\left(d_k \middle| \mathbf{z}^{(k-1)}\right)}{\sum_{d_k'} f\left(\mathbf{z}_k \middle| \mathbf{z}^{(k-1)}, d_k'\right) f\left(d_k' \middle| \mathbf{z}^{(k-1)}\right)}. \tag{5.26}$$

Hierbei ist $f\left(d_k \middle| \mathbf{z}^{(k-1)}\right)$ die aus dem Prädiktionsschritt bekannte **A-priori-Moduswahrscheinlichkeit** und $f\left(\mathbf{z}_k \middle| d_k, \mathbf{z}^{(k-1)}\right)$ die Modus-*Likelihood* aus Gl. (5.24).

5.2.1 Bestimmung der Modus-*Likelihood*

Ist das Messmodell linear sowie normalverteilt und sind alle A-priori-Modus-Dichten als *Gauß*-Summen

$$f\left(\mathbf{s}_k\big|d_k,\mathbf{z}^{(k-1)}\right) = \sum_n w_{n,d_k}\cdot\mathcal{N}\left(\mathbf{s}_k;\ \mathbf{m}_{n,d_k},\mathbf{c}_{n,d_k}\right) \tag{5.27}$$

gegeben, berechnet sich die Modus-*Likelihood* mit Gl. (2.40), Gl. (3.13) und Gl. (5.24), sowie den Bezeichnungen $\mathbf{z}:=\mathbf{z}_k$, $\mathbf{z}^{(-)}:=\mathbf{z}^{(k-1)}$, $\mathbf{s}:=\mathbf{s}_k$ und $d:=d_k$ zu

$$\begin{aligned} f\left(\mathbf{z}\big|\mathbf{z}^{(-)},d\right) &= \int \mathcal{N}(\mathbf{z};\ \mathbf{h}_d\mathbf{s},\mathbf{r}_d)\cdot\sum_n w_{n,d}\cdot\mathcal{N}(\mathbf{s};\ \mathbf{m}_{n,d},\mathbf{c}_{n,d})\,\mathrm{d}\mathbf{s}\\[2mm] &= \sum_n w_{n,d}\int\mathcal{N}(\mathbf{z};\ \mathbf{h}_d\mathbf{s},\mathbf{r}_d)\cdot\mathcal{N}(\mathbf{s};\ \mathbf{m}_{n,d},\mathbf{c}_{n,d})\,\mathrm{d}\mathbf{s} \tag{5.28}\\[2mm] &= \sum_n w_{n,d}\cdot\mathcal{N}\left(\mathbf{z};\ \mathbf{h}_d\mathbf{m}_{n,d},\mathbf{r}_d+\mathbf{h}_d\mathbf{c}_{n,d}\mathbf{h}_d^{\mathrm{T}}\right). \end{aligned}$$

Die skalaren Faktoren $\mathcal{N}\left(\mathbf{z}_k;\ \mathbf{h}_d\mathbf{m}_{n,d},\mathbf{r}_d+\mathbf{h}_d\mathbf{c}_{n,d}\mathbf{h}_d^{\mathrm{T}}\right)$ entsprechen gerade den Dichten der pro Modus prädizierten Messung (vgl. Gl. (3.18a) und (3.18b)), ausgewertet an der Stelle der tatsächlich eingetroffenen Messung $\mathbf{z}_k$.

Sollte das Messmodell nichtlinear sein, können auch, analog zu Abschnitt 4.1.1 oder 4.2.1, die ersten beiden Momente der prädizierten Messung angenähert werden oder es kommen, sowohl um Gl. (5.25) umzusetzen als auch Gl. (5.24) näherungsweise zu bestimmen, Partikeldarstellungen (vgl. Abschnitt 4.2.2) zum Einsatz.

5.3 Experimente

Da für diskrete Zustände, welche eine Klassenzugehörigkeit widerspiegeln, ein AMM-Filter, in welchem die Unterschiede der vorgestellten Ansätze zur Prädiktion nicht zum Tragen kommen, zum Einsatz kommt, wird in den Experimenten der diskrete Zustand ausschließlich genutzt, um verschiedene Bewegungsmodi zu beschreiben.

Als Szenario soll der Zustand eines Fahrzeuges geschätzt werden, welches zu verschiedenen Zeiten sprunghafte Änderungen seines Zustandes,

	Zeit		Beschreibung	Parameter
0	–	2 s	konstante Bewegung	$v = 15\,\mathrm{m/s}$
2	–	5 s	Bremsen	$a = -5\,\mathrm{m/s^2}$
5	–	8 s	Stillstand	
8	–	11 s	Anfahren	$a = 2\,\mathrm{m/s^2}$
11	–	17 s	Linkskurve mit Beschleunigung	$a = 2\,\mathrm{m/s^2},\ \omega = 30\,^\circ/\mathrm{s}$
17	–	21 s	konstante Bewegung	$v = 18\,\mathrm{m/s}$
21	–	27 s	Rechtskurve	$\omega = -36\,^\circ/\mathrm{s}$

Tabelle 5.1 Beschreibung der simulierten Fahrzeugbewegung.

sogenannte **Manöver**, durchführt. Eine abschnittsweise Beschreibung der Fahrzeugbewegung ist in Tab. 5.1 zu finden, die Trajektorie ist in Abb. 5.1 dargestellt. Als Messdaten werden alle 0,2 s Entfernung r und Winkel β des Fahrzeuges zum Ursprung berechnet und mit zufälligen, normalverteilten Fehlern mit $\sigma_R = 0,5\,\mathrm{m}$ und $\sigma_B = 2\,^\circ$ versehen. Um die Leistungssteigerung der Mehrmodell-Filter zu bewerten, werden diese ebenfalls mit einem Einmodell-Filter verglichen.

5.3.1 Modell-Satz

Aus Tab. 5.1 erscheint folgender Satz an Bewegungsmodellen sinnvoll motivierbar.

Hochdynamische Bewegung

Für die Zeitabschnitte, in denen das Fahrzeug stark bremst/beschleunigt oder eine Kurve fährt, sollte ein Modell zur Verfügung stehen, welches in der Lage ist, diese Bewegungsmöglichkeiten zu beschreiben. Der Einfachheit halber wird hier ein CA-Modell (vgl. Anhang C.1.2) gewählt. Da dieses Model auch sprunghafte Änderungen in der Beschleunigung handhaben soll, wird die Varianz der Beschleunigungskomponenten des Systemrauschens entsprechend „groß" gewählt:

$$\mathbf{q}_{k,\mathrm{CA}} = T_k^2 \cdot \mathrm{diag}\left(\approx 0, \approx 0, \approx 0, \approx 0, (50/3{,}6\,\mathrm{m/s^2})^2, (50/3{,}6\,\mathrm{m/s^2})^2\right).$$
$$(5.29)$$

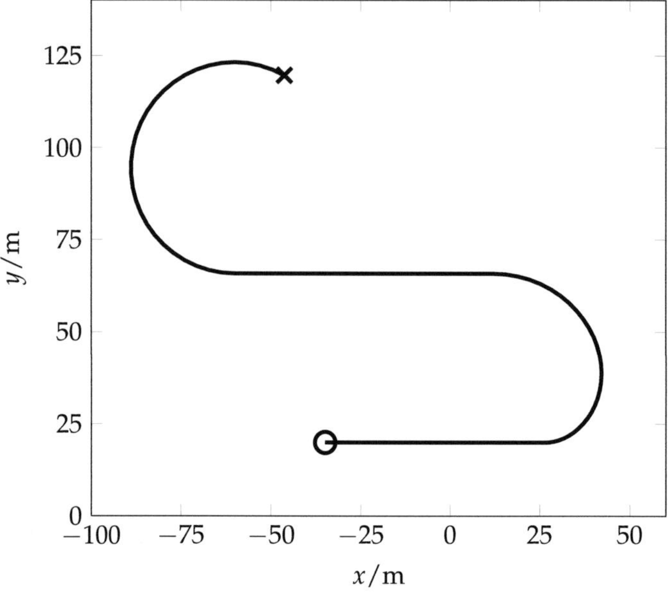

Abbildung 5.1 Objekt-Trajektorie des simulierten Szenarios. (**O**) markiert die initiale Position, (**✕**) die finale Position.

Gleichförmige Bewegung

In Phasen, in denen das Fahrzeug tatsächlich mit konstanter Geschwindigkeit geradeaus fährt, ist davon auszugehen, dass die Schätzung mit dem Modell für hochdynamische Bewegung sich auf Grund des starken Systemrauschens übermäßig auf die verrauschten Messungen verlässt und sich somit verschlechtert. Daher sollte für diese ein restriktiveres Bewegungsmodell, welches ausschließlich eine konstante Geschwindigkeit ohne Beschleunigungen annimmt, hinzugefügt werden. Für eine einfache Umsetzung wird hier ein *Constant-Velocity*-Modell (CV_k-Modell) (vgl. Anhang C.1.1) eingesetzt. Da dieses Modell nur verwendet werden soll, wenn es näherungsweise zutreffend ist, wird die Kovarianzmatrix als eine Diagonalmatrix mit vergleichsweise kleinen Diagonalelementen gewählt:

$$\mathbf{q}_{k,\mathrm{CV}} = T_k^2 \cdot \mathrm{diag}\left(\approx 0, \approx 0, (2/3{,}6\,\mathrm{m/s})^2, (2/3{,}6\,\mathrm{m/s})^2\right). \tag{5.30}$$

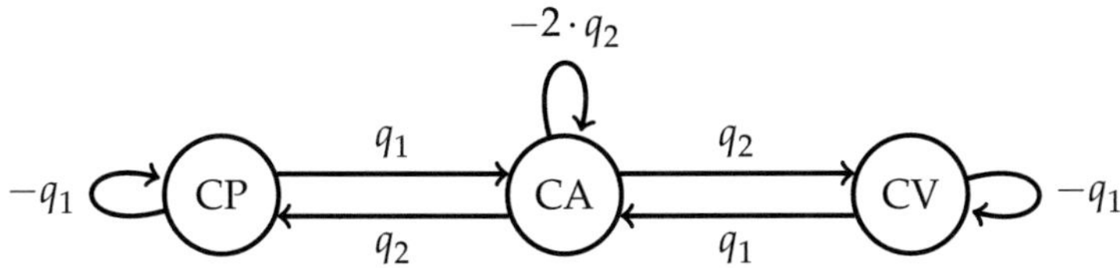

Abbildung 5.2 *Markov*-Modell für Modellwechsel.

Stillstand

Aus ähnlichen Gründen wie beim obigen Bewegungsmodell wird noch ein Modell für den Stillstand mit $\overline{g}(\mathbf{x}_{k-1}, T_k) = \mathbf{x}_{k-1}$ ergänzt, welches verkürzt als *Constant-Position-Modell* (CP-Modell) bezeichnet wird. Um leichte Positionsdrifts zu erlauben, wird folgende Kovarianzmatrix gewählt:

$$\mathbf{q}_{k,\mathrm{CP}} = T_k^2 \cdot \mathrm{diag}\Big((0{,}2\,\mathrm{m})^2, (0{,}2\,\mathrm{m})^2\Big) . \tag{5.31}$$

Da das CV- und CP-Modell als Spezialfälle des CA-Modells angesehen werden können, verwendet das Einmodell-Filter das CA-Modell.

5.3.2 Modell-Parameter

Übergangsraten

Die angenommene *Markov*-Kette gemäß Abb. 5.2 ergibt sich aus folgenden Überlegungen:

- Der Übergang zwischen CP und CV ist nur durch eine zwischenzeitliche Beschleunigung möglich; somit entfallen die Kanten zwischen diesen beiden Knoten.

- Da a priori keine sinnvollen Annahmen bezüglich der Verweildauern in den Zuständen zu treffen sind, kann höchstens angenommen werden, dass es, in Anlehnung an das erste *Newton*'sche Gesetz, eher eine Tendenz zu Modellen mit konstanter Geschwindigkeit (also CP und CV) gibt. Daher erhalten die Kanten vom CA-Knoten zu den beiden anderen Modellen eine möglicherweise höhere Übergangsrate $q_2 \geq q_1$.

- Wegen Gl. (5.15) sind die Übergangsraten für das Verweilen in den Zuständen durch q_1 bzw. q_2 bereits festgelegt.

Für eine geeignete Wahl der freien Übergangsraten ist es nützlich zu betrachten, wie deren Wahl das resultierende Filter beeinflusst. Für $q_1 = q_2 = 0$ sind keine Modellwechsel möglich und es resultiert ein AMM-Filter, welches für den Einsatz in diesem Szenario nicht geeignet ist.

Für $q_1 \to \infty$ mit $q_2 \ll q_1$ geht die A-priori-Moduswahrscheinlichkeit p_{CA}^+ für das CA-Modell gegen 1, so dass die beiden anderen Modelle vom Filter nicht genutzt werden und der Mehrmodellcharakter des Filters verloren geht.

Für $q_2 \to \infty$ mit $q_1 \ll q_2$ geht die A-priori-Moduswahrscheinlichkeit p_{CA}^+ gegen 0, so dass das CA-Modell dem Filter nicht mehr zur Verfügung steht.

Gehen beide Übergangsraten gleichmäßig gegen unendlich, werden alle A-priori-Moduswahrscheinlichkeiten zu $1/3$, so dass das Filter die A-posteriori-Moduswahrscheinlichkeiten ausschließlich auf Grund der aktuellen Messung bestimmt (was einer Maximum-*Likelihood*-Schätzung entspricht) und somit die zeitliche Filterwirkung bezüglich der Moduswahrscheinlichkeiten einbüßt.

Daher wird $q_1 = q_2 = 0{,}1\,\mathrm{Hz}$ gewählt, wodurch sich der Erwartungswert μ_{τ_d} der Verweildauer τ_d in ein und demselben Bewegungsmodus d mit

$$\mu_{\tau_d} = \mathbb{E}\{\tau_d\} = \frac{1}{-q_{dd}} \tag{5.32}$$

als $\mu_{\tau_{CA}} = \mu_{\tau_{CV}} = \mu_{\tau_{CP}} = 10\,\mathrm{s}$ ergibt, da auf Grund der *Markov*-Eigenschaft des Modus die Wahrscheinlichkeitsdichte der Verweildauer gerade einer Exponentialverteilung mit Paramerter $-q_{dd}$ entspricht (vgl. [49], S. 78-80, S. 85).

Modell-Modus-Dichten

Folgende Forderungen an das Mehrmodell-Filter erscheinen sinnvoll:

- Wenn $\|\mathbf{v}\| \approx 0$, soll das CP-Modell zur Prädiktion verwendet werden.

- Wenn $\|\mathbf{v}\| > 0$ und $\|\mathbf{a}\| \approx 0$, soll das CV-Modell zur Prädiktion verwendet werden.

- Wenn $\|\mathbf{v}\| > 0$ und $\|\mathbf{a}\| > 0$, soll das CA-Modell zur Prädiktion verwendet werden.

Somit lassen sich beispielhaft die Modell-Modus-Dichten

$$f(\mathbf{s}|\mathrm{CP}) = \mathcal{U}(\mathbf{p}; -\mathbf{p}_{\max}, \mathbf{p}_{\max}) \cdot \mathcal{N}\left(\mathbf{v}; \mathbf{0}, \mathrm{diag}\left(\sigma_V^2, \sigma_V^2\right)\right)$$
$$\times \mathcal{U}(\mathbf{a}; -\mathbf{a}_{\max}, \mathbf{a}_{\max}),$$
$$f(\mathbf{s}|\mathrm{CV}) = \mathcal{U}\left([\mathbf{p}^{\mathrm{T}}, \mathbf{v}^{\mathrm{T}}]^{\mathrm{T}}; -[\mathbf{p}_{\max}^{\mathrm{T}}, \mathbf{v}_{\max}^{\mathrm{T}}]^{\mathrm{T}}, [\mathbf{p}_{\max}^{\mathrm{T}}, \mathbf{v}_{\max}^{\mathrm{T}}]^{\mathrm{T}}\right)$$
$$\times \mathcal{N}\left(\mathbf{a}; \mathbf{0}, \mathrm{diag}\left(\sigma_A^2, \sigma_A^2\right)\right),$$
$$f(\mathbf{s}|\mathrm{CA}) = \mathcal{U}\left([\mathbf{s}]^{\mathrm{T}}; -\mathbf{s}_{\max}, \mathbf{s}_{\max}\right),$$

mit $\sigma_V = 0{,}15\,\mathrm{m/s}$, $\sigma_A = 2/3{,}6\,\mathrm{m/s}^2$ und

$$\mathbf{s}_{\max} = [\mathbf{p}_{\max}^{\mathrm{T}}, \mathbf{v}_{\max}^{\mathrm{T}}, \mathbf{a}_{\max}^{\mathrm{T}}]$$
$$= [1000\,\mathrm{m}, 1000\,\mathrm{m}, 70\,\mathrm{m/s}, 70\,\mathrm{m/s}, 20\,\mathrm{m/s}^2, 20\,\mathrm{m/s}^2]$$

begründen, womit über Gl. (5.17) auch die Übergangswahrscheinlichkeiten $f\left(d^+|\mathbf{s}^-\right)$ pro Modus festgelegt sind. Diese sind unabhängig von der Position $\mathbf{p}$ und bezüglich Richtungsänderungen sowohl des Geschwindigkeits- als auch des Beschleunigungsvektors invariant, weshalb es genügt, sie (wie in Abb. 5.3) bezüglich der Beträge $a := \|\mathbf{a}\|$ und $v := \|\mathbf{v}\|$ aufzutragen. Der Bereich, in dem das CP-Modell wegen $a \approx 0$ ausgewählt wird, erstreckt sich über den gesamten zulässigen Bereich von a, damit z. B. auch bei starkem Bremsen vor dem Übergang in eine Rückwärtsfahrt ein Anhalten erzwungen wird, sobald die Geschwindigkeit nahe bei null liegt.

5.3.3 Filter-Implementierung

Wie bereits in Abschnitt 5.1.2 angesprochen, wird für den Ansatz mit Modell-Modus-Dichten eine partikelbasierte Umsetzung gewählt. Um einen direkten Vergleich der Modellierungsansätze bei identischer Implementierungsweise zu ermöglichen, werden daher auch der Ansatz mit *Markov*-Ketten und das Einmodell-Filter partikelbasiert umgesetzt. Für alle Filter wird hierbei der Einfachheit halber und zur besseren Vergleichbarkeit der einfache *Bootstrap*-Ansatz verfolgt. Das Degenerationsproblem sollte hierbei abgeschwächt werden, da stets eines der Bewegungsmodelle zu einer guten Vorschlagsfunktion führen sollte.

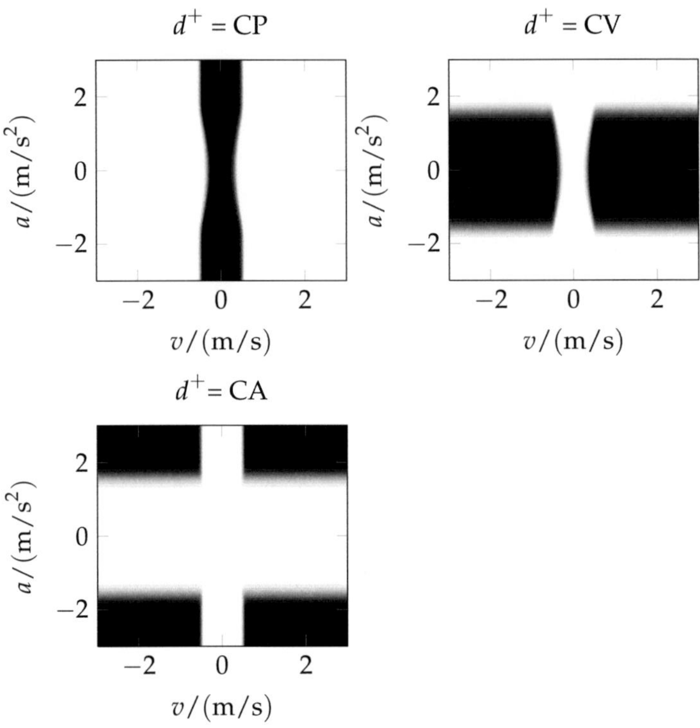

Abbildung 5.3 Aus den Modus-Modell-Dichten abgeleitete Übergangswahrscheinlichkeiten $f\!\left(d^+\,|\,\mathbf{s}^-\right)$ pro Modus. (■) bezeichnet $p = 1$, (□) bezeichnet $p = 0$.

Zusätzlich wird für das *Markov*-Ketten-Mehrmodell-Filter ebenfalls eine *Gauß*-Summen-basierte Umsetzung implementiert, welche, durch automatisches Zusammenfassen (vgl. Abschnitt 4.3.1) *aller Gauß*-Komponenten der Re-Initialisierungsdichte pro Modus, identisch zum **Interacting-Multiple-Model-Filter (IMM-Filter)** [54] ist. Zur Handhabung des nichtlinearen Beobachtungsmodells wird hierbei die UT mit σ-Punkten gemäß dem **Cubature-Kalman-Filter** [2] verwendet. Somit kann auch der Einfluss des Implementierungsansatzes überprüft werden.

Für die beiden partikelbasierten Mehrmodell-Filter hat sich in Einklang mit [13] gezeigt, dass es vorteilhaft ist, die Partikelanzahl pro Modus konstant und gleichverteilt zu wählen, anstatt proportional zur Moduswahrscheinlichkeit. Die Gesamtpartikelanzahl pro Filter wurde zu $Q = 10.002$ gewählt, was $Q_{\text{Modus}} = 3.334$ Partikeln pro Modus entspricht.

Als Schätzergebnis wird für alle Filter der EAP-Schätzer

$$\widehat{\mathbf{x}} = \sum_d p_d \int \mathbf{s} \cdot f(\mathbf{s}|d)\, \mathrm{d}\mathbf{s} \tag{5.33}$$

verwendet, wobei das Integral für partikelbasierte Filter gemäß Gl. (4.20) mit $\eta(\mathbf{x}) = 1$ bestimmt wird.

Filter-Initialisierung

Alle Filter benutzen als initiale Dichte für die stetigen Zustandsgrößen

$$f_{\mathbf{S}_0}(\mathbf{s}) = \mathcal{N}(\mathbf{s};\, \mathbf{x}_0, \mathbf{c}_0)\,,$$

wobei $\mathbf{x}_0$ der wahre Objektzustand bei Simulationsbeginn ist und $\mathbf{c}_0$ zu

$$\mathbf{c}_0 = \mathrm{diag}\Big((1\,\mathrm{m})^2, (1\,\mathrm{m})^2, (1\,\mathrm{m/s})^2, (1\,\mathrm{m/s})^2, (0{,}1\,\mathrm{m/s}^2)^2, (0{,}1\,\mathrm{m/s}^2)^2 \Big)$$

gewählt wird.

Die initialen Moduswahrscheinlichkeiten sind gleichverteilt und betragen somit jeweils $1/3$.

5.3.4 Simulationsergebnisse

Da die Simulation sowohl durch das Sensorrauschen als auch die partikelbasierte Implementierung der Filter stochastischen Einflüssen unterliegt, wurden für die vorgestellte Szene 1000 *Monte-Carlo*-Durchläufe simuliert und gefiltert. Um die Filtergüte zu beurteilen, sind in Abb. 5.4 die bezüglich der *Monte-Carlo*-Durchläufe gemittelten *euklidischen* Abstände

$$\overline{d^2} := \overline{d^2(\widehat{\mathbf{x}}_{\text{Filter}}, \mathbf{x}_{\text{wahr}})}$$

zwischen wahrem Objektzustand $\mathbf{x}_{\text{wahr}}$ und EAP-Schätzung $\widehat{\mathbf{x}}_{\text{Filter}}$ der einzelnen Filter aufgetragen. Wie später auch anhand der Moduswahrscheinlichkeiten gezeigt wird, liefert die *Gauß*-Summen-Implementierung des *Markov*-Ketten-basierten Filters beinahe identische

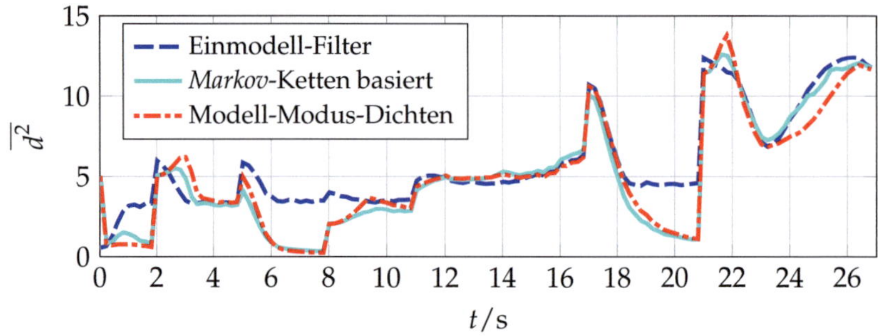

Abbildung 5.4 Gemittelte Fehlerkurven der partikelbasierten Filter.

Ergebnisse wie die Partikel-Implementierung, weshalb sie aus Gründen der besseren Übersicht in dieser Abbildung ausgelassen wurde.

Es fällt auf, dass bei identischer Partikelanzahl wie in Abschnitt 4.4 keine Divergenz der Filter auftritt. Der Grund liegt darin, dass auch zu den Manöver-Zeitpunkten die Filter, durch die fixe Partikelanzahl pro Bewegungsmodell, stets Partikel an die „richtigen" Stellen des Zustandsraumes platzieren. Wie zu erwarten war, geht für alle Filter ein Modus-Wechsel des Fahrzeugs dennoch stets mit einem sprunghaften Anstieg des Schätzfehlers, der dann wieder abklingt, einher.

Vor allem in den Phasen der konstanten Bewegung und des Stillstandes von $0 - 2\,$s bzw. $5 - 8\,$s und $17 - 21\,$s erreichen die Mehrmodell-Filter allerdings deutlich niedrigere Schätzfehler als das Einmodell-Filter. Die Gründe hierfür wurden bereits bei der Auswahl der Modelle angesprochen.

Ein Vergleich zwischen den Mehrmodell-Filtern zeigt, dass keines der beiden Filter stets bessere Ergebnisse als das andere liefert. Vielmehr ist der Sprung im Schätzfehler direkt nach einem Modus-Wechsel beim *Markov*-Ketten-basierten Filter meist etwas kleiner und klingt schneller ab, dafür ist der Schätzfehler des Modell-Modus-Dichten-basierten Filters am Anfang um ca. 1 s und am Ende bei ca. $23 - 26\,$s etwas geringer.

Die über die *Monte-Carlo*-Durchläufe gemittelten Modus-Wahrscheinlichkeiten sind in Abb. 5.5 aufgetragen, wobei die Varianz bezüglich einzelner Durchläufe durch die jeweiligen 1-σ-Schläuche dargestellt wird. Man erkennt, dass sich die Partikel-Implementierung kaum von der *Gauß*-Summen-Implementierung unterscheidet, d. h. die Partikelanzahl

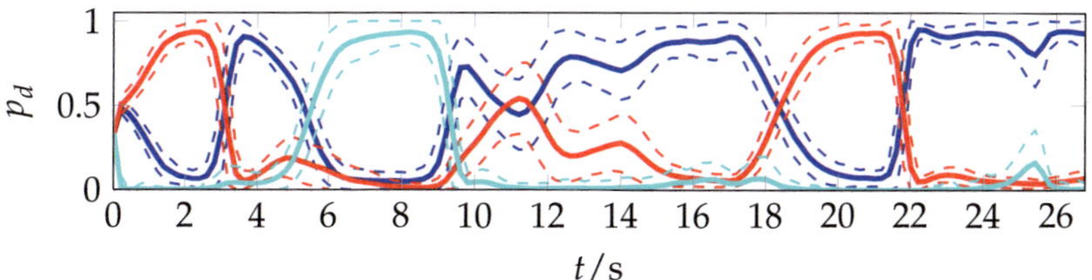

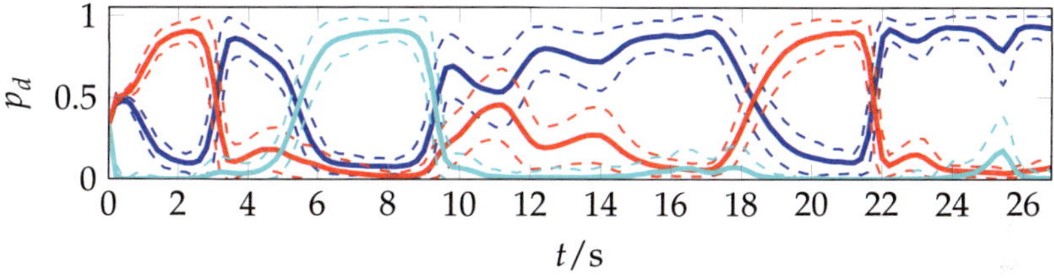

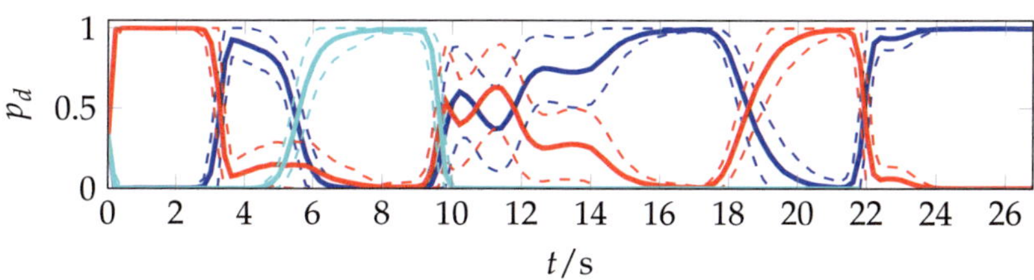

Abbildung 5.5 A-posteriori-Moduswahrscheinlichkeiten der Filter, jeweils mit 1-σ-Schlauch bezüglich der *Monte-Carlo*-Durchläufe. (——) CP, (——) CV und (——) CA.

scheint ausreichend groß zu sein und das Messmodell nur schwach linear, so dass die UT eine gute Approximation der wahren Dichten der prädizierten Messung liefert.

Allen Filtern ist ein verzögertes Erkennen der Modus-Wechsel gemeinsam. Die Verzögerung beträgt in diesem Szenario ca. 1 s, was 5 Abtastschritten entspricht.

Beim Vergleich der beiden unterschiedlichen Modellierungsansätze fällt auf, dass die Modell-Modus-Dichten-basierte Modellierung den initialen Modus bei Simulationsbeginn sofort perfekt erkennt, was durch die Initialisierung der Filter begründet ist. Abgesehen davon scheint die *Markov*-Ketten-basierte Modellierung etwas schneller auf die Modus-Wechsel zu reagieren, wohingegen die Modell-Modus-Dichten-basierte Modellierung im Mittel etwas höhere Moduswahrscheinlichkeiten (also höhere angenommene Sicherheiten) erreicht und bei längere Zeit gleichbleibendem Modus eine viel geringere Varianz bezüglich der *Monte-Carlo*-Durchläufe aufweist.

Interessant ist der Zeitbereich $10 - 16\,\mathrm{s}$, in dem beide Filter etwas unentschlossen zwischen CV und CA sind. Im Falle des *Markov*-Ketten-basierten Ansatzes scheint auf Grund der geringen Geschwindigkeit auch das CV-Modell gut zu den Messungen zu passen, so dass das Filter nur zögerlich auf das CA-Modell umschaltet. Für das Modell-Modus-Dichten-basierte Filter ist aus Abb. 5.3 ersichtlich, dass erst ab einer gewissen minimalen Geschwindigkeit von ca. $0{,}5\,\mathrm{m/s}$ auf das CA-Modell umgeschaltet wird.

Abschließend lässt sich bemerken, dass ein Mehrmodell-Ansatz bei vertretbarem Mehraufwand durchaus bessere Ergebnisse liefern kann als ein Einmodell-Filter. Es kann aber keine eindeutige Bevorzugung eines der beiden vorgestellten Modellierungsansätze angegeben werden. Vielmehr scheint es sinnvoll, je nach Art des Vorwissens, welches in die Modellierung eingebracht werden kann, einen der beiden Ansätze zu wählen.

6 Mehrobjekt-Zustandsschätzung

In den bisherigen Kapiteln wurde der zu schätzende Zustand stets durch eine vektorwertige Zufallsgröße dargestellt. In vielen Aufgabenstellungen, v. a. in der Umfeldwahrnehmung, ist dies nicht ohne Weiteres möglich. Dies liegt daran, dass die Anzahl der zu schätzenden Parameter a priori nicht bekannt ist, z. B. wenn eine unbekannte, zeitlich variierende Anzahl an Objekten verfolgt werden soll. Zwar ist in diesem Fall die Dimension des Zustandsvektors pro Objekt bekannt, jedoch ist die Größe des gesamten Zustandsvektors, der durch Verkettung der Zustände aller Objekte entsteht, ungewiss und möglicherweise dynamisch. Hinzu kommt, dass auch die Reihenfolge, in der die Zustände der einzelnen Objekte verkettet werden, physikalisch bedeutungslos und somit beliebig ist.

Daher ist in solchen Szenarien eine Beschreibung des Systemzustandes durch eine endliche Zufallsmenge (EZM) X_k (vgl. Abschnitt 2.1.5) intuitiver und besser geeignet.

Auch für Messungen ist oftmals eine Modellierung als EZM Z_k erforderlich, da nicht die rohen Sensordaten (z. B. im Falle einer Kamera der Grau-/Farbwertvektor) für die Zustandsschätzung verwendet werden, sondern daraus mittels Detektionsalgorithmen extrahierte Objekthypothesen (im Folgenden **Detektionen**), deren Anzahl a priori nicht bekannt und zeitlich variabel ist. Obwohl dies zwar einen Informationsverlust bzw. eine frühe harte Entscheidung mit sich bringt, ist dies auf Grund einer beschränkten Kapazität des Kommunikationskanals zwischen Sensor und Fusionseinheit, begrenzter Rechenleistung der Fusionseinheit oder schlichtweg mangels adäquater Modelle des Messprozesses in vielen Anwendungen unumgänglich.

Bedingt durch die Unsicherheit der geschätzten Objektpositionen und das Sensorrauschen ist bei Eintreffen einer Messung unklar, welche Detektion von welchem als existierend angenommenen Objekt stammt. Das Problem der Zuordnung von Detektionen zu Objekthypothesen wird in der Literatur als **Assoziationsproblem** bezeichnet. Es wird durch die bereits angesprochenen Detektionsalgorithmen verschärft, da diese stets auch Fehlentscheidungen treffen. Hierbei wird zwischen **Falschalarmen** (Detektion ohne tatsächlich existierendes Objekt, engl. *clutter*) und **Fehldetektionen** (Ausbleiben der Detektion eines tatsächlich existierenden Objektes) unterschieden.

Im Rest dieses Kapitels wird zunächst ein Fusionsrahmenwerk für den Einsatz im automobilen Kontext vorgeschlagen. Im Anschluss werden die wichtigsten mathematischen Grundlagen der Statistik endlicher Zufallsmengen zusammengefasst, um darauf aufbauend die für das Rahmenwerk erforderlichen Mehrobjekt-Zustandsschätzer herzuleiten. Einige Details zu deren Implementierung werden besprochen, bevor sie anschließend in Simulationen gegenübergestellt werden.

6.1 Anwendung im Automobilbereich

Die voranschreitende Vernetzung technischer Systeme macht auch vor der Automobilindustrie nicht Halt, und so werden in absehbarer Zeit Automobile nicht nur auf die Daten ihrer *On-Board*-Sensoren zugreifen können, sondern auch von weiteren Fahrzeugen, fest installierten Sensoren oder anderen Infrastrukturelementen Daten zur Verfügung gestellt bekommen, mit deren Hilfe sie sowohl ihren eigenen Zustand schätzen als auch ihre Umgebung wahrnehmen können. Die Existenz eines zuverlässigen Kommunikationskanals zwischen den Verkehrsteilnehmern ist dabei eine Grundvoraussetzung. Sie wird in dieser Arbeit als gegeben betrachtet, weshalb der Entwurf und die detaillierte Untersuchung dieses Kanals nicht Bestandteil dieser Arbeit ist.

Ein zuverlässiges und umfassendes Umfeldlagebild bildet die Grundlage für Fahrerassistenzsysteme oder vollständig autonomes Fahren. Auf Grund der vielfältigen Unsicherheiten in den bereitgestellten Informationen (Sensorrauschen, Falschalarme, Fehldetektionen, Assoziationsunsicherheit, unpräzise bekannte Sensorpositionen etc.) erscheint eine stochastische Herangehensweise zwingend erforderlich und somit die Verwendung rekursiver *Bayes*-Schätzer geeignet.

6.1.1 Vorüberlegungen und Rahmenbedingungen

Bevor das eigentliche Fusionsrahmenwerk vorgestellt wird, ist es angebracht, einige wichtige Vorüberlegungen dazu zu besprechen.

Sensorklassifikation

So wie sich in der Psychologie die Wahrnehmung in **Exterozeption** (die Wahrnehmung der Außenwelt) und **Interozeption** (die Wahrnehmung des eigenen Körpers) gliedern lässt, können dem entsprechend im automobilen Kontext auch die Sensoren bzw. deren Messungen als exterozeptiv und interozeptiv klassifiziert werden. Die Unterteilung der Interozeption in **Propriozeption** und **Viszerozeption** lässt sich ebenso sinnvoll auf vernetzte Automobile übertragen.

Exterozeptive Sensoren sind also Informationsquellen, welche die Umgebung des Sensorträgers erfassen. Beispiele hierfür sind Kamera, Radar, Lidar, Ultraschallsensor, Mikrofon etc. Sie liefern sowohl Information über den Zustand der Umgebung als auch über den Zustand des Sensorträgers. Dies soll durch zwei Extremfälle verdeutlicht werden. Ist die Sensorposition jederzeit fehlerfrei bekannt, kann der Sensor benutzt werden, um die Umgebung zu kartieren (engl. *mapping*) oder Objekte in der Umgebung zu verfolgen (engl. *tracking*). Ist jedoch die Karte perfekt bekannt, kann der Sensor benutzt werden, um den Sensorträger innerhalb der Karte zu lokalisieren (engl. *localization*). Sind sowohl Karte als auch Sensorposition unsicherheitsbehaftet, liegt eine Mischform vor und man spricht von ***simultaneous localization and mapping/tracking*** **(SLAM/SLAT)** . Die Messungen exterozeptiver Sensoren sind üblicherweise zunächst vektorwertig. Häufig werden aus diesen Vektoren jedoch zunächst Merkmale oder vollständige Objekthypothesen gewonnen, die dann der Fusion zugeführt werden.

Propriozeptive Sensoren liefern Informationen, welche die Position und den dynamischen Zustand des Sensorträgers ermitteln lassen. Typische Beispiele im automobilen Kontext sind GPS-Empfänger, Gierraten- und Beschleunigungssensoren, Inkrementalgeber an den Reifen etc. Bei ihnen ist die Messung als ein Vektor mit bekannter Dimension beschreibbar.

Beispiele für viszerozeptive Sensoren sind Temperatursensoren im Motor oder Innenraum, Klopfsensor, Lambdasonde, Füllstandssensor etc.

Damit ein Fahrzeug in die Lage versetzt wird, ein möglichst akkurates

Abbild der Umgebung zu erstellen, um darauf aufbauend den Fahrer zu unterstützen oder selbstständig zu agieren, sind insbesondere exterozeptive und propriozeptive Sensoren nötig. Viszerozeptive Sensoren werden in dieser Arbeit ausgeklammert, da diese v. a. für die Prädiktion der Situation in die Zukunft nützliche Informationen liefern (z. B. ist bei einem vorausfahrenden Fahrzeug mit überhitztem Motor damit zu rechnen, dass es bald auf den Standstreifen fahren wird), hier aber die Schätzung des unmittelbaren kinematischen Zustands im Vordergrund stehen soll.

Zusätzlich werden in dieser Arbeit **mobile** und **stationäre Sensoren** unterschieden. Die Unterscheidung erfolgt, da angenommen wird, dass bei stationären Sensoren (z. B. an unübersichtlichen Kreuzungen installierte Kameras/Lidar etc.) die Position vor Inbetriebnahme hochpräzise vermessen wird und daher nicht als unsicherheitsbehaftet angesehen werden muss.

Lokale vs. zentrale Fusion

Es stellt sich die Frage, ob die einzelnen Sensorträger ihre Messungen direkt (zentrale Fusion) oder bereits geschätzte Objekthypothesen (verteilte Fusion) kommunizieren sollten. In dieser Arbeit wird Ersteres als sinnvoller angesehen, was in diesem Abschnitt erläutert werden soll.

Der entscheidende Faktor bei der Abwägung ist die im laufenden Betrieb zu übertragende Datenmenge, da in absehbarer Zukunft der Kommunikationskanal wohl die limitierende Ressource bleiben wird, während bei der verfügbaren Rechenleistung weiterhin mit einem exponentiellen Wachstum zu rechnen ist.

Zentrale Fusion: Damit die Sensorposition ermittelt und die Messung von der Fusionseinheit sinnvoll verarbeitet werden kann, muss jede Messung eines exterozeptiven Sensors mit folgenden Daten versehen sein:

- Identifikationsnummer (ID) des Sensorträgers (Träger-ID), des Sensors (Sensor-ID) und des Sensor-Typs (Typ-ID).

- Relative Position des Sensors zur Referenzposition des Sensorträgers (durch Kalibrierung vorab zu bestimmen, bei stationären Sensoren: Position des Sensors in Weltkoordinaten).

- Zeitstempel der Aufnahme.

- Ein Vektor pro Detektion.

Hierbei wird angenommen, dass vor Fahrtbeginn jedem Verkehrsteilnehmer eine aktuelle Datenbank mit existierenden Sensormodellen zur Verfügung steht, so dass die Sensor-ID ausreicht, um die relevanten Eigenschaften des Sensors nachzuschlagen.

Verteilte Fusion: Sollte jeder Fusionsknoten seine Fusionsergebnisse übermitteln, sind folgende Daten pro Übertragung nötig:

- Identifikationsnummer (ID) des Fusionsknotens (Node-ID).

- Angaben, welche Messungen in das Fusionsergebnis eingeflossen sind.

- Zeitstempel der Aufnahme.

- Parameterliste (Existenzwahrscheinlichkeiten, Zustandsdichten) der Objekthypothesen.

Die meisten Daten sind hierbei skalare Größen, die bezüglich des Datenvolumens kaum ins Gewicht fallen. Der maßgebliche Unterschied entsteht also dadurch, dass entweder eine unbekannte Anzahl an Vektoren übertragen werden muss (zentrale Fusion) oder die Parameterliste der hypothetischen Objekte sowie eine Liste berücksichtigter Messungen (verteilte Fusion). Da hierzu in der Regel mindestens die ersten beiden Momente übertragen werden, sind somit mindestens ein Vektor und eine Matrix pro Objekthypothese erforderlich, anstatt eines Vektors pro Detektion. Außerdem besitzen die Messvektoren, da von einem *Hidden-Markov*-Modell ausgegangen wird, i. Allg. eine geringere Dimension als die Zustandsvektoren. Daher wird die Datenmenge pro Übertragung für eine zentrale Fusion als geringer eingeschätzt, solange die Falschalarmwahrscheinlichkeit nicht allzu hoch und somit die Anzahl der Detektionen nicht übermäßig groß ist.

Allerdings muss auch betrachtet werden, wie häufig eine solche Übertragung stattfindet. Soll keine Information verloren gehen, muss bei der zentralen Fusion jede Messung übertragen werden. Es sind aber durchaus Verfahren denkbar, welche situationsadaptiv entscheiden, ob eine Messung an andere Verkehrsteilnehmer übertragen werden soll oder nicht, bzw. ob die Fusionseinheit eine Messung gezielt ignoriert (z. B. könnten Messungen, die einen Bereich erfassen, der bereits von ausreichend vielen Messungen zuverlässig überdeckt wird, gezielt nicht gesendet/bearbeitet werden). Dieser Aspekt der Sensoreinsatzplanung würde aber nicht die Verarbeitung der eingetroffenen Messungen beeinflussen und wird daher hier nicht weiter verfolgt. Bei einer verteilten Fusion kann die Fusion solange lokal erfolgen, bis der Kanal frei ist, um dann die fusionierten Daten zu übertragen. Für sicherheitsrelevante Anwendungen wird jedoch ohnehin eine hohe Aktualisierungsrate gefordert werden, weshalb die zentrale Fusion als geeigneter erscheint.

Für den Entwurf von *Bayes*-Schätzern bei einer zentralen Fusion spielt es zunächst keine Rolle, ob die Fusion der gesammelten Daten redundant in jedem Fahrzeug stattfindet oder in einem zentralen Rechencluster, welcher die Fusionsergebnisse an die einzelnen Verkehrsteilnehmer übermittelt. Jedoch werden praktische Anforderungen, wie erreichbare Latenzzeiten, Forderung nach Sicherheit des Fahrzeugs auch bei Abbruch der Kommunikationsverbindung zur Umgebung, juristische Haftung etc. dazu führen, dass eine fahrzeuginterne Fusionseinheit unumgänglich ist, so dass diese in dieser Arbeit betrachtet werden soll. Das Fahrzeug, in dem die Fusion stattfindet, wird als Egofahrzeug bezeichnet.

Einschränkungen durch den Kommunikationskanal

Auf Grund der vermutlich erzielbaren Datenraten [82] erscheint es wenig realistisch, dass in naher Zukunft dem Egofahrzeug Sensorrohdaten von außerhalb zur Verfügung gestellt werden können, weshalb im Folgenden sämtliche Messungen exterozeptiver Sensoren als mengenwertig angenommen werden. Am Egofahrzeug selbst angebrachte Sensoren sind mit deutlich höherer Bandbreite an die Fusionseinheit angebunden, so dass bei diesen eine Rohdatenverarbeitung ohne vorgeschaltete Detektionsalgorithmen prinzipiell möglich ist, was in dieser Arbeit aber nicht betrachtet wird, um den Rahmen nicht zu sprengen. Diese Thematik wird durch den sogenannten *Track-Before-Detect*-Ansatz (TBD-Ansatz) [12, 14, 24, 37, 85, 96, 103] adressiert.

Durch den Kommunikationskanal entstehen ebenfalls Latenzen, die dazu führen können, dass die Messungen nicht in chronologischer Reihenfolge am Fusionsknoten eintreffen. Im Englischen wird dies mit dem Begriff *out of sequence measurements* bezeichnet. Ein Lösungsansatz für dieses Problem findet sich z. B. in [112].

Synchronisation

Generell müssen für eine Fusion mittels *Bayes*-Schätzer die einzelnen Sensoren keine bestimmten Abstastzeitpunkte einhalten. Allerdings sollten die einzelnen Messzeitpunkte bezüglich einer gemeinsamen Zeitbasis hinreichend genau bestimmt sein. Im automobilen Kontext bietet sich dabei die *coordinated universal time* (UTC) als Zeitbasis an. Da die Zeitstempel zumeist nicht von den Sensoren selbst, sondern von einer zentralen Verarbeitungseinheit vergeben werden, können unbekannte Latenzen und *jitter* entstehen. Allerdings gibt es hierfür Kompensationsverfahren (z. B. [41]), welche in dieser Arbeit vorausgesetzt werden.

Vereinfachung durch Marginalisierung

Um die zur Verfügung stehenden Informationen optimal auszunutzen, müsste ein Fusionssystem zu jedem Zeitpunkt die Verbunddichte sämtlicher hypothetisch existierender Objekte und Sensorträgerzustände berechnen und speichern, da z. B. das Eintreffen einer GPS-Messung für einen Sensorträger unmittelbar dessen eigene Zustandsschätzung beeinflusst, aber mittelbar ebenso die Zustandsschätzung der Objekte, die über die exterozeptiven Sensoren dieses Trägers beobachtet wurden und somit sogar die Lokalisierung von Sensorträgern, welche dieselben Objekte erfasst haben. Es ist zu beachten, dass auch die Sensorträger selbst Objekte in der Szene sein und somit durch exterozeptive Sensoren anderer Träger beobachtet werden können.

Allerdings erscheint eine vollständige Propagierung dieser Verbunddichte nicht praktikabel, so dass in dieser Arbeit ein Mittelweg gegangen wird, indem nach der Verarbeitung einer jeden Messung der Zustand des Sensorträgers sowie der Zustand der Objekte durch Marginalisierung aus deren gemeinsamer Verbunddichte gewonnen und im Folgenden wieder als unabhängig betrachtet werden.

Hierdurch werden vorhandene Kopplungen sowohl bei der Zustands- als auch bei der Existenzschätzung von Objekten entfernt und fehlerhafterweise durch Unabhängigkeiten ersetzt. Auch Kopplungen zwischen Sensorträgerzustand und Mehrobjekt-Zustand, welche eigentlich über die aktuelle Messung hinfort bestehen, werden dadurch unterschlagen.

6.1.2 Vorgeschlagenes Rahmenwerk

Für den späteren Benutzer stellt die Fusionseinheit im Wesentlichen eine Black Box dar, in die er Messungen verschiedener Sensoren eingeben und aus der er auf Anfrage das fusionierte Umfeldlagebild für einen bestimmten Zeitpunkt abrufen kann. Dementsprechend wird dieser Abschnitt unterteilt in einen Teil, der den Ablauf zum Verarbeiten einer neu eingetroffenen Messung behandelt und einen, der auf die Extraktion einer Schätzung auf Anfrage eingeht.

Eintreffen einer Messung

Ausgehend von den Vorüberlegungen ist der Fusionseinheit folgendes Wissen a priori zur Verfügung zu stellen:

- Datenbank relevanter Objektklassen und deren Bewegungsmodelle,

- Datenbank mit Modellen der erwarteten Sensoren,

während folgende Daten dynamisch gespeichert (eventuell auch gepuffert) werden müssen:

- Liste der bekannten Träger-IDs im Erfassungsbereich,

- Liste der den Sensorträgern zugeordneten Zustandsdichten (im Folgenden Trägerdichten),

- probabilistische Repräsentation des Umfelds.

Damit ist sie in der Lage, eine eintreffende Messung anhand des Entscheidungsbaumes in Abb. 6.1 zu verarbeiten. Die Blätter stehen für das nötige Vorgehen, um die Messung mit dem bisherigen Umfeldlagebild zu fusionieren, und werden näher erläutert.

Initialisierung: Sollte eine propriozeptive Messung z_k eines bisher unbekannten Sensorträgers eintreffen, muss dessen Zustand S_k im weiteren Verlauf geschätzt werden. Hierzu wird der Träger zunächst in die Liste bekannter Sensorträger aufgenommen und eine initiale Zustandsschätzung basierend auf der aktuellen Messung vorgenommen. Sollte diese einzelne Messung nicht ausreichend Information enthalten (z. B. nur eine Geschwindigkeitsmessung ohne Position), kann die Initialisierung auch verzögert erfolgen, sobald ausreichend propriozeptive Messungen dieses Trägers vorliegen.

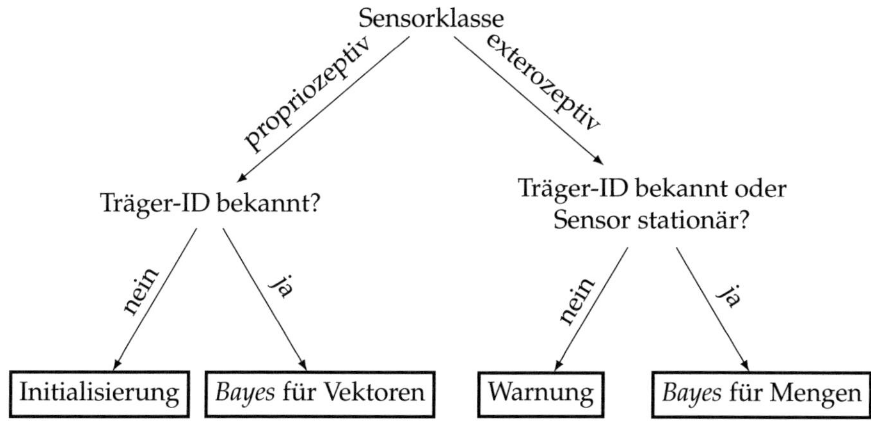

Abbildung 6.1 Entscheidungsbaum zur Verarbeitung einer neu eingetroffenen Messung.

***Bayes* für Vektoren**: Da bei Eintreffen einer Messung der Zustand $\mathbf{S}_k$ des aktuell aktiven Sensorträgers und der Zustand der Umgebung $\mathbf{X}_k$ als unabhängig voneinander angenommen werden, beeinflusst das Eintreffen einer propriozeptiven Messung $\mathbf{z}_k$ ausschließlich die Schätzung des zugehörigen Sensorträgerzustandes $\mathbf{S}_k$ und es kann die vektorwertige *Bayes*-Rekursion (vgl. Kapitel 3, 4 und 5) verwendet werden.

Warnung: Prinzipiell könnte in diesem Fall die initiale Trägerdichte anhand der exterozeptiven Messung bestimmt werden (*localization*). Allerdings haben erste Experimente gezeigt, dass dies auf Grund der extrem hohen Unsicherheit bezüglich des Sensorträgerzustandes wenig sinnvoll ist und mindestens eine Messung eines propriozeptiven Sensors die Unsicherheit bezüglich des Sensorträgerzustandes hinreichend eingeschränkt haben sollte. Daher wird in diesem Zweig des Entscheidungsbaumes eine Warnung ausgegeben und die Messung ignoriert.

***Bayes* für Mengen**: Bei Eintreffen einer exterozeptiven Messung z_k ist sowohl eine Prädiktion der Trägerdichten als auch des Mehrobjekt-Zustandes auf den Messzeitpunkt nötig. Anschließend werden alle Trägerdichten, bis auf die des aktuellen Trägers, dem Mehrobjekt-Zustand hinzugefügt. Im Korrekturschritt wird zuerst die A-posteriori-Verbunddichte für den Sensor- und den Mehrobjekt-Zustand aufgestellt, um dann beide Größen daraus durch Marginalisierung zu bestimmen. Im Anschluss werden die beiden marginalisierten Dichten wieder als unabhängig betrachtet. Als Hilfsmittel dient hierbei die *Bayes*-Rekursion für mengenwertige Zufallsgrößen (Abschnitt 6.2.2). Für den Fall eines mobilen Sensors ist dessen Position stets mit einer gewissen Unsicherheit behaftet, die in diesem Verarbeitungsschritt auf jeden Fall berücksichtigt werden sollte. Zuletzt werden die Trägerdichten wieder aus dem Mehrobjekt-Zustand extrahiert.

Ausgabe des Fusionsergebnisses

Die Ausgabe ist entweder direkt die probabilistische Beschreibung des Umfeldes oder eine daraus extrahierte Schätzung. Es wird davon ausgegangen, dass die Abfragezeitpunkte mit den Ankunftszeiten der Messungen zusammenfallen, so dass die A-posteriori-Dichten verwendet werden können. Andernfalls ist eine Prädiktion ab dem letzten Messzeitpunkt oder (sollte die Abfragezeit vor dem letzten Messzeitpunkt liegen) eine Glättung möglich.

6.2 Statistik für endliche Zufallsmengen

Für den Entwurf der im vorigen Abschnitt motivierten Mehrobjekt-Zustandsschätzer ist zunächst eine kurze Betrachtung der Statistik für endliche Zufallsmengen (EZM) sinnvoll.

Auch für EZMn (vgl. Abschnitt 2.1.5) lassen sich Wahrscheinlichkeitsdichten f definieren, welche (sofern sie existieren) über die Operationen Integration und Differentiation mit dem zugehörigen Wahrscheinlichkeitsmaß P verknüpft sind. Die Grundlage in der maßtheoretischen Herangehensweise ist das *Radon-Nikodým*-Theorem. Dieses besagt, wenn das Maß P des Maßraumes (Ω, Σ, P) absolut kontinuierlich bezüglich des Maßes μ ist, dann existiert für jedes $t \in \Sigma$ eine messbare Funktion $f : \Sigma \to \mathbb{R}_0^+$ mit

$$P(t) = \int_t f(x)\, \mu(dx)\,, \tag{6.1}$$

wobei das Integral ein *Lebesgue*-Integral darstellt. Die Funktion f ist so, bis auf Nullmengen $t : \mu(t) = 0$, eindeutig festgelegt und heißt Dichte von P. Obwohl somit die *Radon-Nikodým*-Ableitung

$$f := \frac{\mathrm{d}P}{\mathrm{d}\mu} \tag{6.2}$$

formal definiert ist, gibt es dennoch keine konkrete Gleichung zur Bestimmung der Dichte aus dem gegebenen Wahrscheinlichkeitsmaß.

Allerdings leitet Mahler im Rahmen seiner Statistik für endliche Zufallsmengen (engl. *finite set statistics* (FISST)) die Operationen Mengenintegral und -ableitung her [61, 63], wodurch zumindest für EZMn doch ein konstruktiver Weg von P nach f entsteht.

6.2.1 Mengenableitung und Mengenintegral

Die **Mengenableitung** einer reellen Funktion η nach der Menge x ist definiert durch

$$\frac{\delta \eta}{\delta \mathsf{x}}(\mathsf{s}) := \frac{\delta}{\delta \mathbf{x}_1} \cdots \frac{\delta \eta}{\delta \mathbf{x}_{|\mathsf{x}|}}(\mathsf{s}) \qquad\qquad |\mathsf{x} \neq \emptyset, \mathsf{x} = \bigcup_{i=1}^{|\mathsf{x}|} \mathbf{x}_i, \tag{6.3a}$$

$$\frac{\delta \eta}{\delta \mathbf{x}}(\mathsf{s}) := \lim_{\lambda(\epsilon(\mathbf{x})) \searrow 0} \frac{\eta(\mathsf{s} \cup \epsilon(\mathbf{x})) - \eta(\mathsf{s})}{\lambda(\epsilon(\mathbf{x}))}, \tag{6.3b}$$

$$\frac{\delta \eta}{\delta \emptyset}(\mathsf{s}) := \eta(\mathsf{s}), \tag{6.3c}$$

wobei $\epsilon(\mathbf{x})$ eine Umgebung des Punktes $\mathbf{x}$ bezeichnet und mit $\lambda(\mathsf{a})$ das Volumen der Menge a bezüglich des *Lebesgue*-Maßes gemeint ist.

Die dazu inverse Operation **Mengenintegral** ist definiert über

$$\int_{\mathsf{s}} \eta(\mathsf{x})\, \delta \mathsf{x} := \sum_{n=0}^{\infty} \frac{1}{n!} \int_{\mathsf{s}^n} \eta(\{\mathbf{x}_1, \ldots, \mathbf{x}_n\})\, \mathrm{d}\mathbf{x}_1 \ldots \mathrm{d}\mathbf{x}_n, \tag{6.4}$$

wobei s^n die n-te Potenz bezüglich des kartesischen Produktes bezeichnet. Es gilt

$$\eta(\mathsf{s}) = \int_{\mathsf{s}} \frac{\delta \eta}{\delta \mathsf{x}}(\emptyset)\, \delta \mathsf{x}, \qquad\qquad \frac{\delta}{\delta \mathsf{x}} \int_{\mathsf{s}} \eta(\mathsf{w})\, \delta \mathsf{w} \bigg|_{\mathsf{s}=\emptyset} = \eta(\mathsf{x}). \tag{6.5}$$

6.2.2 *Bayes*-Rekursion für endliche Zufallsmengen

Bezeichne $\mathcal{X}$ die Menge aller möglichen Zustände für ein einzelnes Objekt. Dann wird für die EZM X zunächst auf der Menge aller abgeschlossenen Untermengen von $\mathcal{X}$ die **Glaubwürdigkeitsfunktion** $\beta_X(s)$

$$\beta_X(s) := P(\{\omega : X(\omega) \subseteq s\}) \tag{6.6}$$

eingeführt (ω ist ein Elementarereignis des X zugeordneten Zufallsexperiments, Abschnitt 2.1.1), welche eine zum, auf der Menge $\mathcal{F}(\mathcal{X})$ aller endlichen Teilmengen von $\mathcal{X}$ definierten, Wahrscheinlichkeitsmaß P

$$P(t) = P\left(X^{-1}(t)\right) = P(\{\omega : X(\omega) \in t\}) \tag{6.7}$$

äquivalente Charakterisierung von X darstellt (vgl. [63] App. F, [101] App.). Wenn für alle abgeschlossenen Mengen $s \subseteq \mathcal{X}$

$$\beta_X(s) = \int_s f_X^F(x)\,\delta x \tag{6.8}$$

gilt, wird f_X^F als FISST-Dichte von X bezeichnet. Der Übergang von Glaubwürdigkeitsfunktion β_X zur FISST-Dichte wird durch die Mengenableitung an der Stelle $s = \emptyset$ erreicht:

$$f_X^F(x) \overset{Gl.\ (6.5)}{=} \frac{\delta}{\delta x} \int_s f_X^F(w)\,\delta w \bigg|_{s=\emptyset} \overset{Gl.\ (6.8)}{=} \frac{\delta \beta_X}{\delta x}(\emptyset)\,. \tag{6.9}$$

Für eine endliche Zufallsmenge X gilt dann (unter leicht zu erfüllenden Bedingungen, vgl. [63, 101]) der Zusammenhang

$$f_X(x) = \frac{dP}{d\mu}(x) = K^{|x|} \cdot \frac{\delta \beta_X}{\delta x}(\emptyset) = K^{|x|} \cdot f_X^F(x)\,, \tag{6.10}$$

wobei K die Einheit des *Lebesgue*-Maßes in $\mathcal{X}$ bezeichnet und die genaue Wahl des Referenzmaßes μ in der angegebenen Literatur nachgeschlagen werden kann. Somit lässt sich die *Bayes*-Rekursion, welche zunächst nur für maßtheoretische Integrale und Dichten gilt, in eine FISST-Form mit FISST-Dichten und Mengenintegralen übertragen:

$$f^{\mathrm{F}}_{\mathsf{X}_k|\mathbf{z}^{(k)}}\left(\mathsf{x}_k|\mathbf{z}^{(k)}\right) = \frac{f^{\mathrm{F}}\left(z_k|\mathsf{x}_k\right) f^{\mathrm{F}}\left(\mathsf{x}_k|\mathbf{z}^{(k-1)}\right)}{\int f^{\mathrm{F}}\left(z_k|\mathsf{x}'_k\right) f^{\mathrm{F}}\left(\mathsf{x}'_k|\mathbf{z}^{(k-1)}\right)\delta\mathsf{x}'_k}, \tag{6.11a}$$

$$f^{\mathrm{F}}\left(\mathsf{x}_k|\mathbf{z}^{(k-1)}\right) = \int f^{\mathrm{F}}(\mathsf{x}_k|\mathsf{x}_{k-1}) f^{\mathrm{F}}\left(\mathsf{x}_{k-1}|\mathbf{z}^{(k-1)}\right)\delta\mathsf{x}_{k-1}. \tag{6.11b}$$

Die Messhistorie $\mathbf{z}^{(k)}$ ist hierin nicht mengenwertig, da sonst die Information über die zeitliche Reihenfolge verloren ginge, sondern ein Vektor mit mengenwertigen Elementen (sogenannter Mengenvektor)

$$\mathbf{z}^{(k)} = [z_0,\dots,z_k]^{\mathrm{T}}. \tag{6.12}$$

Die FISST-Übergangsdichte $f^{\mathrm{F}}(\mathsf{x}_k|\mathsf{x}_{k-1})$ muss sowohl die Bewegung der Objekte beschreiben als auch die Möglichkeit des Erscheinens und Verschwindens von Objekten. Ebenso muss die FISST-*Likelihood* $f^{\mathrm{F}}(z_k|\mathsf{x}_k)$ den Sensor vollständig inklusive Falschalarmen und Fehldetektionen modellieren.

Da im Weiteren ausschließlich die FISST-Größen verwendet werden, wird der obere Index F der Übersicht halber ausgelassen.

6.2.3 Wahrscheinlichkeitserzeugendes Funktional

Ähnlich der Fouriertransformation sind wahrscheinlichkeitserzeugende Funktionale (WEF) Integraltransformationen und ermöglichen eine kompaktere Darstellung und einfachere Lösung bestimmter Rechenschritte.

Für die Testfunktion $h : \mathcal{X} \to \mathbb{R}_0^+$ ist das WEF $F_{\mathsf{X}}[h]$ der endlichen Zufallsmenge X, analog der wahrscheinlichkeitserzeugenden Funktion für diskrete Zufallsgrößen, durch

$$F_{\mathsf{X}}[h] := \mathbb{E}\left\{h^{\mathsf{X}}\right\} = \int h^{\mathsf{X}} \cdot f_{\mathsf{X}}(\mathsf{x})\,\delta\mathsf{x} \tag{6.13}$$

definiert, wobei

$$h^{\mathsf{X}} := \prod_{\mathsf{x}\in\mathsf{x}} h(\mathbf{x}) \tag{6.14}$$

und $h^\emptyset := 1$ durch Definition [104].

Da das Funktional als „Funktion auf Funktionen" betrachtet werden kann, erfolgen Richtungsableitungen $\partial F / \partial g$ in Richtung einer Funktion g. Werden die Funktionen, nach denen abgeleitet wird, auf δ-Distributionen $g = \delta_{\mathbf{x}_0}(\mathbf{x})$ beschränkt, ergibt sich die sogenannte **Funktionalableitung**

$$\frac{\delta F}{\delta \mathrm{x}}[h] := \frac{\delta}{\delta \mathbf{x}_1} \cdots \frac{\delta F}{\delta \mathbf{x}_{|\mathrm{x}|}}[h] \qquad |\mathrm{x} \neq \emptyset, \mathrm{x} = \biguplus_{i=1}^{|\mathrm{x}|} \mathbf{x}_i , \tag{6.15a}$$

$$\frac{\delta F}{\delta \mathbf{x}_0}[h] := \frac{\partial F}{\partial \delta_{\mathbf{x}_0}(\mathbf{x})}[h] = \lim_{\epsilon \searrow 0} \frac{F\left[h + \epsilon \cdot \delta_{\mathbf{x}_0}(\mathbf{x})\right] - F[h]}{\epsilon} , \tag{6.15b}$$

$$\frac{\delta F}{\delta \emptyset}[h] := F[h] . \tag{6.15c}$$

Die Verknüpfung zur Glaubwürdigkeitsfunktion und Dichte einer endlichen Zufallsmenge ergibt sich unter Verwendung der **Indikatorfunktion** $\mathbf{1}_s(\mathbf{x})$ der Menge s gemäß

$$\mathbf{1}_s(\mathbf{x}) := \begin{cases} 1 & \text{für } \mathbf{x} \in s \\ 0 & \text{sonst,} \end{cases} \tag{6.16}$$

durch den Zusammenhang ([63], S. 373)

$$F_\mathsf{X}[\mathbf{1}_s] \overset{Gl.\ (6.13)}{=} \int \mathbf{1}_s^\mathsf{x} \cdot f_\mathsf{X}(\mathsf{x})\, \delta\mathsf{x} = \int_s f_\mathsf{X}(\mathsf{x})\, \delta\mathsf{x} \overset{Gl.\ (6.8)}{=} \beta_\mathsf{X}(s) , \tag{6.17}$$

woraus mit Gl. (6.9) sofort

$$\frac{\delta F_\mathsf{X}}{\delta \mathsf{x}}[\mathbf{1}_\emptyset] = \frac{\delta F_\mathsf{X}}{\delta \mathsf{x}}[0] = f_\mathsf{X}(\mathsf{x}) \tag{6.18}$$

folgt.

Differentiationsregeln

Im Folgenden sollen kurz die in dieser Arbeit verwendeten Differentiationsregeln für WEF angegeben werden (vgl. [63], Abschnitt 11.6).

Ableitung einer Konstanten:

$$\frac{\delta}{\delta \mathsf{x}} K = 0 \,, \tag{6.19}$$

mit K konstant.

Summenregel:

$$\frac{\delta}{\delta \mathsf{x}} \left(a \cdot F_{\mathsf{X}_1}[h] + b \cdot F_{\mathsf{X}_2}[h] \right) = a \cdot \frac{\delta F_{\mathsf{X}_1}}{\delta \mathsf{x}}[h] + b \cdot \frac{\delta F_{\mathsf{X}_2}}{\delta \mathsf{x}}[h] \,, \tag{6.20}$$

mit $a,b \in \mathbb{R}$.

Allgemeine Produktregel:

$$\frac{\delta}{\delta \mathsf{x}} \left(F_{\mathsf{X}_1}[h] \cdot \ldots \cdot F_{\mathsf{X}_N}[h] \right) = \sum_{\underset{n}{\uplus \mathsf{w}_n = \mathsf{x}}} \frac{\delta F_{\mathsf{X}_1}}{\delta \mathsf{w}_1}[h] \cdot \ldots \cdot \frac{\delta F_{\mathsf{X}_N}}{\delta \mathsf{w}_N}[h] \,. \tag{6.21}$$

Kettenregel:

$$\frac{\delta}{\delta \mathbf{x}} f(F_{\mathsf{X}}[h]) = \frac{\mathrm{d}f}{\mathrm{d}F_{\mathsf{X}}[h]} (F_{\mathsf{X}}[h]) \cdot \frac{\delta F_{\mathsf{X}}}{\delta \mathbf{x}}[h] \,. \tag{6.22}$$

Quotientenregel (Herleitung in Anhang E.5):

$$\frac{\delta}{\delta \mathbf{x}} \frac{F_{\mathsf{X}_1}[h]}{F_{\mathsf{X}_2}[h]} = \frac{\frac{\delta F_{\mathsf{X}_1}}{\delta \mathbf{x}}[h] \, F_{\mathsf{X}_2}[h] - F_{\mathsf{X}_1}[h] \, \frac{\delta F_{\mathsf{X}_2}}{\delta \mathbf{x}}[h]}{F_{\mathsf{X}_2}[h]^2} \,. \tag{6.23}$$

Verbund-WEF und Marginalisierung

Seien X und Z beides EZMn, deren Elemente aus $\mathcal{X}$ bzw. $\mathcal{Z}$ stammen. Sind beide statistisch unabhängig und $\mathcal{X} = \mathcal{Z}$, gilt für $\mathsf{Y} = \mathsf{X} \cup \mathsf{Z}$ (vgl. [63], Exercise 40)

$$F_{\mathsf{Y}}[h] = F_{\mathsf{X}}[h] \cdot F_{\mathsf{Z}}[h] \,. \tag{6.24}$$

Für den zufälligen Mengenvektor $\mathbf{Y} = [\mathsf{X}, \mathsf{Z}]^{\mathsf{T}}$ aus endlichen Zufallsmengen lässt sich mit den Hilfsfunktionen $h : \mathcal{X} \to \mathbb{R}_0^+$ und $g : \mathcal{Z} \to \mathbb{R}_0^+$ das

Verbund-WEF wie folgt definieren

$$
F_{\mathbf{Y}}[h, g] = \int \int h^{\mathsf{x}} g^{\mathsf{z}} f_{\mathsf{XZ}}(\mathsf{x}, \mathsf{z})\, \delta\mathsf{x}\, \delta\mathsf{z}
$$

$$
= \int h^{\mathsf{x}} \cdot \int g^{\mathsf{z}} \cdot f_{\mathsf{Z}|\mathsf{x}}(\mathsf{z}|\mathsf{x})\, \delta\mathsf{z} \cdot f_{\mathsf{X}}(\mathsf{x})\, \delta\mathsf{x} \qquad (6.25)
$$

$$
= \int h^{\mathsf{x}} \cdot F_{\mathsf{Z}}[g|\mathsf{x}] \cdot f_{\mathsf{X}}(\mathsf{x})\, \delta\mathsf{x} .
$$

Nimmt man wieder an, X und Z seien unabhängig, folgt

$$
F_{\mathbf{Y}}[h, g] = F_{\mathsf{X}}[h] \cdot F_{\mathsf{Z}}[g] . \qquad (6.26)
$$

Der wichtige Unterschied zwischen Y und **Y** liegt darin, dass – selbst wenn $\mathcal{X} = \mathcal{Z}$ sein sollte – bei **Y** noch für jedes Element entschieden werden kann, ob es aus X oder aus Z stammt. Insbesondere ist es so möglich, das Rand-WEF und die Randdichte einer der beiden Zufallsmengen aus dem Verbund-WEF durch

$$
F_{\mathsf{X}}[h] = F_{\mathbf{Y}}[g = 1, h] \qquad \text{bzw.} \qquad F_{\mathsf{Z}}[g] = F_{\mathbf{Y}}[g, h = 1] \qquad (6.27)
$$

und

$$
f_{\mathsf{X}}(\mathsf{x}) = \frac{\delta F_{\mathbf{Y}}}{\delta\mathsf{x}}[g = 1, h = 0] \quad \text{bzw.} \quad f_{\mathsf{Z}}(\mathsf{z}) = \frac{\delta F_{\mathbf{Y}}}{\delta\mathsf{z}}[g = 0, h = 1] \quad (6.28)
$$

zu bestimmen.

WEF-*Bayes*-Rekursion

Somit lässt sich die *Bayes*-Rekursion auch mit Hilfe von WEFen ausdrücken (vgl. [63], Kap. 14.8)

$$
F_{\mathsf{X}_k}\!\left[h|\mathbf{z}^{(k-1)}\right] = \int F_{\mathsf{X}_k}[h|\mathsf{x}_{k-1}] \cdot f_{\mathsf{X}_{k-1}}\!\left(\mathsf{x}_{k-1}|\mathbf{z}^{(k-1)}\right) \delta\mathsf{x}_{k-1} , \qquad (6.29\text{a})
$$

$$
F_{\mathsf{X}_k}\!\left[h|\mathbf{z}^{(k)}\right] = \frac{\dfrac{\delta F_{\mathsf{Z}_k \mathsf{X}_k}}{\delta\mathsf{z}_k}\!\left[0, h|\mathbf{z}^{(k-1)}\right]}{\dfrac{\delta F_{\mathsf{Z}_k \mathsf{X}_k}}{\delta\mathsf{z}_k}\!\left[0, 1|\mathbf{z}^{(k-1)}\right]} , \qquad (6.29\text{b})
$$

wobei

$$F_{Z_k X_k}\left[g, h \,|\, \mathbf{z}^{(k-1)}\right] = \int h^{X_k} \cdot F_{Z_k}[g|X_k] \cdot f_{X_k}\left(X_k | \mathbf{z}^{(k-1)}\right) \delta X_k \qquad (6.30)$$

und die WEFe $F_{X_k}[h|X_{k-1}]$ und $F_{Z_k}[g|X_k]$ für die Übergangsdichte bzw. *Likelihood* noch zu bestimmen sind.

6.2.4 *Probability hypothesis density*

Das erste Moment einer endlichen Zufallsmenge X ist nicht mengenwertig, sondern eine Intensitätsfunktion $D_X(\mathbf{x})$. Diese ist über die erwartete Anzahl N_X an Objekten in a für alle Mengen $a \subseteq \mathcal{X}$ durch folgenden Zusammenhang eindeutig definiert

$$N_X(a) := \mathbb{E}\{|X \cap a|\} = \int_a D_X(\mathbf{x}) \, d\mathbf{x}. \qquad (6.31)$$

Die Intensitätsfunktion von X wird häufig einfach als Intensität oder in der FISST-Literatur als *probability hypothesis density* (PHD) von X bezeichnet. Die PHD kann aus dem WEF durch

$$\boxed{D_X(\mathbf{x}) = \frac{\delta F_X}{\delta \mathbf{x}}[1]} \qquad (6.32)$$

bestimmt werden ([63], S. 581). Es wird im Folgenden die Kurzschreibweise

$$N_X = N_X(\mathcal{X}) \qquad (6.33)$$

verwendet.

6.3 Konkrete Mehrobjekt-Zustandsschätzer

Im vorgeschlagenen Fusionsrahmenwerk wird noch ein Mehrobjekt-Zustandsschätzer benötigt. Da Kartierung in dieser Arbeit ausgeklammert, die Sensorposition jedoch explizit als unsicherheitsbehaftet betrachtet wird, handelt es sich um einen SLAT-Ansatz.

Aus den in der Literatur bekannten Filter-Ansätzen werden exemplarisch drei ausgewählt und deren um die Handhabung unsicher lokalisierter Sensoren erweiterten Varianten mit Hilfe von FISST hergeleitet.

Dabei wird zunächst das *Probability-Hypothesis-Density*-Filter betrachtet, da dieses Filter, welches erst durch den FISST-Ansatz herleitbar ist, als einfach zu implementieren gilt und eine geringe Berechnungskomplexität besitzt. Das *Joint-Integrated-Probabilistic-Data-Association*-Filter auf der anderen Seite stellt, als die umfassendste Variante des klassischen PDA-Ansatzes, ein *track*-orientiertes Filter dar, besitzt aber, durch die Betrachtung sämtlicher Assoziationshypothesen, einen relativ hohen theoretischen Rechenaufwand. Als Filter mit theoretisch mittlerem Rechenaufwand wurde das *Cardinality-Balanced-Multi-Target*-Multi-*Bernoulli*-Filter dem *Cardinalized-Probability-Hypothesis-Density*-Filter [62, 105], welches eine Erweiterung des PHD-Filters auf beliebige Kardinalitätsverteilungen ist, vorgezogen, da dieses vom Ansatz dem JIPDA-Filter ähnlicher ist.

Obwohl **Multiple-Hypothesis-Tracking** (MHT) Verfahren [9, 23, 94] ebenfalls durch FISST herleitbar sind, sofern man die Verbundassoziationshypothesen explizit als Zustandsvariablen einführt und auf diese bedingt, wurden diese in dieser Arbeit nicht näher untersucht. Dies liegt v. a. daran, dass deren Berechnungsaufwand (ohne vereinfachende Annahmen) deutlich höher ist als bei den bisher angesprochenen Verfahren, so dass Implementierungen auf spezielle Darstellungs- und Berechnungstechniken und Approximationen angewiesen sind. Insbesondere *track oriented* MHT ermöglicht eine deutliche Senkung des Aufwandes, setzt aber voraus, dass sich die *Likelihood* einer Verbundassoziation in die *Likelihoods* der Einzelassoziationen faktorisieren lässt. Wie sich später zeigen wird, ist dies bei einer unsicheren Sensorträgerposition nicht möglich. Außerdem wird in der JIPDA-Implementierung in dieser Arbeit, im Gegensatz zur Literatur, die Dichte pro Objekt als *Gauß*-Summe anstatt als einzelne Normalverteilung dargestellt, wodurch das Verhalten dem einer MHT-Implementierung bereits ähnlich ist. Des Weiteren wird der Unterschied zwischen PDA und MHT durch Techniken wie *gating* und das Zusammenlegen von *tracks* weiter verringert.

6.3.1 Entwurf von Mehrobjekt-Zustandsschätzern

Der systematische Top-Down-Entwurf eines Mehrobjekt-Zustandsschätzers kann mit FISST (Abschnitt 6.2) wie folgt ablaufen:

1. Aufstellen eines Mehrobjekt-Transitionsmodells sowie eines Mehrobjekt-Messmodells und Bestimmen des jeweils zugehörigen WEFs.

2. Wählen eines Modells für die Wahrscheinlichkeitsdichte des Systemzustandes.

3. Einsetzen in Gl. (6.29a) und Gl. (6.29b) und Berechnen des WEF des prädizierten bzw. korrigierten Zustandes.

4. Daraus Ableiten der Parameter der approximativen Form der Wahrscheinlichkeitsdichte des Systemzustandes.

Die Verwendung einer geeigneten, gut parametrierbaren approximativen Form der Wahrscheinlichkeitsdichte des Systemzustandes ist in den allermeisten Anwendungen unerlässlich, da sonst bereits bei wenigen Objekten der Rechenaufwand in einer praktischen Implementierung zu hoch ist. Dennoch wurden für eine geringe Objektanzahl Filter implementiert, welche keine speziellen Annahmen über $f_{\mathbf{X}_k}(\mathbf{x}_k)$ machen, vgl. z. B. [57, 67, 83].

Im Folgenden werden folgende Maßnahmen ergriffen, um die weiteren Formeln übersichtlicher zu gestalten, solange dabei keine Mehrdeutigkeiten entstehen und ausgelassene Angaben sich aus dem Kontext erschließen:

- Auslassen expliziter Angaben zu Abhängigkeiten von Funktionen, d. h. $q(\mathbf{s}) \equiv q$, $p_{\mathrm{D}}(\mathbf{x}, \mathbf{s}) \equiv p_{\mathrm{D}}$ etc.

- Auslassen der Bedingung sämtlicher Dichten und WEFe auf die Messhistorie $\mathbf{z}^{(k-1)}$.

- Ersetzen der zeitlichen Indices k und $k - 1$ durch $+$ bzw. $-$ oder Auslassen dieser, wenn der zeitliche Index für alle Größen innerhalb der Gleichung identisch ist.

- Kennzeichnen der A-posteriori-Größen durch ein *.

- Für vektorwertige Integrale wird die Innenproduktschreibweise

$$\int f(\mathbf{x}) \cdot g(\mathbf{x}) \, d\mathbf{x} = \langle f, g \rangle_{\mathbf{x}} \tag{6.34}$$

verwendet, wobei die Angabe der Variable, bezüglich der integriert wird, zum Teil ausgelassen wird, solange diese sich aus dem Kontext eindeutig erschließt.

Für Falschalarme C wird, konform zur gängigen Literatur, durchgehend eine *Poisson*-verteilte EZM angenommen. Klassische Literatur, welche Zustandsschätzer aus historischen Gründen ohne Verwendung von FISST entwickelt, ist z. B. [5, 6].

6.3.2 Prädiktions-WEF des Mehrobjekt-Zustandes

Einsetzen des Transitions-WEF des Standardmodells aus Anhang C.2 in Gl. (6.29a) liefert

$$F_{X_+}[h] = F_{X_-}\left[1 - p_P + p_P \left\langle f(\mathbf{x}_+|\mathbf{x}_-), h\right\rangle_+\right] . \tag{6.35}$$

6.3.3 Verbund-WEF für Messungen, Objekte und Sensor

Grundlage für die Herleitung des Korrekturschrittes eines Mehrobjekt-Zustandsschätzers ist das Verbund-WEF $F_{ZXS}[g, h, q]$ von Messung Z, Objektzustand X und Sensorzustand $\mathbf{S}$

$$\begin{aligned}
F_{ZXS}[g, h, q] &= \int \int \int q(\mathbf{s}) \cdot h^X \cdot g^Z \cdot f_{ZXS}(z, x, \mathbf{s})\, \delta z\, \delta x\, d\mathbf{s} \\
&= \int \int q \cdot h^X \cdot F_Z[g|x,\mathbf{s}] \cdot f_{XS}(x, \mathbf{s})\, \delta x\, d\mathbf{s} .
\end{aligned} \tag{6.36}$$

Da durch vorherige Ausmarginalisierung der Objekt- und der Sensorzustand als unabhängig voneinander angesehen werden können, gilt

$$f_{XS}(x, \mathbf{s}) = f_X(x) \cdot f_S(\mathbf{s}) . \tag{6.37}$$

Setzt man zusätzlich das *Likelihood*-WEF $F_Z[g|x,\mathbf{s}]$ des Standardmodells aus Anhang D.2 ein und kürzt $f_Z(\mathbf{z}|\mathbf{x},\mathbf{s}) =: L_\mathbf{z}$ ab, erhält man

$$\begin{aligned}
F_{ZXS}[g, h, q] &= F_C[g] \cdot \int f_S(\mathbf{s}) \cdot q \cdot F_X[h \cdot (1 - p_D + p_D \cdot \langle L_\mathbf{z}, g\rangle)\, |\mathbf{s}]\, d\mathbf{s} \\
&= F_C[g] \cdot F_S[q \cdot F_X[h \cdot (1 - p_D + p_D \cdot \langle L_\mathbf{z}, g\rangle)\, |\mathbf{s}]] \\
&= F_S[q \cdot F_C[g] \cdot F_X[\tilde{h}|\mathbf{s}]] ,
\end{aligned} \tag{6.38}$$

wobei

$$\tilde{h} := h \cdot (1 - p_D + p_D \cdot \langle L_\mathbf{z}, g\rangle) . \tag{6.39}$$

Hierbei wurde ausgenutzt, dass $\mathbf{S}$ als eine *Bernoulli*-verteilte EZM mit $p_\exists \equiv 1$ betrachtet werden kann (vgl. Anhang B.2).

Aus diesem Ansatz können nun analog zu Gl. (6.29b) durch

$$F_{\mathsf{X}^*}[h] = \frac{\frac{\delta F_{\mathsf{ZXS}}}{\delta \mathsf{z}}[0, h, 1]}{\frac{\delta F_{\mathsf{ZXS}}}{\delta \mathsf{z}}[0, 1, 1]} \tag{6.40}$$

und

$$F_{\mathsf{S}^*}[q] = \frac{\frac{\delta F_{\mathsf{ZXS}}}{\delta \mathsf{z}}[0, 1, q]}{\frac{\delta F_{\mathsf{ZXS}}}{\delta \mathsf{z}}[0, 1, 1]} \tag{6.41}$$

die marginalisierten WEFe des korrigierten Mehrobjekt-Zustandes bzw. des korrigierten Sensorzustandes gewonnen und daraus Gleichungen für den Korrekturschritt eines Mehrobjekt-Zustandsschätzers hergeleitet werden. Hierzu sind in der Regel verschiedene Annahmen über die Gestalt des WEF F_{X} des Mehrobjekt-Zustandes und eventuell weitere Approximationen nötig.

6.3.4 *Probability-Hypothesis-Density*-Filter

Im PHD-Filter [63, 61] wird der Mehrobjekt-Zustand X_k zu jedem Zeitpunkt durch eine *Poisson*-verteilte Zufallsgröße (vgl. Anhang B.1) mit identischem ersten Moment, also identischer PHD-Funktion, approximiert. Der starke Informationsverlust bei dieser Darstellung wird durch sich stark vereinfachende Filtergleichungen gerechtfertigt. Zum PHD-Filter existieren inzwischen eine Vielzahl an Veröffentlichungen mit Erweiterungen und Anwendungsbeispielen [4, 17, 16, 18, 19, 20, 21, 22, 42, 55, 58, 61, 63, 65, 68, 74, 75, 77, 84, 90, 99, 100, 108].

Prädiktion

Einsetzen eines Poisson-WEF in Gl. (6.35) liefert mit der erwarteten Anzahl verschwindender Objekte $N_{\text{ver}} := \left\langle D_{\mathsf{X}_-}, 1 - p_{\text{P}} \right\rangle_-$

$$F_{\mathsf{X}_+}[h] = \exp\left(-N_{\mathsf{X}_-} + \left\langle D_{\mathsf{X}_-}, 1 - p_{\text{P}} + p_{\text{P}} \left\langle f(\mathbf{x}_+|\mathbf{x}_-), h \right\rangle_+ \right\rangle_- \right)$$

$$= \exp\left(-\left(N_{\mathsf{X}_-} - N_{\text{ver}}\right) + \left\langle \left\langle D_{\mathsf{X}_-}, p_{\text{P}} \cdot f(\mathbf{x}_+|\mathbf{x}_-) \right\rangle_-, h \right\rangle_+ \right) . \tag{6.42}$$

Somit ist der prädizierte Mehrobjekt-Zustand wieder *Poisson*-verteilt mit

$$\boxed{D_{\mathsf{X}_+}(\mathbf{x}_+) = \left\langle D_{\mathsf{X}_-}, p_{\text{P}} \cdot f(\mathbf{x}_+|\mathbf{x}_-) \right\rangle_-,} \tag{6.43}$$

da $\left\langle D_{\mathsf{X}_+}, 1 \right\rangle_+ = N_{\mathsf{X}_-} - N_{\text{ver}}$ (vgl. Anhang E.7).

Korrektur

Einsetzen eines *Poisson*-WEF für X in Gl. (6.38) sowie Ableiten nach z liefert (vgl. Anhang E.8) mit $\tilde{h}$ aus Gl. (6.39)

$$\frac{\delta F_{\mathsf{ZXS}}}{\delta \mathbf{z}}[g, h, q] = F_{\mathsf{C}}[g] \cdot F_{\mathsf{S}}\left[q \cdot F_{\mathsf{X}}[\tilde{h}|\mathbf{s}] \cdot \left(D_{\mathsf{C}} + \left\langle D_{\mathsf{X}}, h \cdot p_{\text{D}} L_{\mathbf{z}} \right\rangle_{\mathbf{x}}\right)^{\mathbf{z}}\right] . \tag{6.44}$$

Einsetzen in Gl. (6.40) zeigt, dass das resultierende WEF für X^* keine *Poisson*-Form besitzt. Um dennoch zu einer *Poisson*-Approximation zu gelangen, wird stattdessen über Gl. (6.32) die PHD von X^* ermittelt. Da $\frac{\delta F_{\mathsf{ZXS}}}{\delta \mathbf{z}}[0, 1, 1]$ eine Konstante ist, muss hierzu nur noch $\frac{\delta^2 F_{\mathsf{ZXS}}}{\delta \mathbf{x} \delta \mathbf{z}}[g, h, q]$ bestimmt werden. Ein wenig Rechnung (vgl. Anhang E.8) ergibt

$$\frac{\delta^2 F_{\mathsf{ZXS}}}{\delta \mathbf{x} \delta \mathbf{z}}[g, h, q] = D_{\mathsf{X}} \cdot F_{\mathsf{C}}[g] \cdot F_{\mathsf{S}}\left[q \cdot F_{\mathsf{X}}[\tilde{h}|\mathbf{s}] \cdot \left(D_{\mathsf{C}} + \left\langle D_{\mathsf{X}}, h \cdot p_{\text{D}} L_{\mathbf{z}} \right\rangle_{\mathbf{x}}\right)^{\mathbf{z}} \right.$$

$$\left. \times \left(1 - p_{\text{D}} + p_{\text{D}} \left\langle L_{\mathbf{z}}, g \right\rangle_{\mathbf{z}} + \sum_{\mathbf{z} \in \mathbf{z}} \frac{p_{\text{D}} \cdot L_{\mathbf{z}}}{D_{\mathsf{C}}(\mathbf{z}) + \left\langle D_{\mathsf{X}}, h \cdot p_{\text{D}} L_{\mathbf{z}} \right\rangle_{\mathbf{x}}}\right)\right] . \tag{6.45}$$

Einsetzen von Gl. (6.44) in Gl. (6.41) zeigt, dass für $F_{S^*}[q]$ wieder das WEF einer *Bernoulli*-EZM mit $p_\exists \equiv 1$ resultiert, so dass $D_{S^*} \equiv f_{S^*}$ (vgl. Anhang B.2). Daher wird (mit Hilfe der Definition der Funktionalableitung Gl. (6.15))

$$\frac{\delta^2 F_{ZXS}}{\delta s \delta z}[g,h,q] = f_S \cdot F_C[g] \cdot F_X[\tilde{h}|s] \cdot (D_C + \langle D_X, h \cdot p_D L_z \rangle_x)^z \qquad (6.46)$$

berechnet. Durch Einsetzen der Gleichungen (6.44), (6.45) und (6.46) in Gl. (6.41) und Gl. (6.40) ergeben sich schließlich

$$f_{S^*}(s) = f_S(s) \cdot \frac{e^{-\langle p_D, D_X \rangle_x} \cdot (D_C + \langle D_X, p_D L_z \rangle_x)^z}{\left\langle f_S, e^{-\langle p_D, D_X \rangle_x} \cdot (D_C + \langle D_X, p_D L_z \rangle_x)^z \right\rangle_S}, \qquad (6.47)$$

$$D_{X^*}(\mathbf{x}) = D_X(\mathbf{x}) \cdot \left\langle f_{S^*}, 1 - p_D + \sum_{z \in z} \frac{p_D \cdot L_z}{D_C + \langle D_X, p_D L_z \rangle_x} \right\rangle_S. \qquad (6.48)$$

Ist die Sensorposition fehlerfrei bekannt, also $f_S(s) = \delta_{s_0}(s)$, folgt $f_{S^*} \equiv f_S$ und Gl. (6.48) vereinfacht sich zur Korrekturgleichung aus [61].

6.3.5 *Joint-Integrated-Probabilistic-Data-Association-Filter*

Das JIPDA-Filter [64, 66, 70] nimmt für jedes hypothetische Objekt eine *Bernoulli*-verteilte EZM X_m (vgl. Anhang B.2) an. Damit im Korrekturschritt wieder bezüglich der einzelnen Objekte marginalisiert werden kann, wird in dieser Arbeit der Mehrobjekt-Zustand nicht durch die Vereinigungsmenge $X = \cup_m X_m$ modelliert, sondern als Mengenvektor $\mathbf{X} = [X_1, \ldots, X_M]^T$. Da die einzelnen Objekte als unabhängig voneinander betrachtet werden, gilt

$$\begin{aligned} F_{\mathbf{X}}[h_1, \ldots, h_M] &\overset{Gl.\ (6.26)}{=} \prod_m F_{X_m}[h_m] \\ &\overset{Gl.\ (B.12)}{=} \prod_m 1 - p_{\exists,m} + p_{\exists,m} \cdot \langle f_m, h_m \rangle_x \cdot \end{aligned} \qquad (6.49)$$

Dies besitzt große Ähnlichkeit mit einem MB-förmigen WEF (vgl. Anhang B.3), weshalb auch in diesem Fall die Schreibweise

$\mathbf{X} \sim \left\{ p_{\exists,m}, f_m \right\}_{m=1}^{M}$ verwendet wird. Historische Vorläufer des JIPDA-Filters sind das PDA-, das JPDA- und das IPDA-Filter [7, 31, 71] mit jeweiligen Erweiterungen [11].

Prädiktion

Mit dem WEF aus Gl. (6.49) und der angepassten Gl. (6.35) ist auch der prädizierte Mehrobjekt-Zustand $\mathbf{X}_+ \sim \left\{ p_{\exists,m}^+, f_m^+ \right\}_{m=1}^{M}$ (vgl. Anhang E.9), mit

$$p_{\exists,m}^+ = p_{\exists,m} \, \langle f_m, p_{\mathrm{P}} \rangle_- \, , \tag{6.50a}$$

$$f_m^+ = \frac{\langle f(\mathbf{x}_+ | \mathbf{x}_-), f_m p_{\mathrm{P}} \rangle_-}{\langle f_m, p_{\mathrm{P}} \rangle_-} . \tag{6.50b}$$

Korrektur

Mit $\mathbf{X} \sim \left\{ p_{\exists,m}, f_m \right\}_{m=1}^{M}$ und $\tilde{h}_m$ analog zu Gl. (6.39) folgt (vgl. Anhang E.10)

$$\frac{\delta F_{\mathbf{ZXS}}}{\delta \mathbf{z}}[g, h_1, \ldots, h_M, q] = F_{\mathbf{C}}[g] \cdot \sum_{\mathbf{d} \subseteq \mathbf{z}} D_{\mathbf{C}}^{\mathbf{z} \backslash \mathbf{d}} \cdot F_{\mathbf{S}} \left[q \cdot \sum_{\underset{m}{\uplus} \mathbf{w}_m = \mathbf{d}} \prod_m \frac{\delta F_m}{\delta \mathbf{w}_m}[\tilde{h}_m] \right] , \tag{6.51}$$

wobei die Ableitungen $\frac{\delta F_m}{\delta \mathbf{w}_m}[\tilde{h}_m]$ später angegeben werden. Das durch Einsetzen von Gl. (6.51) in Gl. (6.40) entstehende WEF ist nicht das WEF einer endlichen Zufallsmenge, die $\sim \left\{ p_{\exists,m}^*, f_m^* \right\}_{m=1}^{M}$ ist. Um wieder eine solche Form zu erhalten, wird zunächst für jedes Objekt die marginale Wahrscheinlichkeitsdichte

$$f_{\mathbf{X}_c^*}(\mathbf{x}_c) = \frac{\frac{\delta^2 F_{\mathbf{ZXS}}}{\delta \mathbf{x}_c \delta \mathbf{z}}[g = 0, h_m = (1 - \delta_{m,c}), q = 1]}{\frac{\delta F_{\mathbf{ZXS}}}{\delta \mathbf{z}}[g = 0, h_m = 1, q = 1]} \tag{6.52}$$

betrachtet, wobei $\delta_{i,j}$ das *Kronecker*-Delta bezeichnet. Es gilt (vgl. Anhang E.10)

$$\frac{\delta^2 F_{\mathbf{ZXS}}}{\delta x_c \delta z}[g, h_1, \ldots, h_M, q] =$$

$$F_c[g] \cdot \sum_{d \subseteq z} D_C^{z \setminus d} \cdot F_s\left[q \cdot \sum_{\underset{m}{\uplus} w_m = d} \frac{\delta^2 F_c}{\delta x_c \delta w_c}[\tilde{h}_c] \cdot \prod_{m \neq c} \frac{\delta F_m}{\delta w_m}[\tilde{h}_m] \right]. \quad (6.53)$$

Die darin noch enthaltenen Ableitungen sind (vgl. Anhang E.10)

$$\frac{\delta^2 F_m}{\delta x_m \delta w_m}[\tilde{h}_m] = \begin{cases} 1 - p_{\exists,m} + p_{\exists,m} \langle f_m, h_m (1 - p_D + p_D \langle L_{\mathbf{z}}, g \rangle_{\mathbf{z}}) \rangle_{\mathbf{x}} \\ \qquad \text{für } x_m = \varnothing, w_m = \varnothing \\[2ex] \frac{\delta F_m}{\delta z_l}[\tilde{h}_m] = p_{\exists,m} \langle f_m, h_m \cdot p_D L_{z_l} \rangle_{\mathbf{x}} \\ \qquad \text{für } x_m = \varnothing, w_m = \{z_l\} \\[2ex] \frac{\delta F_m}{\delta x_m}[\tilde{h}_m] = p_{\exists,m} f_m (1 - p_D + p_D \langle L_{\mathbf{z}}, g \rangle_{\mathbf{z}}) \\ \qquad \text{für } x_m = \{x_m\}, w_m = \varnothing \\[2ex] \frac{\delta^2 F_m}{\delta x_m \delta z_l}[\tilde{h}_m] = p_{\exists,m} f_m p_D L_{z_l} \\ \qquad \text{für } x_m = \{x_m\}, w_m = \{z_l\} \\[2ex] 0 \\ \qquad \text{für } |x_m| > 1 \text{ oder } |w_m| > 1, \end{cases}$$

$$(6.54)$$

woraus folgt, dass $f_{X_c^*}(x_c) = 0$ für $|x_c| > 1$, d.h. dass die marginalen Wahrscheinlichkeitsdichten der einzelnen Objekte *Bernoulli*-Form besitzen. Somit lässt sich mit der Kurzschreibweise

$$L(z, x) := \sum_{d \subseteq z} \sum_{\underset{m}{\uplus} w_m = d} D_C^{z \setminus d} \prod_m \frac{\delta F_m}{\delta w_m}[g = 0, h_m = 1] \Big|_{\underset{m}{\uplus} x_m = x}$$

$$= \underbrace{F_c[0,1] \cdot L(z, x \setminus x_c)}_{=: L(z, x | w_c = \varnothing)} + \sum_{z \in z} \underbrace{\frac{\delta F_c}{\delta z}[0,1] \cdot L(z \setminus \{z\}, x \setminus x_c)}_{=: L(z, x | w_c = \{z\})}, \quad (6.55)$$

$$L(z, x \mid w_c = \emptyset) = \underbrace{F_c[0,0] \cdot L(z, x \setminus x_c)}_{=:L\left(z, x \mid w_c = \emptyset, x_c = \emptyset\right)} + \underbrace{(F_c[0,1] - F_c[0,0]) \cdot L(z, x \setminus x_c)}_{=:L\left(z, x \mid w_c = \emptyset, x_c = \{x\}\right)}$$

$$(6.56)$$

und den Abkürzungen

$$N := \frac{\delta F_{ZXS}}{\delta z}[g = 0, h_m = 1, q = 1] = F_C[0] \cdot \langle f_S, L(z, x) \rangle_s \,, \qquad (6.57a)$$

$$L_{\not\exists,c} := \frac{\delta F_{ZXS}}{\delta z}[g = 0, h_m = (1 - \delta_{m,c}), q = 1] = F_C[0] \cdot \langle f_S, F_c[0,0] \cdot L(z, x \setminus x_c) \rangle_s \,,$$

$$(6.57b)$$

$$L_{\exists,c} := N - L_{\not\exists,c} = F_C[0] \cdot \left\langle f_S, \underbrace{L(z, x) - F_c[0,0] \cdot L(z, x \setminus x_c)}_{=:L\left(z, x \mid x_c = \{x\}\right)} \right\rangle \qquad (6.57c)$$

die korrigierte Nichtexistenzwahrscheinlichkeit und damit dann die korrigierte Existenzwahrscheinlichkeit $p^*_{\exists,c}$ eines Objektes angeben als

$$1 - p^*_{\exists,c} = f_{X^*_c}(\emptyset) = \left. \frac{\delta F_{X^*_c}}{\delta x_c}[h_c] \right|_{h_c = 0, x_c = \emptyset} = \frac{L_{\not\exists,c}}{N} \qquad (6.58)$$

$$\Rightarrow p^*_{\exists,c} = \frac{N - L_{\not\exists,c}}{N} = \frac{L_{\exists,c}}{N} \,, \qquad (6.59)$$

welche durch Einsetzen zu

$$\boxed{ p^*_{\exists,c} = \frac{\langle f_S, L(z, x \mid x_c = \{x\}) \rangle}{\langle f_S, L(z, x) \rangle} } \qquad (6.60)$$

wird.

Die Wahrscheinlichkeitsdichte $f_{X^*_c}(x)$ des Objektzustandes für den Fall der Existenz stellt sich mit der Abkürzung

$$L_{\exists,c}(\mathbf{x}_c) := \frac{\delta^2 F_{ZXS}}{\delta \mathbf{x}_c \delta z}[g = 0, h_m = 1, q = 1]$$

$$= F_C[0] \cdot f_c \cdot p_{\exists,c} \cdot \left\langle f_S, (1 - p_D) \cdot L(z, x \setminus x_c) \right. \qquad (6.61)$$

$$\left. + \sum_{z \in z} p_D L_z \cdot L(z \setminus \{z\}, x \setminus x_c) \right\rangle,$$

da es sich um eine *Bernoulli*-verteilte EZM handelt, über

$$f_{\mathbf{X}_c^*}(\mathbf{x}_c) = \frac{D_{\mathbf{X}_c^*}(\mathbf{x}_c)}{p_{\exists,c}^*} = \frac{1}{p_{\exists,c}^*}\frac{\delta F_{\mathbf{X}_c^*}}{\delta \mathbf{x}_c}[h_c = 1] = \frac{L_{\exists,c}(\mathbf{x}_c)}{N - L_{\nexists,c}} \tag{6.62}$$

als

$$\boxed{\begin{aligned} f_{\mathbf{X}_c^*}(\mathbf{x}_c) &= \left\langle f_{\mathbf{S}}, \frac{f_c \cdot (1-p_{\mathrm{D}})}{\langle f_c, 1-p_{\mathrm{D}}\rangle} \cdot \frac{L(\mathbf{z},\mathsf{x}|\mathsf{w}_c = \varnothing, \mathsf{x}_c = \{\mathbf{x}\})}{\langle f_{\mathbf{S}}, L(\mathbf{z},\mathsf{x}|\mathsf{x}_c = \{\mathbf{x}\})\rangle} \right\rangle \\ &+ \sum_{\mathbf{z}\in\mathbf{z}} \left\langle f_{\mathbf{S}}, \frac{f_c \cdot p_{\mathrm{D}}\mathsf{L}_{\mathbf{z}}}{\langle f_c, p_{\mathrm{D}}\mathsf{L}_{\mathbf{z}}\rangle} \cdot \frac{L(\mathbf{z},\mathsf{x}|\mathsf{w}_c = \{\mathbf{z}\})}{\langle f_{\mathbf{S}}, L(\mathbf{z},\mathsf{x}|\mathsf{x}_c = \{\mathbf{x}\})\rangle} \right\rangle \end{aligned}} \tag{6.63}$$

dar. Für eine fixe Sensorposition stimmen die Korrekturgleichungen für Existenzwahrscheinlichkeit und Zustandsdichte der einzelnen Objekte mit den JIPDA-Gleichungen in [64] überein, wobei

$$\begin{aligned} \beta_{c,l} &:= \frac{L(\mathbf{z},\mathsf{x}|\mathsf{w}_c = \{\mathbf{z}_l\})}{L(\mathbf{z},\mathsf{x}|\mathsf{x}_c = \{\mathbf{x}\})}, \\ \beta_{c,0} &:= \frac{L(\mathbf{z},\mathsf{x}|\mathsf{w}_c = \varnothing, \mathsf{x}_c = \{\mathbf{x}\})}{L(\mathbf{z},\mathsf{x}|\mathsf{x}_c = \{\mathbf{x}\})} \end{aligned} \tag{6.64}$$

als Assoziationsgewichte oder -wahrscheinlichkeiten zwischen der Detektion l und dem Objekt c bezeichnet werden.

Die korrigierte Dichte $f_{\mathbf{S}}^*$ des Sensorträgerzustands ist mit Gl. (6.41) und

$$\frac{\delta^2 F_{\mathbf{ZXS}}}{\delta \mathbf{s}\delta \mathbf{z}}[g,h_1,\ldots,h_M,q] = f_{\mathbf{S}} \cdot F_{\mathsf{C}}[g] \cdot \sum_{\mathsf{d}\subseteq\mathbf{z}} \sum_{\biguplus_m \mathsf{w}_m = \mathsf{d}} D_{\mathsf{C}}^{\mathbf{z}\backslash\mathsf{d}} \cdot \prod_m \frac{\delta F_m}{\delta \mathsf{w}_m}[\tilde{h}_m] \tag{6.65}$$

darstellbar als

$$\boxed{f_{\mathbf{S}^*}(\mathbf{s}) = \frac{f_{\mathbf{S}}(\mathbf{s}) \cdot L(\mathbf{z},\mathsf{x})}{\langle f_{\mathbf{S}}, L(\mathbf{z},\mathsf{x})\rangle}} \, . \tag{6.66}$$

6.3.6 *Cardinality-Balanced-Multi-Target*-Multi-*Bernoulli*-Filter

Da das ursprünglich in [63] vorgeschlagene MeMBer-Filter einen signifkanten systematischen Fehler in der Schätzung der Objektanzahl besitzt (vgl. [106]), wird in dieser Arbeit ausschließlich der modifizierte CBMeMBer-Ansatz aus [106] betrachtet, welcher diesen Fehler korrigiert.

Beim CBMeMBer-Filter wird ebenfalls angenommen, der Mehrobjekt-Zustand sei Multi-*Bernoulli* (allerdings ist hier die Betrachtung als Mengenvektor nicht nötig, so dass $X = \cup_m X_m$), weshalb der Prädiktionsschritt des CBMeMBer-Filters identisch mit dem des JIPDA-Filters ist. Allerdings werden im Korrekturschritt mehrere systematische Approximationen verwendet, um eine Implementierung mit geringerer Rechenkomplexität zu ermöglichen. Einige Anwendungen und Erweiterungen zum MeMBer-Filter sind in [38, 110, 111] beschrieben.

Korrektur

Die erste Approximation wird bei Bestimmung der Ableitung $\frac{\delta F_{ZXS}}{\delta z}[g, h, q]$ durchgeführt, indem nicht die allgemeine Produktregel verwendet wird, sondern zunächst die Ableitung $\frac{F_{ZXS}}{\delta z_2 \delta z_1}[g, h, q]$ (mit F_{ZXS} aus Gl. (6.38)) betrachtet wird. Nach wenigen Rechenschritten (vgl. Anhang E.11) folgt

$$\frac{\delta^2 F_{ZXS}}{\delta \mathbf{z}_2 \delta \mathbf{z}_1}[g, h, q] = F_S\left[q \cdot F_C[g] \cdot F_X[\tilde{h}|\mathbf{s}] \cdot \left\{ \left(D_C(\mathbf{z}_1) + \sum_m \frac{\frac{\delta F_m}{\delta \mathbf{z}_1}[\tilde{h}]}{F_m[\tilde{h}]} \right) \right.\right.$$
$$\left.\left. \times \left(D_C(\mathbf{z}_2) + \sum_m \frac{\frac{\delta F_m}{\delta \mathbf{z}_2}[\tilde{h}]}{F_m[\tilde{h}]} \right) - \sum_m \frac{\frac{\delta F_m}{\delta \mathbf{z}_1}[\tilde{h}] \cdot \frac{\delta F_m}{\delta \mathbf{z}_2}[\tilde{h}]}{F_m[\tilde{h}]^2} \right\} \right],$$

(6.67)

wobei die Bedingung auf $\mathbf{s}$ ausgelassen wurde.

Für $g = 0$ und $h = 1$ wird mit Gl. (6.54) die Näherung

$$\frac{\frac{\delta F_m}{\delta \mathbf{z}_1}[\tilde{h}] \cdot \frac{\delta F_m}{\delta \mathbf{z}_2}[\tilde{h}]}{F_m[\tilde{h}]^2} = \frac{\langle f_m, p_D L_{\mathbf{z}_1} \rangle \cdot \langle f_m, p_D L_{\mathbf{z}_2} \rangle}{\langle f_m, 1 - p_D \rangle^2} \approx 0 \qquad (6.68)$$

verwendet. Dies entspricht den Annahmen, dass die Falschalarm-Dichte nicht allzu hoch ist und dass der Sensor in der Lage ist, die Objekte gut voneinander zu trennen, da dann immer einer der beiden Multiplikanden im Zähler nahezu verschwindet. Somit wird

$$\frac{\delta F_{ZXS}}{\delta \mathbf{z}}[g, h, q] \approx F_S\left[q \cdot F_C[g] \cdot F_X[\tilde{h}|\mathbf{s}] \cdot \left(D_C + \sum_m \frac{\frac{\delta F_m}{\delta \mathbf{z}}[\tilde{h}]}{F_m[\tilde{h}]} \right)^z \right] \qquad (6.69)$$

approximiert, womit sich, im Falle einer sicher bekannten Sensorposition $(f_{\mathbf{S}}(\mathbf{s}) \equiv \delta_{\mathbf{s}_0}(\mathbf{s}))$, das marginalisierte WEF des korrigierten Mehrobjekt-Zustandes

$$F_{\mathsf{X}^*}[h] = \frac{\frac{\delta F_{\mathsf{Zxs}}}{\delta \mathbf{z}}[0,h,1]}{\frac{\delta F_{\mathsf{Zxs}}}{\delta \mathbf{z}}[0,1,1]} = \frac{F_{\mathsf{X}}[h(1-p_{\mathrm{D}})] \cdot \left(D_{\mathsf{C}} + \sum_m \frac{\frac{\delta F_m}{\delta \mathbf{z}}[h(1-p_{\mathrm{D}})]}{F_m[h(1-p_{\mathrm{D}})]}\right)^{\mathbf{z}}}{F_{\mathsf{X}}[(1-p_{\mathrm{D}})] \cdot \left(D_{\mathsf{C}} + \sum_m \frac{\frac{\delta F_m}{\delta \mathbf{z}}[(1-p_{\mathrm{D}})]}{F_m[(1-p_{\mathrm{D}})]}\right)^{\mathbf{z}}}\Bigg|_{\mathbf{s}_0}$$

$$(6.70)$$

als Produkt

$$F_{\mathsf{X}^*}[h] = \prod_m F_{\mathsf{X}_{\mathrm{L},m}}[h] \cdot \prod_l F_{\mathsf{X}_{\mathrm{U},l}}[h] \tag{6.71a}$$

mit

$$F_{\mathsf{X}_{\mathrm{L},m}}[h] = \frac{F_m[h(1-p_{\mathrm{D}})]}{F_m[(1-p_{\mathrm{D}})]}, \tag{6.71b}$$

$$F_{\mathsf{X}_{\mathrm{U},l}}[h] = \frac{D_{\mathsf{C}}(\mathbf{z}_l) + \sum_m \frac{\frac{\delta F_m}{\delta \mathbf{z}_l}[h(1-p_{\mathrm{D}})]}{F_m[h(1-p_{\mathrm{D}})]}}{D_{\mathsf{C}}(\mathbf{z}_l) + \sum_m \frac{\frac{\delta F_m}{\delta \mathbf{z}_l}[(1-p_{\mathrm{D}})]}{F_m[(1-p_{\mathrm{D}})]}} \tag{6.71c}$$

schreiben lässt. Dies entspricht dem WEF von $\mathsf{X}^* = \left(\cup_m \mathsf{X}_{\mathrm{L},m}\right) \cup \left(\cup_l \mathsf{X}_{\mathrm{U},l}\right)$, wenn $F_{\mathsf{X}_{\mathrm{L},m}}[h]$ und $F_{\mathsf{X}_{\mathrm{U},l}}[h]$ gültige WEF endlicher Zufallsmengen sind und die einzelnen X statistisch unabhängig voneinander sind. Hierbei stellen die $\mathsf{X}_{\mathrm{L},m}$ die korrigierten A-priori-Objekthypothesen für den Fall einer Fehldetektion dar (Fehldetektions-Hypothesen) und werden im Englischen als *legacy tracks* bezeichnet. Analog werden die $\mathsf{X}_{\mathrm{U},l}$ als Objekthypothese pro Detektion, die sich aus einer Mischung aller A-priori-Objekthypothesen ergibt, interpretiert (detektionsinduzierte Hypothesen) und werden im Englischen als *measurement updated tracks* bezeichnet.

Leider ist dieses Vorgehen bei einer unsicher bekannten Sensorposition nicht umsetzbar, da $F_{\mathsf{X}^*}[h]$ nicht in das erforderliche Produkt zerfällt.

6.3.7 Implementierungshürden

Bei der Implementierung der bisher angegebenen Formeln auf einem Digitalrechner ergeben sich diverse Probleme, auf die in diesem Abschnitt eingegangen wird. Zunächst werden jedoch einige geläufige Techniken zur Verringerung des Rechenaufwandes vorgestellt.

Assoziationshypothesen

Sind die Objektmenge $x = \{\mathbf{x}_1, \ldots, \mathbf{x}_I\}$ und die Detektionsmenge $z = \{\mathbf{z}_1, \ldots, \mathbf{z}_L\}$, mit den Indexmengen $i_x := \{1, 2, \ldots, I := |x|\}$ und $i_z := \{1, 2, \ldots, L := |z|\}$ (welche bei Bedarf um ein zusätzliches Element erweitert werden können: $\tilde{i}_x = i_x \cup 0$, bzw. $\tilde{i}_z = i_z \cup 0$), gegeben, so lässt sich eine Zuordnung von Objekten zu Detektionen durch einen Zuordnungsvektor

$$\mathbf{l} = \left[l_1, \ldots, l_{|x|}\right]^{\mathrm{T}} \in \tilde{i}_z^{|x|} = \tilde{i}_z \times \ldots \times \tilde{i}_z \tag{6.72}$$

beschreiben, wobei die Potenz bezüglich des kartesischen Produktes gebildet wird. Dieser Zuordnungsvektor wird Assoziationshypothese genannt, da das Element l_i den Index der Detektion (der Index 0 steht für die Fehldetektion) angibt, mit der das i-te Objekt assoziiert wird.

Welche Untermenge $l_{\mathrm{valid}} \subseteq \tilde{i}_z^{|x|}$ aller Zuordnungen zulässig ist, wird durch das Mehrobjekt-Messmodell festgelegt. Für das Standardmodell gemäß Anhang D.2 gilt

$$l_{\mathrm{valid}} = \left\{\mathbf{l} \in \tilde{i}_z^{|x|} : \left(l_i \neq l_j | i \neq j \wedge l_i \neq 0\right)\right\}, \tag{6.73}$$

d. h. bis auf die Fehldetektion darf jede Detektion höchstens einem Objekt zugeordnet werden.

Die Visualisierung der Assoziationshypothesen kann sehr schön in einem **Hypothesengraphen** [64] wie in Abb. 6.2 erfolgen. Der Hypothesengraph ist ein gerichteter Baum mit einer Ebene pro hypothetischem Objekt. Ein Knoten in der Ebene i stellt dabei die Zuordnung des i-ten Objektes zur l_i-ten Detektion dar. Der Pfad zu einem Knoten der Tiefe i entspricht einer partiellen Zuordnung $\mathbf{l}^* \in \tilde{i}_z^i$ von Objekten zu Detektionen, so dass die Pfade zu den Blättern die gesuchten vollständigen Zuordnungen repräsentieren.

Gating und *clustering*

Sind der Sensorzustand $\mathbf{S}$ und der Zustand des i-ten Objektes $\mathbf{X}_i$ normalverteilt und werden zum Verbundvektor $\widetilde{\mathbf{X}}_i = [\mathbf{X}_i^{\mathrm{T}}, \mathbf{S}^{\mathrm{T}}]^{\mathrm{T}}$ zusammengefasst, und ist weiterhin das Messmodell h linear (also durch die Matrix $\widetilde{\mathbf{h}} = [\mathbf{h}_x, \mathbf{h}_s]$ beschreibbar) sowie das Sensorrauschen $\mathbf{W}$ normalverteilt, so ist auch die prädizierte Detektion $\widehat{\mathbf{Z}}_i$ normalverteilt (vgl. Abschnitt 3.3) mit

$$f_{\widehat{\mathbf{Z}}_i}(\mathbf{z}) = \mathcal{N}\left(\mathbf{z}; \, \mathbf{m}_{\widehat{\mathbf{Z}}_i} = \widetilde{\mathbf{h}} \mathbf{m}_{\widetilde{\mathbf{X}}_i}, \, \mathbf{c}_{\widehat{\mathbf{Z}}_i} = \widetilde{\mathbf{h}} \mathbf{c}_{\widetilde{\mathbf{X}}_i} \widetilde{\mathbf{h}}^{\mathrm{T}} + \mathbf{r}\right). \tag{6.74}$$

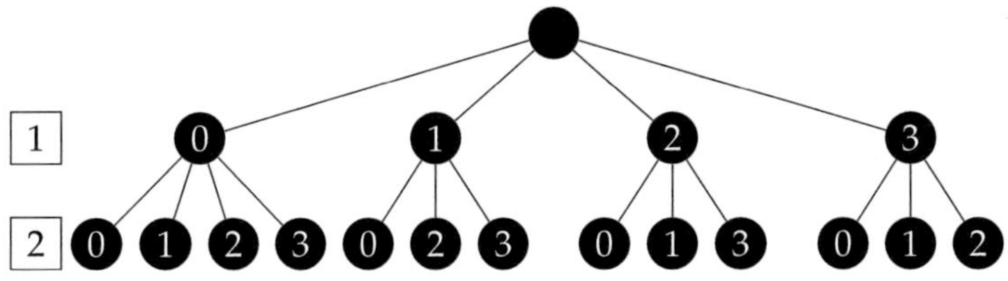

Abbildung 6.2 Vollständiger Hypothesengraph für zwei Objekte und drei Detektionen.

Nach dem Eintreffen einer Messung z kann mit der *Mahalanobis*-Distanz (Abschnitt 2.4.2) überprüft werden, ob die Detektion $\mathbf{z}_l \in \mathbf{z}$ mit der Wahrscheinlichkeit p_G eine Realisierung dieser Messung ist (man sagt auch, ob $\mathbf{z}_l$ im *gate* des i-ten Objektes liegt). Dies ist genau dann der Fall, wenn

$$\left(\mathbf{z}_l - \mathbf{m}_{\widehat{\mathbf{Z}}_i}\right)^{\mathrm{T}} \mathbf{c}_{\widehat{\mathbf{Z}}_i}^{-1} \left(\mathbf{z}_l - \mathbf{m}_{\widehat{\mathbf{Z}}_i}\right) \leq F_{\chi^2_{\dim(\mathbf{z})}}^{-1}(p_G) \, . \tag{6.75}$$

In vielen Implementierungen von Mehrobjekt-Zustandsschätzern müssen Funktionen oder Skalare bezüglich einer Untermenge aller Assoziationshypothesen aufsummiert werden. Hierbei ist der Beitrag der einzelnen Assoziationshypothese l zumeist proportional zu

$$\prod_i f_{\widehat{\mathbf{Z}}_i}\left(\mathbf{z}_{l_i}\right)$$

und somit sehr klein, wenn für eine Zuordnung l_i die Gl. (6.75) nicht erfüllt ist. Daher wird zunächst die sogenannte *Gating*-Matrix

$$\Theta(p_G) := (\theta_{il}(p_G)) \tag{6.76a}$$

mit

$$\theta_{il}(p_G) = \begin{cases} 1, & \text{wenn Gl. (6.75) für } i \text{ und } l \text{ erfüllt} \\ 0 & \text{sonst} \end{cases} \tag{6.76b}$$

aufgestellt, und nur Assoziationshypothesen berücksichtigt, bei denen alle zugehörigen Elemente dieser Matrix > 0 sind, also

$$\prod_i \theta_{il_i}(p_G) > 0 \, . \tag{6.77}$$

Dieses Vernachlässigen unwahrscheinlicher Zuordnungen heißt im Englischen *gating*. Die Wahrscheinlichkeit p_G wird relativ groß gewählt, so dass die entstandenen Fehler üblicherweise vernachlässigt werden. Alternativ kann man (vgl. [64], S. 72) für gültige Zuordnungen $f_{\hat{Z}_i}(z)$ durch $1/p_G \cdot f_{\hat{Z}_i}(z)$ ersetzen.

Im Hypothesengraphen können also alle Zweige ausgelassen werden, bei denen mindestens für einen Knoten $\theta_{il} = 0$ gilt. Somit kann es passieren, dass der Baum in einen Wald zerfällt, dessen Teilbäume vollständig unabhängig voneinander sind und somit parallel bearbeitet werden können. Außerdem ist die Anzahl der Blätter exponentiell von der Baumtiefe abhängig, so dass auch bei sequentieller Bearbeitung der Teilbäume (mit geringerer Tiefe) die Gesamtzahl der Blätter (und somit der Rechenaufwand) durch die Zerlegung in zwei disjunkte Teilprobleme drastisch sinkt. Die Zerlegung des Hypothesengraphen in mehrere Teilbäume heißt im Englischen *clustering*. Hierbei bildet zu Beginn jedes Objekt einen eigenen *cluster*, also Teilbaum. Anschließend werden pro Detektion z_l alle Teilbäume vereinigt, für welche diese Detektion mindestens im *gate* eines Objektes des *clusters* liegt.

Geschlossene Lösung durch Modellannahmen

Möchte man die Korrekturformeln in geschlossener Form lösen, haben sich, in Analogie zum *Kalman*-Filter, folgende Annahmen bei Mehrobjekt-Schätzern ohne Berücksichtigung eines unsicheren Sensorzustandes als notwendig und zielführend erwiesen (vgl. z. B. [64, 99, 106]):

- Transitions- und Messmodell für einzelne Objekte sind linear,

- System- und Messrauschen sind normalverteilt,

- Persistenz- und Detektionswahrscheinlichkeit sind konstant,

- intiale Dichten bzw. PHDs sind *Gauß*-Summen.

Mit diesen stark einschränkenden Annahmen sind zwar die bisher präsentierten Gleichungen, welche die Unsicherheit des Sensorzustands berücksichtigen, für den Prädiktionsschritt in geschlossener Form lösbar, nicht jedoch die für den Korrekturschritt.

PHD-Filter: Die Korrekturgleichung Gl. (6.47) des Sensorzustandes ist mit den oben getroffenen Annahmen prinzipiell geschlossen lösbar. Der Term $\exp(-\langle p_D, D_X \rangle_x)$ wird zu einer Konstanten und kürzt sich somit.

D_C ist für gegebenes $\mathbf{z}$ ebenfalls konstant; $p_D \cdot \langle D_X, L_z \rangle_x$ ist bedingt auf $\mathbf{s}$ eine *Gauß*-Summe, so dass $(D_C + p_D \cdot \langle D_X, L_z \rangle_x)^z$ die Summe einer Konstanten und einer *Gauß*-Summe ist. Somit ist auch $f_{\mathbf{s}^*}(\mathbf{s})$ wieder eine *Gauß*-Summe. Allerdings besitzt diese *Gauß*-Summe ohne *gating* oder Reduktionsverfahren $(N+1)^L$ Komponenten (wobei N die Anzahl der *Gauß*-Komponenten von D_X ist und $L = |\mathbf{z}|$). Für jede dieser Komponenten muss eine *Kalman*-Korrektur durchgeführt werden, wobei die Dimension des dabei zu betrachtenden erweiterten Zustands- und Messraumes um ein vielfaches höher ist als die entsprechenden Zustands- und Messräume für den Ein-Objekt-Fall.

Die Korrekturgleichung Gl. (6.48) des Mehrobjekt-Zustandes ist allerdings nicht geschlossen berechenbar, da man dazu den Ausdruck

$$p_D \cdot \left\langle f_{\mathbf{s}^*}, \frac{L_z}{D_C + p_D \langle D_X, L_z \rangle_x} \right\rangle_{\mathbf{s}} \tag{6.78}$$

analytisch bestimmen müsste. Darin wird der Quotient einer Normalverteilung und der Summe einer Konstanten und einer *Gauß*-Summe gebildet, wodurch nicht wieder eine Normalverteilung resultiert.

JIPDA-Filter: Die Rechenkomplexität des JIPDA-Filters wird hauptsächlich durch die notwendige Aufzählung sämtlicher Assoziationshypothesen bestimmt (vgl. [64]). Für den Fall einer bekannten Sensorposition $\mathbf{s}_0$ ist (vgl. Anhang E.3) $f(\mathbf{z}_1, \ldots, \mathbf{z}_m) = f(\mathbf{z}_1, \ldots, \mathbf{z}_m | \mathbf{s}_0)$ und zerfällt in das Produkt einzelner Normalverteilungen (wie in [64]). Im Falle einer unsicherheitsbehafteten Sensorposition ist dies nicht der Fall und es muss für jede zulässige Assoziationshypothese ein Verbund-*Kalman*-Korrekturschritt durchgeführt werden. Dies ist zwar prinzipiell umsetzbar, aber der Rechenaufwand ist im Vergleich zur JIPDA-Implementierung in [64] um ein Vielfaches höher und wird daher als nicht praktikabel eingestuft.

Numerische Lösung durch Partikelansätze

PHD-Filter: Wird bei der Umsetzung der Korrekturgleichung des Sensorträgerzustandes Gl. (6.47) mit Hilfe von Partikeldarstellungen die Dichte $f_S(\mathbf{s})$ durch N_1 und die PHD des Mehrobjekt-Zustandes $D_X(\mathbf{x})$ durch N_2 Partikel approximiert, müssen die Integrale $\langle p_D(\mathbf{x}, \mathbf{s}), D_X \rangle_x$ und $\langle D_X, p_D(\mathbf{x}, \mathbf{s}) \cdot L(\mathbf{z}, \mathbf{x}, \mathbf{s}) \rangle_x$ für jedes der N_1 Partikel approximiert werden, weshalb implizit $N_1 \cdot N_2$ Partikel verwendet werden. Dies erscheint

auf Grund der hohen Partikelanzahl unpraktikabel. Dies gilt analog für
Gl. (6.48).

JIPDA-Filter: Im Vergleich zum PHD-Filter müsste für die Korrektur
des Mehrobjekt-Zustandes zusätzlich noch für jedes der N_1 Partikel der
Dichte des Sensorträgerzustandes das Assoziationsproblem gelöst werden. Auch mit effizienten Verfahren (vgl. Abschnitt 6.4.5) erscheint der
Rechenaufwand zu hoch für eine praktikable Implementierung.

6.4 Mehrobjekt-Zustandsschätzung mit modifizierter *Likelihood*

Um zu Approximationen der Korrekturformeln aus dem letzten Abschnitt zu gelangen, welche einfacher zu implementieren sind, bzw. um
die MeMBer-Approximation überhaupt erst anwenden zu können, wird
in diesem Abschnitt zunächst ein alternatives Messmodell mit seiner an-
schaulichen Interpretation vorgestellt. Anschließend werden für alle vorher besprochenen Filter die entsprechenden Korrekturgleichungen hergeleitet. Die Prädiktionsgleichungen aus dem vorherigen Abschnitt bleiben
dadurch unverändert.

6.4.1 Messmodell und Verbund-WEF für Messungen, Objekte und Sensor

Anstatt wie bisher anzunehmen, die Messung z wäre von einem einzigen physikalisch existierenden Sensor generiert worden, ist es vorteilhaft davon auszugehen, dass jedem existierendem Objekt mit Zustand
x_i ein virtueller Sensor mit Zustand s_i zugeordnet ist, der mit einer gewissen Wahrscheinlichkeit $p_D(x_i, s_i)$ eine Detektion z_i dieses Objektes
generiert. Der Zusammenhang wird in Abb. 6.3 verdeutlicht. Allerdings
ist ausschließlich die Vereinigungsmenge dieser Einzel-Detektionen zu-
gänglich, wodurch die Zuordnung von Detektion zu Objekt/Sensor verloren geht. Folglich ist für die Beschreibung des Sensorzustands nicht
mehr eine vektorwertige Zufallsgröße $\mathbf{S}$, sondern eine mengenwertige
Zufallsgröße S erforderlich. Die Zustände der einzelnen virtuellen Sensoren werden dabei a priori als unabhängig aber identisch verteilt, anhand
der Dichte $f_S(s)$ des physikalischen Sensors, angenommen. Die mathe-

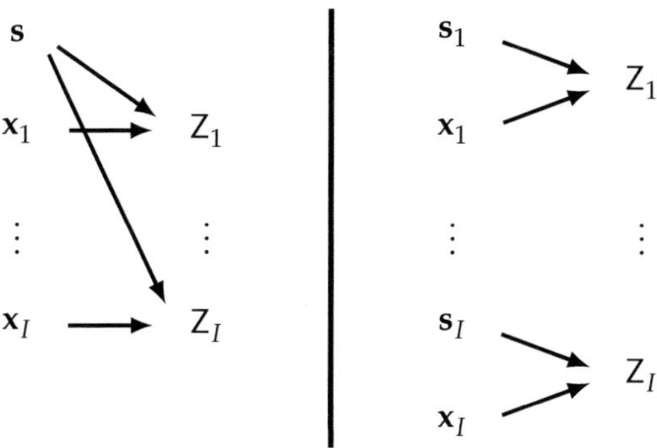

Abbildung 6.3 Links: Im ursprünglichen Messmodell erzeugt ein Sensor sämtliche Messungen. Rechts: Im modifizierten Modell existiert ein virtueller Sensor pro Objekt.

matische Beschreibung dieses Messmodells ist durch

$$[Z, S]^{\mathrm{T}} \,|\, x = \bigcup_{x_i \in x} [Z_i, S_i]^{\mathrm{T}} \,|\, x_i \qquad \cup \qquad [C, \varnothing] \tag{6.79}$$

gegeben (wobei die Vereinigung von Mengenvektoren elementweise erfolgt), weshalb das Verbund-WEF

$$F_{Z_i S_i}[g, q \,|\, x_i] = \int q^{s_i} \underbrace{\int g^{z_i} \cdot f(z_i \,|\, s_i, x_i)\, \delta z_i}_{= F_{Z_i}\left[g \,\middle|\, x_i, s_i\right]} \cdot f(s_i \,|\, x_i)\, \delta s_i \tag{6.80a}$$

bestimmt werden soll. Da einem Objekt exakt ein virtueller Sensor zugeordnet ist, entfallen im äußeren Mengenintegral alle Summanden außer dem für $s_i = \{s\}$. Da die Zustandsdichte des virtuellen Sensors der A-priori-Dichte des physikalischen Sensors entspricht, welche unabhängig von X_i ist, ergibt sich

$$F_{Z_i S_i}[g, q \,|\, x_i] = \int q \cdot F_{Z_i}[g \,|\, x_i, s] \cdot f_S(s)\, \mathrm{d}s\,, \tag{6.80b}$$

was mit Annahmen analog zu denen in Anhang D.2 zu

$$F_{Z_i S_i}[g, q \,|\, x_i] = \langle f_S, q \cdot (1 - p_D(x_i, s) + p_D(x_i, s)\, \langle L_z, g \rangle) \rangle_s \tag{6.80c}$$

wird. Daraus folgt mit Gl. (6.79)

$$F_{ZS}[g, q | \mathbf{x}] = F_C[g] \cdot \prod_{\mathbf{x}_i \in \mathbf{x}} F_{Z_i S_i}[g, q | \mathbf{x}_i]$$

$$= F_C[g] \cdot \langle f_{\mathbf{S}}, q \cdot (1 - p_D + p_D \langle L_{\mathbf{z}}, g \rangle) \rangle_{\mathbf{s}}^{\mathbf{x}} , \tag{6.81}$$

da die Wahrscheinlichkeitsdichte einer konstanten Menge k eine Mehrobjekt-*Dirac*-Distribution (vgl. [63], 11.3.4.3 und Example 59) mit dem WEF $F_k[h] = h^k$ ist, welches für $k = \emptyset$ identisch zu 1 wird.

Somit lässt sich das Verbund-WEF für Messungen, Objekte und Sensoren aufstellen

$$F_{ZXS}[g, h, q] = \int h^{\mathbf{x}} \cdot \underbrace{\int \int q^{\mathbf{s}} \cdot g^{\mathbf{z}} \cdot f(\mathbf{z}, \mathbf{s} | \mathbf{x}) \, \delta \mathbf{z} \, \delta \mathbf{s}}_{= F_{ZS}[g, q | \mathbf{x}]} \cdot f(\mathbf{x}) \, \delta \mathbf{x}$$

$$= F_C[g] \cdot \int h^{\mathbf{x}} \cdot \left\langle f_{\mathbf{S}}, q \cdot \left(1 - p_D + p_D \left\langle L_{\mathbf{z}_i}, g \right\rangle \right) \right\rangle^{\mathbf{x}} \cdot f(\mathbf{x}) \, \delta \mathbf{x}$$

$$= F_C[g] \cdot F_X \left[h \cdot F_{\mathbf{S}} \left[q \cdot \left(1 - p_D + p_D \left\langle L_{\mathbf{z}_i}, g \right\rangle \right) \right] \right] . \tag{6.82}$$

In diesem Ausdruck wurde im Vergleich zu Gl. (6.38) bezüglich $\mathbf{s}$ das Integral über mehrere Produkte durch ein Produkt von Integralen ersetzt, woraus später deutliche Vereinfachungen folgen.

Da physikalisch nur ein Sensor existiert, der korrigierte Sensorzustand aber mengenwertig ist (mit einer Kardinalitätsverteilung identisch zu der des korrigierten Mehrobjekt-Zustands), wird dessen korrigierte Dichte durch die normierte PHD der virtuellen Sensoren angenähert

$$f_{\mathbf{S}^*}(\mathbf{s}) \approx \frac{D_{\mathbf{S}^*}(\mathbf{s})}{N_{\mathbf{S}^*}} . \tag{6.83}$$

Anschaulich werden so für alle Detektionen einzeln Korrekturen der Sensorposition unter Beachtung sämtlicher Objekthypothesen vorgenommen und deren Ergebnisse gewichtet gemittelt. Somit werden als Folge dieses vereinfachten Modells die Detektionen bezüglich ihres Informationsgehaltes, insbesondere in Hinblick auf die Sensorposition, entkoppelt.

6.4.2 *Probability-Hypothesis-Density*-Filter

Analog zu Abschnitt 6.3.4 wird für X eine *Poisson*-Verteilung angenommen. Dies führt mit Gl. (6.82) zu (vgl. Abschnitt E.12)

$$\frac{\delta F_{ZXS}}{\delta z}[g,h,q] = F_{ZXS}[g,h,q] \cdot \left(D_C + \langle D_X, h \cdot \langle f_S, q \cdot p_D L_z\rangle_s\rangle_x\right)^z . \quad (6.84)$$

Um die PHD des korrigierten Mehrobjekt-Zustandes zu berechnen, wird

$$\frac{\delta^2 F_{ZXS}}{\delta x \delta z}[g,h,q] = \frac{\delta F_{ZXS}}{\delta z}[g,h,q]$$
$$\times D_X \cdot \left(\langle f_S, q \cdot (1-p_D+p_D\langle L_z, g\rangle)\rangle + \sum_{z \in z} \frac{\langle f_S, q \cdot p_D L_z\rangle}{D_C + \langle D_X, h \cdot \langle f_S, q \cdot p_D L_z\rangle\rangle} \right) \quad (6.85)$$

bestimmt (vgl. Abschnitt E.12), was mit Gl. (6.40) auf

$$\boxed{D_{X^*}(\mathbf{x}) = D_X(\mathbf{x}) \cdot \left(\langle f_S, 1-p_D\rangle + \sum_{z \in z} \frac{\langle f_S, p_D L_z\rangle}{D_C + \langle D_X, \langle f_S, p_D L_z\rangle\rangle} \right)} \quad (6.86)$$

führt. Dies stimmt für $f_S(\mathbf{s}) = \delta_{\mathbf{s}_0}(\mathbf{s})$ wieder mit der klassischen PHD-Korrektur überein.

Für die PHD des korrigierten Sensorzustandes wird

$$\frac{\delta^2 F_{ZXS}}{\delta s \delta z}[g,h,q] = \frac{\delta F_{ZXS}}{\delta z}[g,h,q]$$
$$\times f_S \cdot \left(\langle D_X, h(1-p_D + p_D\langle L_z, g\rangle)\rangle + \sum_{z \in z} \frac{\langle D_X, h \cdot p_D L_z\rangle}{D_C + \langle f_S, q \langle D_X, h \cdot p_D L_z\rangle\rangle} \right) \quad (6.87)$$

benötigt, was mit Gl. (6.41)

$$\boxed{D_{S^*}(\mathbf{s}) = f_S(\mathbf{s}) \cdot \left(\langle D_X, 1-p_D\rangle + \sum_{z \in z} \frac{\langle D_X, p_D L_z\rangle}{D_C + \langle f_S, \langle D_X, p_D L_z\rangle\rangle} \right)}$$

$$(6.88)$$

liefert.

Wie erwartet folgt daraus

$$N_{S^*} = \langle D_{S^*}, 1 \rangle = \langle D_{X^*}, 1 \rangle = N_{X^*} . \tag{6.89}$$

6.4.3 *Joint-Integrated-Probabilistic-Data-Association-Filter*

Die Herleitung der Korrekturgleichungen ist analog zu Abschnitt 6.3.5, daher werden hier nur die wichtigsten Zwischenergebnisse angegeben. Im Folgenden wird die Kurzschreibweise

$$\langle\!\langle g \rangle\!\rangle_m := \langle f_m, \langle f_S, g \rangle \rangle \tag{6.90}$$

verwendet.

Einsetzen der Modellannahmen des JIPDA-Filters liefert

$$F_{ZXS}[g, h_1, \ldots, h_M, q] = F_C[g] \cdot \prod_m F_m[\bar{h}_m] \tag{6.91a}$$

mit

$$F_C[g] = \exp(-N_C + \langle D_C, g \rangle) , \tag{6.91b}$$

$$F_m[h_m] = 1 - p_{\exists,m} + p_{\exists,m} \langle f_m, h_m \rangle , \tag{6.91c}$$

$$\bar{h}_m := h_m \cdot \langle f_S, q \cdot (1 - p_D + p_D \langle L_z, g \rangle) \rangle . \tag{6.91d}$$

Über die allgemeine Produktregel und Gl. (E.12) folgt unmittelbar

$$\frac{\delta F_{ZXS}}{\delta z}[g, h_1, \ldots h_M, q] = F_C[g] \cdot \sum_{d \subseteq z} D_C^{z \setminus d} \cdot \sum_{\biguplus_m w_m = d} \prod_m \frac{\delta F_m}{\delta w_m}[\bar{h}_m] . \tag{6.92}$$

Somit ist

$$\frac{\delta^2 F_{ZXS}}{\delta x_c \delta z}[g, h_1, \ldots h_M, q] = F_C[g] \cdot \sum_{d \subseteq z} D_C^{z \setminus d} \cdot \sum_{\biguplus_m w_m = d} \frac{\delta^2 F_c}{\delta x_c \delta w_c}[\bar{h}_c] \prod_{m \neq c} \frac{\delta F_m}{\delta w_m}[\bar{h}_m]$$

$$\tag{6.93a}$$

mit

$$
\frac{\delta^2 F_m}{\delta \mathsf{x}_m \delta \mathsf{w}_m}[\bar{h}_m] = \begin{cases}
1 - p_{\exists,m} + p_{\exists,m} \left\langle f_m, h_m \cdot \left\langle f_{\mathsf{s}}, q \cdot (1 - p_{\mathrm{D}} + p_{\mathrm{D}} \left\langle \mathsf{L}_{\mathbf{z}}, g \right\rangle) \right\rangle \right\rangle \\
\qquad \text{für } \mathsf{x}_m = \varnothing, \mathsf{w}_m = \varnothing \\[1em]
\frac{\delta F_m}{\delta \mathbf{z}_l}[\bar{h}_m] = p_{\exists,m} \left\langle f_m, h_m \cdot \left\langle f_{\mathsf{s}}, q \cdot p_{\mathrm{D}} \mathsf{L}_{\mathbf{z}_l} \right\rangle \right\rangle \\
\qquad \text{für } \mathsf{x}_m = \varnothing, \mathsf{w}_m = \{\mathbf{z}_l\} \\[1em]
\frac{\delta F_m}{\delta \mathbf{x}_m}[\bar{h}_m] = p_{\exists,m} f_m \left\langle f_{\mathsf{s}}, q \cdot (1 - p_{\mathrm{D}} + p_{\mathrm{D}} \left\langle \mathsf{L}_{\mathbf{z}}, g \right\rangle) \right\rangle \\
\qquad \text{für } \mathsf{x}_m = \{\mathbf{x}_m\}, \mathsf{w}_m = \varnothing \\[1em]
\frac{\delta^2 F_m}{\delta \mathbf{x}_m \delta \mathbf{z}_l}[\bar{h}_m] = p_{\exists,m} f_m \left\langle f_{\mathsf{s}}, q \cdot p_{\mathrm{D}} \mathsf{L}_{\mathbf{z}_l} \right\rangle \\
\qquad \text{für } \mathsf{x}_m = \{\mathbf{x}_m\}, \mathsf{w}_m = \{\mathbf{z}_l\} \\[1em]
0 \\
\qquad \text{für } |\mathsf{x}_m| > 1 \text{ oder } |\mathsf{w}_m| > 1
\end{cases}
\tag{6.93b}
$$

aus der Definition der Funktionalableitung.

Mit Gl. (6.92) ist leicht ersichtlich, dass

$$
\frac{\delta^2 F_{\mathbf{zxs}}}{\delta \mathbf{s} \delta \mathbf{z}}[g, h_1, \dots h_M, q] = F_{\mathsf{c}}[g] \cdot \sum_{\mathsf{d} \subseteq \mathbf{z}} D_{\mathsf{c}}^{\mathbf{z} \backslash \mathsf{d}} \sum_{\substack{\uplus \mathsf{w}_m = \mathsf{d} \\ m}} \sum_m \frac{\delta^2 F_m}{\delta \mathbf{s} \delta \mathsf{w}_m}[\bar{h}_m] \prod_{c \neq m} \frac{\delta F_c}{\delta \mathsf{w}_c}[\bar{h}_c]
\tag{6.94}
$$

gilt, wobei

$$
\frac{\delta^2 F_m}{\delta \mathbf{s} \delta \mathsf{w}_m}[\bar{h}_m] = \begin{cases}
\frac{\delta F_m}{\delta \mathbf{s}}[\bar{h}_m] = f_{\mathbf{s}} p_{\exists,m} \left\langle f_m, h_m (1 - p_{\mathrm{D}} + p_{\mathrm{D}} \left\langle \mathsf{L}_{\mathbf{z}}, g \right\rangle) \right\rangle , \\
\qquad \text{für } \mathsf{w}_m = \varnothing \\[1em]
\frac{\delta^2 F_m}{\delta \mathbf{s} \delta \mathbf{z}_l}[\bar{h}_m] = f_{\mathbf{s}} p_{\exists,m} \left\langle f_m, h_m \cdot p_{\mathrm{D}} \mathsf{L}_{\mathbf{z}} \right\rangle , \\
\qquad \text{für } \mathsf{w}_m = \{\mathbf{z}_l\} \\[1em]
0 , \\
\qquad \text{für } |\mathsf{w}_m| > 1 .
\end{cases}
\tag{6.95}
$$

Somit ergibt sich mit der Notation aus Abschnitt 6.3.5

$$p^*_{\exists,c} = \frac{L\big(z, x \,\big|\, x_c = \{\mathbf{x}\}\big)}{L(z, x)} \tag{6.96}$$

$$f_{X^*_c}(\mathbf{x}_c) = \frac{f_c \cdot \langle f_{\mathbf{S}}, 1 - p_{\mathrm{D}} \rangle}{\langle\langle 1 - p_{\mathrm{D}} \rangle\rangle_c} \cdot \frac{L\big(z, x \,\big|\, w_c = \varnothing, x_c = \{\mathbf{x}\}\big)}{L\big(z, x \,\big|\, x_c = \{\mathbf{x}\}\big)}$$

$$+ \sum_{\mathbf{z} \in z} \frac{f_c \cdot \langle f_{\mathbf{S}}, p_{\mathrm{D}} L_{\mathbf{z}} \rangle}{\langle\langle p_{\mathrm{D}} L_{\mathbf{z}} \rangle\rangle_c} \cdot \frac{L\big(z, x \,\big|\, w_c = \{\mathbf{z}\}\big)}{L\big(z, x \,\big|\, x_c = \{\mathbf{x}\}\big)} \, . \tag{6.97}$$

Dies ist für $f_{\mathbf{S}}(\mathbf{s}) = \delta_{\mathbf{s}_0}(\mathbf{s})$ identisch mit der Entsprechung in [64].

Die PHD des korrigierten Sensorzustandes ist

$$D_{\mathbf{S}^*}(\mathbf{s}) = \sum_m \Bigg(\frac{f_{\mathbf{S}} \langle f_m, 1 - p_{\mathrm{D}} \rangle}{\langle\langle 1 - p_{\mathrm{D}} \rangle\rangle_m} \cdot \frac{L\big(z, x \,\big|\, w_m = \varnothing, x_m = \{\mathbf{x}\}\big)}{L(z, x)}$$

$$+ \sum_{\mathbf{z} \in z} \frac{f_{\mathbf{S}} \langle f_m, p_{\mathrm{D}} L_{\mathbf{z}} \rangle}{\langle\langle p_{\mathrm{D}} L_{\mathbf{z}} \rangle\rangle_m} \cdot \frac{L\big(z, x \,\big|\, w_m = \{\mathbf{z}\}\big)}{L(z, x)} \Bigg) , \tag{6.98}$$

womit auch für das JIPDA-Filter

$$N_{\mathbf{S}^*} = \langle D_{\mathbf{S}^*}, 1 \rangle = \sum_m \frac{L\big(z, x \,\big|\, x_m = \{\mathbf{x}\}\big)}{L(z, x)} = \sum_m p^*_{\exists,m} = N_{X^*} \tag{6.99}$$

gilt.

Wichtig hierbei ist, dass die Größen $L(z, x)$, $L\big(z, x \,\big|\, x_c = \{\mathbf{x}\}\big)$ usw. Skalare sind, die nicht mehr von $\mathbf{s}$ abhängen, da die Integration bezüglich des Sensorzustandes bereits innerhalb der Ableitungen von F_m erfolgt. Durch Erweitern mit $L\big(z, x \,\big|\, x_m = \{\mathbf{x}\}\big)$ in Gl. (6.98) folgt außerdem

$$\frac{L\big(z, x \,\big|\, w_m = \{\mathbf{z}_l\}\big)}{L(z, x)} = \beta_{m,l} \cdot p^*_{\exists,m} \, . \tag{6.100}$$

6.4.4 *Cardinality-Balanced-Multi-Target*-Multi-*Bernoulli*-Filter

Mit derselben Argumentation wie in Abschnitt 6.3.6 wird die Näherung

$$\frac{\delta F_{\mathrm{ZXS}}}{\delta z}[g, h, q] \approx F_{\mathrm{ZXS}}[g, h, q] \cdot \left(D_{\mathbf{C}} + \sum_m \frac{\frac{\delta F_m}{\delta z}[\bar{h}_m]}{F_m[\bar{h}_m]} \right)^{\mathbf{z}} \tag{6.101}$$

verwendet, womit das WEF des korrigierten Mehrobjekt-Zustandes in das Produkt

$$F_{\mathsf{X}^*}[h] = \prod_m \frac{F_m[h \cdot \langle f_{\mathsf{S}}, 1-p_{\mathsf{D}}\rangle]}{F_m[\langle f_{\mathsf{S}}, 1-p_{\mathsf{D}}\rangle]} \cdot \prod_{\mathbf{z} \in \mathbf{z}} \frac{D_{\mathsf{C}} + \sum_m \frac{\frac{\delta F_m}{\delta \mathbf{z}}[h \cdot \langle f_{\mathsf{S}}, 1-p_{\mathsf{D}}\rangle]}{F_m[h \cdot \langle f_{\mathsf{S}}, 1-p_{\mathsf{D}}\rangle]}}{D_{\mathsf{C}} + \sum_m \frac{\frac{\delta F_m}{\delta \mathbf{z}}[\langle f_{\mathsf{S}}, 1-p_{\mathsf{D}}\rangle]}{F_m[\langle f_{\mathsf{S}}, 1-p_{\mathsf{D}}\rangle]}} \tag{6.102}$$

zerfällt. Hierin stimmen die Ableitungen $\delta/\delta\mathbf{z}F_m[\bar{h}]$ mit denen in Gl. (6.93b) überein, wenn man h_m durch h ersetzt. Geht man davon aus, dass jeder Multiplikand das WEF einer endlichen Zufallsmenge darstellt (vgl. Gl. (6.24), Abschnitt 6.3.6), erhält man den korrigierten Mehrobjekt-Zustand als Vereinigungsmenge der Fehldetektions-Hypothesen $\mathsf{X}^*_{\mathsf{L},m}$ und der detektionsinduzierten Hypothesen $\mathsf{X}^*_{\mathsf{U},l}$.

Die WEF der Fehldetektions-Hypothesen besitzen *Bernoulli*-Form (vgl. Anhang E.13)

$$F_{\mathsf{X}^*_{\mathsf{L},m}}[h] = 1 - p^*_{\exists,\mathsf{L},m} + p^*_{\exists,\mathsf{L},m} \langle f^*_{\mathsf{L},m}, h\rangle \tag{6.103a}$$

mit

$$p^*_{\exists,\mathsf{L},m} = p_{\exists,m} \cdot \frac{1 - \langle\!\langle p_{\mathsf{D}}\rangle\!\rangle_m}{1 - p_{\exists,m}\langle\!\langle p_{\mathsf{D}}\rangle\!\rangle_m}, \tag{6.103b}$$

$$f^*_{\mathsf{L},m}(\mathbf{x}) = f_m(\mathbf{x}) \cdot \frac{\langle f_{\mathsf{S}}, 1-p_{\mathsf{D}}\rangle}{1 - \langle\!\langle p_{\mathsf{D}}\rangle\!\rangle_m}. \tag{6.103c}$$

Allerdings trifft dies nicht auf die WEF der detektionsinduzierten Hypothesen

$$F_{\mathsf{X}^*_{\mathsf{U},l}}[h] = \frac{D_{\mathsf{C}}(\mathbf{z}_l) + \sum_m \frac{p_{\exists,m}\langle f_m, h \cdot \langle f_{\mathsf{S}}, p_{\mathsf{D}}\mathsf{L}_{\mathbf{z}_l}\rangle\rangle}{1 - p_{\exists,m} + p_{\exists,m}\langle f_m, h \cdot \langle f_{\mathsf{S}}, 1-p_{\mathsf{D}}\rangle\rangle}}{D_{\mathsf{C}}(\mathbf{z}_l) + \sum_m \frac{p_{\exists,m}\langle\!\langle p_{\mathsf{D}}\mathsf{L}_{\mathbf{z}_l}\rangle\!\rangle_m}{1 - p_{\exists,m}\langle\!\langle p_{\mathsf{D}}\rangle\!\rangle_m}} \tag{6.104}$$

zu, weshalb diese jeweils mit einer *Bernoulli*-Dichte mit identischem ersten Moment, also identischer PHD, approximiert werden. Die PHD ergibt sich mit

$$C_l := D_{\mathsf{C}}(\mathbf{z}_l) + \sum_m \frac{p_{\exists,m}\langle\!\langle p_{\mathsf{D}}\mathsf{L}_{\mathbf{z}_l}\rangle\!\rangle_m}{1 - p_{\exists,m}\langle\!\langle p_{\mathsf{D}}\rangle\!\rangle_m} \tag{6.105}$$

zu (vgl. Abschnitt E.14)

$$D_{X_{U,l}^*}(\mathbf{x}) = \frac{1}{C_l} \sum_m \left(\frac{p_{\exists,m} f_m(\mathbf{x}) \left\langle f_{\mathbf{S}}, (1-p_{\exists,m} \langle\!\langle p_{\mathrm{D}}\rangle\!\rangle_m) p_{\mathrm{D}} \mathrm{L}_{\mathbf{z}_l} \right\rangle}{\left(1 - p_{\exists,m} \langle\!\langle p_{\mathrm{D}}\rangle\!\rangle_m\right)^2} \right.$$
$$\left. - \frac{p_{\exists,m} f_m(\mathbf{x}) \left\langle f_{\mathbf{S}}, p_{\exists,m} \left\langle\!\left\langle p_{\mathrm{D}} \mathrm{L}_{\mathbf{z}_l}\right\rangle\!\right\rangle_m (1-p_{\mathrm{D}}) \right\rangle}{\left(1 - p_{\exists,m} \langle\!\langle p_{\mathrm{D}}\rangle\!\rangle_m\right)^2} \right). \tag{6.106}$$

Um nun zu einer *Bernoulli*-Approximation zu gelangen, müssen die Existenzwahrscheinlichkeit $p_{\exists,U,l}^*$ und die auf die Existenz bedingte Zustandsdichte $f_{U,l}^*$ bestimmt werden, was durch

$$p_{\exists,U,l}^* = \int D_{X_{U,l}^*} \, \mathrm{d}\mathbf{x}, \qquad\qquad f_{U,l}^* = D_{X_{U,l}^*} / p_{\exists,U,l}^* \tag{6.107}$$

möglich ist. Damit folgen

$$\boxed{p_{\exists,U,l}^* = \frac{\displaystyle\sum_m \frac{p_{\exists,m}(1-p_{\exists,m})\left\langle\!\left\langle p_{\mathrm{D}}\mathrm{L}_{\mathbf{z}_l}\right\rangle\!\right\rangle_m}{\left(1-p_{\exists,m}\langle\!\langle p_{\mathrm{D}}\rangle\!\rangle_m\right)^2}}{D_{\mathbf{C}}(\mathbf{z}_l) + \displaystyle\sum_m \frac{p_{\exists,m}\left\langle\!\left\langle p_{\mathrm{D}}\mathrm{L}_{\mathbf{z}_l}\right\rangle\!\right\rangle_m}{1-p_{\exists,m}\langle\!\langle p_{\mathrm{D}}\rangle\!\rangle_m}}} \tag{6.108}$$

und

$$f_{U,l}^*(\mathbf{x}) = \frac{\displaystyle\sum_m \frac{p_{\exists,m} f_m\left\langle f_{\mathbf{S}}, (1-p_{\exists,m}\langle\!\langle p_{\mathrm{D}}\rangle\!\rangle_m) p_{\mathrm{D}}\mathrm{L}_{\mathbf{z}_l} - p_{\exists,m}\left\langle\!\left\langle p_{\mathrm{D}}\mathrm{L}_{\mathbf{z}_l}\right\rangle\!\right\rangle_m (1-p_{\mathrm{D}})\right\rangle}{\left(1-p_{\exists,m}\langle\!\langle p_{\mathrm{D}}\rangle\!\rangle_m\right)^2}}{\displaystyle\sum_m \frac{p_{\exists,m}(1-p_{\exists,m})\left\langle\!\left\langle p_{\mathrm{D}}\mathrm{L}_{\mathbf{z}_l}\right\rangle\!\right\rangle_m}{\left(1-p_{\exists,m}\langle\!\langle p_{\mathrm{D}}\rangle\!\rangle_m\right)^2}} . \tag{6.109}$$

Für einen sicher bekannten Sensorzustand $\mathbf{s}_0$ wird der Ausdruck für $f_{U,l}^*$ negativ für alle $\mathbf{x}$, für die $p_{\mathrm{D}}(\mathbf{x}, \mathbf{s}_0) = 0$, und ist somit keine gültige Wahrscheinlichkeitsdichte (vgl. [106]). Diese Aussage ist für einen unsicher bekannten Sensorzustand, durch die zusätzliche Integration bezüglich $\mathbf{s}$, nicht direkt übertragbar. Dennoch wird dieselbe Annahme wie in [106] getroffen, d.h. $p_{\mathrm{D}} \approx 1$, wodurch alle Subtrahenden in Gl. (6.109) verschwinden und zusätzlich $\langle\langle p_D\rangle\rangle_m \approx 1$ wird, so dass

$$f_{U,l}^*(\mathbf{x}) \approx \frac{\sum_m \frac{p_{\exists,m}}{1-p_{\exists,m}} f_m(\mathbf{x}) \left\langle f_S, p_D L_{\mathbf{z}_l}\right\rangle}{\sum_m \frac{p_{\exists,m}}{1-p_{\exists,m}} \left\langle\left\langle p_D L_{\mathbf{z}_l}\right\rangle\right\rangle_m}, \tag{6.110}$$

was stets ≥ 0 ist. Für $f_S(\mathbf{s}) = \delta_{\mathbf{s}_0}(\mathbf{s})$ stimmen Gl. (6.108) und Gl. (6.110) mit den entsprechenden Formeln in [106] überein.

Um die Korrekturgleichung für den Sensorzustand zu erhalten, wird zunächst dessen PHD bestimmt (vgl. Abschnitt E.15):

$$D_{S^*}(\mathbf{s}) = f_S(\mathbf{s}) \cdot \sum_m p_{\exists,m} \Bigg[\langle f_m, 1-p_D\rangle \cdot \frac{1}{1 - p_{\exists,m}\langle\langle p_D\rangle\rangle_m}$$

$$+ \sum_{\mathbf{z}\in\mathbf{z}} \frac{\langle f_m, p_D L_{\mathbf{z}}\rangle (1-p_{\exists,m}\langle\langle p_D\rangle\rangle_m) - p_{\exists,m}\langle\langle p_D L_{\mathbf{z}}\rangle\rangle_m \langle f_m, 1-p_D\rangle}{(1 - p_{\exists,m}\langle\langle p_D\rangle\rangle_m)^2 \left(D_C(\mathbf{z}_l) + \sum_m \frac{p_{\exists,m}\langle\langle p_D L_{\mathbf{z}_l}\rangle\rangle_m}{1-p_{\exists,m}\langle\langle p_D\rangle\rangle_m}\right)} \Bigg]. \tag{6.111}$$

Diese vereinfacht sich für $p_D \approx 1$ und $\langle\langle p_D\rangle\rangle_m \approx 1$ wieder:

$$D_{S^*}(\mathbf{s}) \approx f_S(\mathbf{s}) \cdot \sum_{\mathbf{z}\in\mathbf{z}} \frac{\sum_m \frac{p_{\exists,m}}{1-p_{\exists,m}} \langle f_m, p_D L_{\mathbf{z}}\rangle}{D_C(\mathbf{z}) + \sum_m \frac{p_{\exists,m}}{1-p_{\exists,m}} \langle\langle p_D L_{\mathbf{z}}\rangle\rangle_m}. \tag{6.112}$$

Mit D_{S^*} aus Gl. (6.111) gilt

$$N_{S^*} = \langle D_{S^*}, 1\rangle = \sum_m p_{\exists,L,m}^* + \sum_{\mathbf{z}_l\in\mathbf{z}} p_{\exists,U,l}^* = N_{X^*}. \tag{6.113}$$

6.4.5 Implementierungen

In den abschließenden Experimenten in diesem Kapitel soll anstatt einer Evaluierung der absoluten Performanz der vorgestellten Filter v. a. ein Vergleich der Filter stattfinden. Des Weiteren soll überprüft werden, ob trotz des vereinfachten Messmodells eine Steigerung der Schätzgüte durch Miteinbeziehen der Unsicherheit des Sensorträgerzustandes erreicht wird. Wie sich in Kapitel 4 gezeigt hat, sind partikelbasierte Implementierungen bei vergleichbarer Filtergüte i. Allg. rechenaufwändiger als deren Entsprechungen auf Basis von *Gauß*-Summen und erfordern bei einer Simulation, auf Grund ihrer nichtdeterministischen Natur, mehr *Monte-Carlo*-Durchläufe, um zu aussagekräftigen Ergebnissen zu kommen. Daher werden in dieser Arbeit nur Implementierungen betrachtet, welche eine geschlossene Lösung der Filtergleichungen erreichen, indem sie die vereinfachenden Modellannahmen aus Abschnitt 6.3.7 treffen und sämtliche Dichten und PHDs durch *Gauß*-Summen darstellen. Um ein unbegrenztes Anwachsen der Anzahl an *Gauß*-Komponenten zu verhindern, wird nach jedem Korrekturschritt das Reduktionsverfahren gemäß Abschnitt 4.3.1 verwendet.

Durch die Annahme, p_D sei konstant, können Sichtfelder nicht modelliert werden, wobei dieser Effekt sich auf alle Filter identisch auswirkt. Eine Darstellung von p_D als *Gauß*-Summe ist zwar denkbar, allerdings ähneln die Sichtfelder tatsächlicher Sensoren meist eher Kreisausschnitten, die nicht gut durch wenige *Gauß*-Komponenten anzunähern sind. Für praktische Anwendungen sollte daher eine optimierte partikelbasierte Umsetzung erfolgen.

Schmidt-Kalman-Ansatz

Für die hergeleiteten Korrekturgleichungen müssen mit der Annahme, p_D sei konstant, die Ausdrücke $f_\mathbf{S}(\mathbf{s}) \cdot D_\mathbf{X}(\mathbf{x}) \cdot f_\mathbf{Z}(\mathbf{z}|\mathbf{x},\mathbf{s})$ bzw. $f_\mathbf{S}(\mathbf{s}) \cdot f_m(\mathbf{x}) \cdot f_\mathbf{Z}(\mathbf{z}|\mathbf{x},\mathbf{s})$ geschlossen berechnet werden.

Sind $f_\mathbf{S}(\mathbf{s})$ und $D_\mathbf{X}(\mathbf{x})$ bzw. $f_m(\mathbf{x})$ als *Gauß*-Summen gegeben, haben $D_\mathbf{X}(\mathbf{x})$ und $f_m(\mathbf{x})$, bis auf die Normierung der Komponentengewichte, die gleiche Form, so dass im Folgenden keine Unterscheidung mehr vorgenommen wird.

Ist das um den Sensorzustand erweiterte Einobjekt-Messmodell linear, d. h.

$$\mathbf{Z} = \underbrace{[\mathbf{h}_\mathbf{x}, \mathbf{h}_\mathbf{s}]}_{=\widetilde{\mathbf{h}}} \cdot \underbrace{\begin{bmatrix} \mathbf{X} \\ \mathbf{S} \end{bmatrix}}_{\widetilde{\mathbf{X}}} + \mathbf{W}, \tag{6.114}$$

folgt

$$f_\mathbf{S}(\mathbf{s}) \cdot f_m(\mathbf{x}) \cdot f_\mathbf{Z}(\mathbf{z}|\mathbf{x},\mathbf{s}) =$$
$$\sum_{n_\mathrm{x}} \sum_{n_\mathrm{s}} w_{n_\mathrm{x}} \cdot w_{n_\mathrm{s}} \cdot \mathcal{N}\!\left(\widetilde{\mathbf{x}};\ \mathbf{m}_{\widetilde{\mathbf{X}},n_\mathrm{x},n_\mathrm{s}},\ \mathbf{c}_{\widetilde{\mathbf{X}},n_\mathrm{x},n_\mathrm{s}}\right) \cdot \mathcal{N}\!\left(\mathbf{z};\ \widetilde{\mathbf{h}} \cdot \widetilde{\mathbf{x}},\ \mathbf{r}\right) \tag{6.115a}$$

mit

$$\mathbf{m}_{\widetilde{X},n_x,n_s} = \left[\mathbf{m}_{X,n_x}^T, \mathbf{m}_{S,n_s}^T\right]^T , \qquad (6.115b)$$

$$\mathbf{c}_{\widetilde{X},n_x,n_s} = \left[\begin{array}{cc} \mathbf{c}_{X,n_x} & \mathbf{0} \\ \mathbf{0} & \mathbf{c}_{S,n_s} \end{array}\right] , \qquad (6.115c)$$

wobei jeder einzelne Summand mit Gl. (2.40) geschlossen berechnet werden kann (vgl. Abschnitt 5.2.1). Integration bezüglich $\mathbf{X}$ oder $\mathbf{S}$ erfolgt gemäß Abschnitt 2.3.3. Diese Methode, einen erweiterten Zustandsraum zu betrachten, heißt nach [91] *Schmidt-Kalman*-**Ansatz** [73]. Für schwach nichtlineare Modelle bietet sich wieder ein Vorgehen analog zum EKF, Abschnitt 4.1.1, und UKF, Abschnitt 4.2.1, an.

Die konkreten Prädiktions- und Korrekturgleichungen für die Gewichte, Mittelwerte und Kovarianzmatrizen sämtlicher *Gauß*-Komponenten sowie deren Herleitungen sind länglich aber unkompliziert, da nur Summationen, Multiplikationen mit Skalaren und Marginalisierungen von Normalverteilungen vorgenommen werden. Sie werden daher nicht angegeben. Ähnliche Herleitungen finden sich z. B. in [99, 106].

Auswertung des Hypothesengraphen im JIPDA-Filter

Für die Bestimmung der A-posteriori-Existenzwahrscheinlichkeit und der A-posteriori-Zustandsdichte pro Objekt des JIPDA-Filters müssen die Ausdrücke $L(z,x)$, $L(z,x|x_m = \{\mathbf{x}\})$, $L(z,x|w_m = \{\mathbf{z}_l\})$ und $L(z,x|w_m = \emptyset, x_m = \{\mathbf{x}\})$ berechnet werden.

Aus Gl. (6.55), Gl. (6.56), und Gl. (6.57c) folgt

$$L(z,x|x_m = \{\mathbf{x}\}) = L(z,x) - \frac{F_m[0,0,1]}{F_m[0,1,1]} \cdot L(z,x|w_m = \emptyset) , \qquad (6.116)$$

$$L(z,x|w_m = \emptyset, x_m = \{\mathbf{x}\}) = \left(1 - \frac{F_m[0,0,1]}{F_m[0,1,1]}\right) \cdot L(z,x|w_m = \emptyset) , \quad (6.117)$$

weshalb alle Größen im JIPDA-Filter bekannt sind, sobald die A-priori-Assoziations-*Likelihood*-Matrix

$$\mathbf{\Lambda} = \left(\Lambda_{m,l}\right) \qquad (6.118a)$$

mit

$$\Lambda_{m,l} := \left\{ \begin{array}{ll} L(z,x|w_m = \emptyset) , & \text{für } l = 0, \\ L(z,x|w_m = \{\mathbf{z}_l\}) , & \text{für } 1 \leq l \leq L, \end{array} \right. \qquad (6.118b)$$

für $m \in \{1, 2, \dots, M\}, l \in \{0, 1, \dots, L\}$ bekannt ist. Hierbei sind

$$\frac{\delta F_m}{\delta \emptyset}[g = 0, h_m = 1, q = 1] = F_m[0, 1, 1] = 1 - p_{\exists,m} \langle\!\langle p_D \rangle\!\rangle_m \, , \qquad (6.119)$$

$$\frac{\delta F_m}{\delta \mathbf{z}}[g = 0, h_m = 1, q = 1] = p_{\exists,m} \cdot \langle\!\langle p_D L_{\mathbf{z}} \rangle\!\rangle_m \, , \qquad (6.120)$$

$$F_m[g = 0, h_m = 0, q = 1] = 1 - p_{\exists,m} \qquad (6.121)$$

durch Gl. (6.93b) gegeben.

Mit der Notation aus Abschnitt 6.3.7 kann auch (für beliebiges m)

$$L(\mathbf{z}, \mathsf{x}) = \sum_{\mathbf{l} \in \mathsf{I}_{\text{valid}}} \lambda(\mathbf{l}) = \underbrace{\sum_{\mathbf{l} \in \mathsf{I}_{\text{valid}}: l_m = 0} \lambda(\mathbf{l})}_{L\left(\mathbf{z}, \mathsf{x} \middle| \mathsf{w}_m = \emptyset\right)} + \sum_{l=1}^{L} \underbrace{\sum_{\mathbf{l} \in \mathsf{I}_{\text{valid}}: l_m = l} \lambda(\mathbf{l})}_{L\left(\mathbf{z}, \mathsf{x} \middle| \mathsf{w}_m = \{\mathbf{z}_l\}\right)} \qquad (6.122a)$$

mit

$$\lambda(\mathbf{l}) := D_{\mathsf{C}}^{\mathbf{z} \setminus \bigcup_m \{\mathbf{z}_{l_m}\}} \cdot \prod_m \lambda_{m, l_m} \, , \qquad (6.122b)$$

$$\lambda_{m,l} := \frac{\delta F_m}{\delta \mathsf{w}_l}[0, 1, 1] \, , \qquad \mathsf{w}_l := \begin{cases} \emptyset, & \text{für } l = 0 \\ \{\mathbf{z}_l\}, & \text{sonst} \end{cases} , \qquad (6.122c)$$

geschrieben werden.

Anschaulich entspricht $\lambda(\mathbf{l})$ der A-priori-*Likelihood* einer vollständigen Assoziationshypothese, also eines Pfades von der Wurzel zu einem Blatt im Hypothesengraphen, weshalb die naive Implementierung (vgl. [64]) sämtliche Blätter des Hypothesengraphen durchgeht, um pro Blatt $\lambda(\mathbf{l})$ zu berechnen und in den entsprechenden Elementen von $\mathbf{\Lambda}$ zu akkumulieren. Dies führt zwar zu einem sehr geringen Speicherbedarf, aber auch zu einem immensen Rechenaufwand. Allerdings besitzt der Hypothesengraph viele sich wiederholende Teilgraphen, wie in Abb. 6.4 verdeutlicht wird. Dieser Umstand kann ausgenutzt werden, um eine deutlich effizientere Berechnung von $\mathbf{\Lambda}$ vorzunehmen.

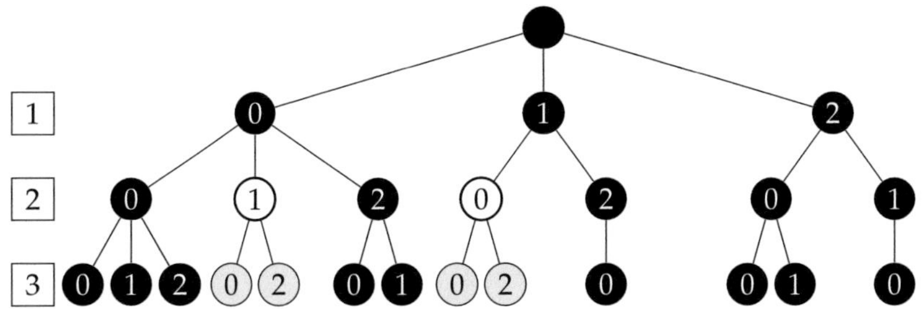

Abbildung 6.4 Vollständiger Hypothesengraph für drei Objekte und zwei Detektionen. Für die beiden weiß hervorgehobenen Knoten sind die nachfolgenden Restbäume (grau) identisch.

Effiziente Auswertung des Hypothesengraphen

Die Matrix $\boldsymbol{\Lambda}$ lässt sich in der Form

$$\boldsymbol{\Lambda} = \sum_{d \subseteq z} D_C^{z \setminus d} \cdot \sum_{\underset{m}{\uplus} w_m = d} \left[\prod_m \lambda_{m,l_m} \cdot \sum_m \mathbf{T}_{m,l_m} \right] \qquad (6.123)$$

darstellen, wobei die Mengen w_m und die Indices l_m analog zu Gl. (6.122c) zusammenhängen und die Matrix $\mathbf{T}_{m,l} \in \mathbb{R}^{|x|} \times \mathbb{R}^{|z|+1}$ durch

$$\mathbf{T}_{m,l} = (T_{i,j})_{m,l}, \qquad\qquad T_{i,j} := \delta_{i,m} \cdot \delta_{j,l} \qquad (6.124)$$

definiert ist. Das heißt $\mathbf{T}_{m,l}$, ist eine Matrix, bei der alle Elemente identisch null sind, bis auf das Element $T_{m,l}$, welches identisch eins ist.

Anschaulich bildet die Matrix $\sum_m \mathbf{T}_{m,l_m}$ eine Maske, welche pro vollständiger Assoziationshypothese die Elemente von $\boldsymbol{\Lambda}$ ausblendet, zu denen diese Hypothese keinen Beitrag leistet.

Mit der Indexmenge i und der Subassoziations-Matrix

$$\boldsymbol{\Lambda}(i, z) := \sum_{\underset{m \in i}{\uplus} w_m = z} \left(\prod_m \lambda_{m,l_m} \right) \cdot \left(\sum_m \mathbf{T}_{m,l_m} \right), \qquad (6.125)$$

wobei $\boldsymbol{\Lambda}(\varnothing, z) := \mathbf{0}$, gilt

$$\boldsymbol{\Lambda} = \sum_{d \subseteq z} D_C^{z \setminus d} \cdot \boldsymbol{\Lambda}(i_x, d). \qquad (6.126)$$

Die Subassoziations-Matrix kann mit der Subassoziations-*Likelihood*

$$\lambda(i, z) := \sum_{\substack{\biguplus_{m \in i} w_m = z}} \prod_m \lambda_{m,l_m}, \tag{6.127}$$

$$\lambda(\emptyset, \emptyset) := 1, \qquad\qquad \lambda(i, z : |z| > |i|) := 0, \tag{6.128}$$

rekursiv berechnet werden, da (vgl. Abschnitt E.16)

$$\lambda(i, z) = \sum_{w_m \in z} \lambda_{m,l_m} \cdot \lambda(i \setminus \{m\}, z \setminus w_m), \tag{6.129}$$

$$\Lambda(i, z) = \sum_{w_m \in z} \left[\lambda_{m,l_m} \cdot \Lambda(i \setminus \{m\}, z \setminus w_m) + \lambda_{m,l_m} \cdot \mathbf{T}_{m,l_m} \cdot \lambda(i \setminus \{m\}, z \setminus w_m) \right] \tag{6.130}$$

gilt (es ist zu beachten, dass auch $\emptyset \in z$).

Ausgehend von $i = \emptyset$ kann die Indexmenge also iterativ um den jeweils nächsten Objektindex erweitert werden, um dann für alle Werte von z die zugehörige Subassoziations-*Likelihood* und -Matrix zu berechnen. So wird der Hypothesengraph ebenenweise (also pro Objekt) abgearbeitet, wobei in jeder Ebene alle Pfade zusammengefasst werden, in denen bis zu dieser Ebene die gleichen Detektionen vergeben wurden (d. h. die Pfade besitzen identische Restbäume, vgl. Abb. 6.4). Der so vereinfachte Hypothesengraph zu Abb. 6.4 ist in Abb. 6.5 abgebildet, wobei pro Knoten die Menge aller vergebenen Detektionsindices gezeigt wird.

Durch dieses Verfahren steigt allerdings der Speicherbedarf des Algorithmus, da für jeden der $|\{d \subseteq z : |d| \leq m\}|$-Knoten in der m-ten Ebene des vereinfachten Hypothesengraphen die skalare Subassoziations-*Likelihood* $\lambda(\{1, 2, \ldots, m\}, d)$ und die Subassoziations-Matrix $\Lambda(\{1,2,\ldots,m\}, d)$ zwischengespeichert werden müssen. Für jede Ebene der Tiefe $m \geq |z|$ ist dies ein Knoten für jedes $d \subseteq z$, also $2^{|z|}$ Knoten. Diese Knoten können in einem gerichteten Graphen mit einer Ebene für jeden Wert von $|d|$ strukturiert werden (vgl. Abb. 6.6).

Beim rekursiven Berechnen von $\lambda(\{1, 2, \ldots, m\}, d)$ und $\Lambda(\{1,2,\ldots,m\}, d)$ werden aus der vorherigen Ebene des vereinfachten Hypothesengraphen lediglich der gleiche Knoten sowie Knoten mit geringerer Tiefe im Strukturgraphen aus Abb. 6.6 benötigt (Vorgänger des aktuellen Knoten in Abb. 6.6), so dass für den Gesamtalgorithmus stets nur die Werte einer Ebene des vereinfachten Hypothesengraphen

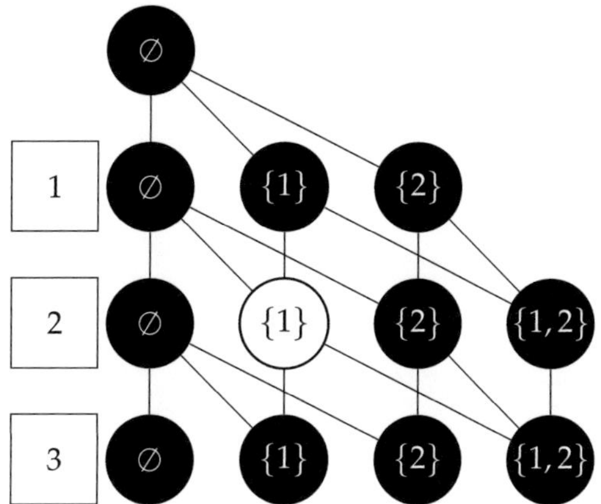

Abbildung 6.5 Vereinfachter Hypothesengraph für drei Objekte und zwei Detektionen. Die Zwischenergebnisse der hervorgehobenen Knoten in Abb. 6.4 werden in dem markierten Knoten zusammengefasst.

im Speicher gehalten werden müssen. Also genügt es, den maximalen Strukturgraphen gemäß Abb. 6.6 zu initialisieren und danach rekursiv die pro Knoten gespeicherten Werte $\lambda(d)$ und $\Lambda(d)$ zu aktualisieren.

Nachdem die $\Lambda(i_X, d)$ so für jedes $d \subseteq z$ berechnet wurden, müssen diese nur noch mit dem zugehörigen $D_C^{z \setminus d}$ multipliziert und akkumuliert werden.

Eine Pseudocode-Implementierung des Verfahrens ist in Kapitel F gegeben. Um ein Gefühl für die Laufzeitersparnis durch die hier vorgestellte effiziente Berechnung zu erhalten, wurden für $|x| = |z| = N$ und $N \in \{1, 2, \ldots, 8\}$ zufällige Werte für sämtliche $\lambda_{m,l}$ erzeugt und die Laufzeit beider Implementierungen gemessen. Das Ergebnis ist in Abb. 6.7 aufgetragen. Es ist offensichtlich, dass mit der effizienten Umsetzung deutlich größere Clustergrößen handhabbar sind.

Natürlich können auch *clustering* und *gating* mit der effizienten Methode kombiniert werden.

Erscheinen neuer Objekte

Bisher wurde noch nicht erläutert, wie die Filter neu erscheinende Objekte handhaben können. Um den Rechenaufwand gering zu halten, werden in dieser Arbeit neue Objekthypothesen datengetrieben initialisiert.

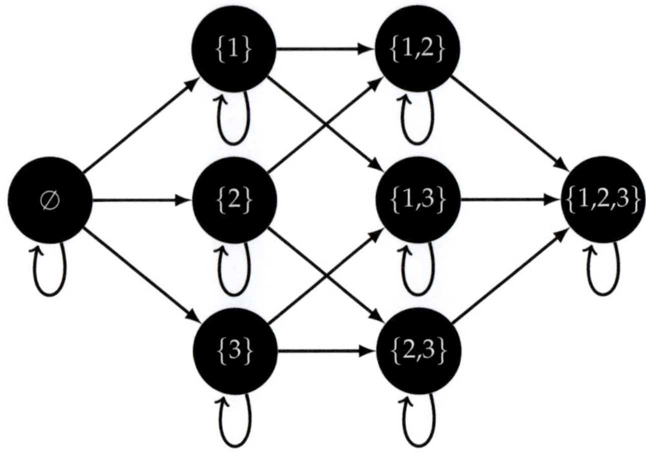

Abbildung 6.6 Struktur von $\{d \subseteq z\}$ für $z = \{1, 2, 3\}$. Kanten zeigen an, dass der Endknoten aus dem Startknoten durch Hinzufügen einer (möglicherweise leeren) Detektion erreicht werden kann. Dies entspricht (für $m - 1 \geq |z|$) gerade den Verbindungen zwischen der $(m-1)$-ten und der m-ten Ebene des vereinfachten Hypothesengraphen.

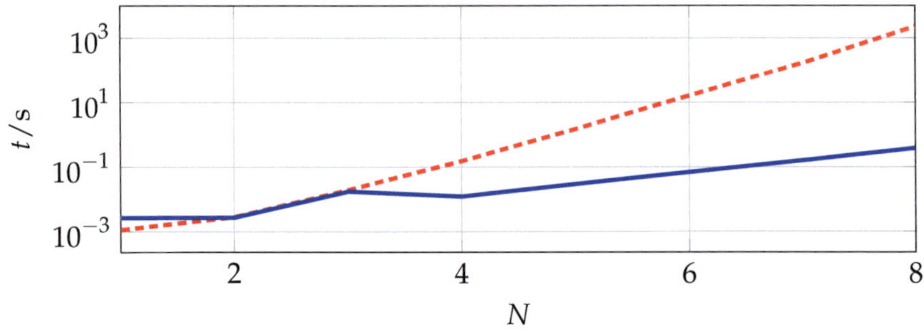

Abbildung 6.7 Rechenzeit der naiven (- - - -) und der effizienten (———) Auswertung des Hypothesengraphen für *cluster* mit jeweils N Objekten und Detektionen.

Hierzu werden im Korrekturschritt der Filter diejenigen Detektionen z_l ermittelt, die vermutlich nicht durch bereits angenommene Objekte hervorgerufen wurden, d. h. für die

$$f_{\mathbf{Z}}(\mathbf{z}_l) = \int \int f_{\mathbf{Z},\mathbf{X},\mathbf{S}}(\mathbf{z}_l, \mathbf{x}, \mathbf{s}) \, \mathrm{d}\mathbf{s} \, \delta\mathbf{x} \approx 0 \tag{6.131}$$

gilt.

Da sämtliche Filterimplementierungen *gating* verwenden, wird Gl. (6.131) als näherungsweise erfüllt betrachtet, wenn die Detektion z_l in keinem *gate* der A-priori-Zustandsrepräsentation liegt.

Für jede dieser Detektionen wird im Anschluss an den Korrekturschritt eine initiale Objektzustandsdichte ermittelt. Aus Abschnitt 3.1 folgt für eine gegebene Detektion $\mathbf{z}$ der Zusammenhang

$$\mathbf{X} = h^{-1}(\mathbf{z} - \mathbf{W}) \, , \tag{6.132}$$

wobei das Messmodell h i. Allg. nicht invertierbar ist. Häufig lässt sich der Objektzustand $\mathbf{x}$ jedoch so in einen beobachtbaren und einen nicht beobachtbaren Teil $\mathbf{x}_b$ bzw. $\mathbf{x}_{nb}$ zerlegen, dass

$$h(\mathbf{x}) = h(\mathbf{x}_b, \mathbf{x}_{nb}) = h(\mathbf{x}_b) \tag{6.133}$$

gilt und das inverse Messmodell h^{-1} in

$$\mathbf{X}_b = h^{-1}(\mathbf{z} - \mathbf{W}) \tag{6.134}$$

bestimmbar ist. Für ein lineares Messmodell und mittelwertfreies, normalverteiltes Messrauschen $\mathbf{W} \sim \mathcal{N}(\mathbf{w}; \mathbf{0}, \mathbf{r})$ folgen dann die Zusammenhänge

$$\mathbf{m}_{\mathbf{X}_b} = \mathbf{h}^{-1} \cdot \mathbf{z} \, , \tag{6.135a}$$

$$\mathbf{c}_{\mathbf{X}_b} = \mathbf{h}^{-1} \cdot \mathbf{r} \cdot \left(\mathbf{h}^{-1}\right)^{\mathrm{T}} \, , \tag{6.135b}$$

wobei für nichtlineare Messmodelle wieder die Methoden aus Kapitel 4 zum Einsatz kommen können.

Somit ist die Dichte $f_{\mathbf{X}_b}(\mathbf{x}_b | \mathbf{z})$ aus der Detektion bestimmbar, während die Dichte der übrigen Zustandsgrößen $\mathbf{x}_{nb}$ a priori gewählt werden muss.

Sind sowohl die Falschalarmintensität D_C als auch die A-priori-Wahrscheinlichkeitsdichte neuer Objekte konstant, hängt die Existenzwahrscheinlichkeit $p_{\exists,\text{neu}}$ der neu initialisierten Objekthypothese ausschließlich von deren Verhältnis ab. D_C ist im Messmodell festgelegt, wird aber für alle verwendeten Sensoren als ausreichend niedrig angenommen, so dass in den Filterimplementierungen direkt $p_{\exists,\text{neu}} = 0{,}1$ als Parameter vorgegeben wird.

Identitätserhaltende Zustandsschätzung

Höher gelagerte Algorithmen benötigen häufig eine Schätzung des aktuellen Mehrobjekt-Zustandes, also eine Liste der Zustände aller aktuell als sicher existierend angenommenen Objekte, anstatt der stochastischen Wissensrepräsentation, wie sie die Filter propagieren. Meist ist es hierbei erwünscht, dass der Objektzustand um eine diskrete Größe $\zeta \in \mathbb{N}$ zur Feststellung der Objektidentität erweitert wird, um so die zeitlichen Trajektorien der Objekte zu erhalten. Leider sind der MAP- und EAP-Schätzer nicht ohne Weiteres sinnvoll auf EZMn übertragbar ([63], 14.5). Die in den Experimenten eingesetzten heuristischen Verfahren zur Extraktion dieser Schätzungen werden im Folgenden beschrieben.

PHD-Filter: Wird durch eine Detektion eine neue Objekthypothese initialisiert, erhält diese einen bisher nicht vergebenen Wert ζ zugewiesen. Da Objekte ihre Identität zeitlich nicht verändern, wird diese Größe im Prädiktionsschritt analog zur Objektklasse in Abschnitt 5.1 behandelt, d. h. unverändert belassen. Bei der Reduktion der *Gauß*-Summe der A-posteriori-PHD werden ausschließlich Komponenten mit gleichem ζ zusammengelegt.

Als Zustandsschätzung werden die Mittelwerte $\mathbf{m}_n$ sämtlicher *Gauß*-Komponenten ausgegeben, für die $w_n \geq \tau_\exists$ gilt (in den Experimenten $\tau_\exists = 0{,}5$). Diese simple Schätzung liefert meist gute Ergebnisse, kann allerdings zu einigen Schwierigkeiten führen:

- Durch Zusammenlegen mehrerer *Gauß*-Komponenten können einzelne Komponenten mit einem Gewicht deutlich größer 1 entstehen. Dies tritt v. a. auf, wenn die Parameter für das Zusammenlegen von Komponenten schlecht gewählt sind, oder wenn neue Objekte sehr dicht an existierenden erscheinen.

- Es können zu einem Zeitpunkt mehrere Objekte mit gleichem ζ ausgegeben werden. Auch dies passiert v. a. , wenn neue Objekte sehr dicht an existierenden erscheinen.

- In der Initialisierungsphase eines Objektes können mehrere Komponenten mit gleichem ζ existieren, deren Gewicht in der Summe den nötigen Schwellwert zwar deutlich überschreitet, von denen aber keine einzelne Komponente ausreichend Gewicht besitzt.

Mit den in den Experimenten gewählten Parameterwerten traten diese Probleme äußerst selten auf.

JIPDA-Filter: Die Identitäten werden genau wie beim PHD-Filter bei der Initialisierung einer neuen *Bernoulli*-Komponente vergeben. *Bernoulli*-Komponenten mit einer Existenzwahrscheinlichkeit $p_{\exists,m} \geq \tau_\exists = 0{,}5$ gelten als bestätigt und es werden die EAP-Schätzwerte der zugehörigen Zustandsdichten ausgegeben. Die Schwierigkeiten wie beim PHD-Filter ergeben sich aber nicht.

CBMeMBer-Filter: Beim CBMeMBer-Filter wird analog zum JIPDA-Filter vorgegangen, allerdings können auch hier wieder mehrere *Bernoulli*-Komponenten mit demselben ζ zu einem Zeitpunkt als bestätigt gelten. Die Vererbung von ζ erfolgt auf der Ebene der einzelnen *Gauß*-Komponenten, so dass einer *Bernoulli*-Komponente mehrere ζ zugeordnet sein können, wobei der ausgegebene Wert zu

$$\zeta_{\text{Ber}} = \operatorname*{argmax}_{\zeta} \sum_n w_n \cdot \delta_{\zeta,\zeta_n} \tag{6.136}$$

gewählt wird.

6.5 Experimente

6.5.1 *Optimal-Subpattern-Assignment*-Metrik

Zur Beurteilung der Güte eines Zustandsschätzers wird der wahre Wert der Schätzgröße mit dessen Schätzwert verglichen. Hierzu wird üblicherweise der Abstand der beiden zueinander angegeben, wobei im Falle skalar- oder vektorwertiger metrischer Größen $\mathbf{x} \in \mathbb{R}^D$ meist der *euklidische* Abstand (vgl. Abschnitt 2.4.1) oder eine aus ihm abgeleitete Größe verwendet wird.

Für mengenwertige Größen gibt es eine Vielzahl an Metriken, welche jeweils für spezifische Aufgabenstellungen geeignet sind. Eine für die Mehrobjekt-Zustandsschätzung geeignete Wahl stellt

die **Optimal-Subpattern-Assignment**-Metrik (OSPA-Metrik) [93, 104]
$d_c^p(\mathsf{x},\mathsf{y}) : \mathcal{F}(\mathcal{X}) \times \mathcal{F}(\mathcal{X}) \to [0,c]$

$$
d_c^p(\mathsf{x},\mathsf{y}) =
\begin{cases}
0, & \text{für } |\mathsf{x}| = |\mathsf{y}| = 0 \\[2mm]
\left(\frac{1}{|\mathsf{y}|} \left[\min_{\pi \in \Pi_{|\mathsf{y}|}} \left\{ \sum_{i=1}^{|\mathsf{x}|} d_c\left(\mathbf{x}_i, \mathbf{y}_{\pi(i)}\right)^p \right. \right. & \\[2mm]
\left. \left. \left. + c^p \cdot (|\mathsf{y}| - |\mathsf{x}|) \right\} \right] \right)^{\frac{1}{p}}, & \text{für } |\mathsf{x}| \leq |\mathsf{y}| \\[2mm]
d_c^p(\mathsf{y},\mathsf{x}), & \text{für } |\mathsf{x}| > |\mathsf{y}|
\end{cases}
\tag{6.137}
$$

mit $d_c(\mathbf{x},\mathbf{y}) := \min\{d(\mathbf{x},\mathbf{y}),c\}$, einer beliebigen Metrik $d(\mathbf{x},\mathbf{y})$ und der Menge $\Pi_{|\mathsf{y}|}$ aller Permutationen der Zahlen $\{1,2,\ldots,|\mathsf{y}|\}$, dar, da sie sowohl Unterschiede in der Kardinalität als auch Unterschiede der Elemente mathematisch konsistent und intuitiv interpretierbar erfasst.

Der Beweis, dass $d_c^p(\mathsf{x},\mathsf{y})$ eine Metrik ist, findet sich z. B. in [104]. Nimmt man o. B. d. A. an $|\mathsf{x}| \leq |\mathsf{y}|$ und erweitert x um $|\mathsf{y}| - |\mathsf{x}|$ Elemente $\mathbf{x}_k : \min_{\mathbf{y}_i} \{d(\mathbf{x}_k,\mathbf{y}_i) \geq c\}$ zu x^*, gilt

$$
d_c^p(\mathsf{x},\mathsf{y}) = d_c^p(\mathsf{x}^*,\mathsf{y}) = \left(\frac{1}{|\mathsf{y}|} \min_{\pi \in \Pi_{|\mathsf{y}|}} \left\{ \sum_{i=1}^{|\mathsf{y}|} d_c\left(\mathbf{x}_i^*, \mathbf{y}_{\pi(i)}\right)^p \right\} \right)^{\frac{1}{p}}.
\tag{6.138}
$$

D. h. die OSPA-Metrik ist bezüglich aller möglichen Eins-zu-eins-Zuordnungen zwischen x^* und y der Minimalwert des Mittelwerts p-ter Ordnung der auf c begrenzten Abstände zwischen den zugeordneten Elementen von x^* und y. Die Beschränkung des Abstandes einzelner Elemente auf den Maximalwert c bewirkt, dass alle Elemente, welche weiter als c auseinanderliegen, identisch zu einer Kardinalitätsdifferenz von 1 behandelt werden. Dies entspricht einem nicht zugeordneten Element.

Mit dem „typisch" zu erwartenden Abstand $\bar{d}$ zwischen korrekt zugeordneten Elementen lassen sich die beiden Parameter p und c der Metrik wie folgt interpretieren:

- p bestimmt die Empfindlichkeit der Metrik gegenüber Ausreißern, da für $p > 1$ zugeordnete Elemente mit $d_c(\mathbf{x},\mathbf{y}) > \bar{d}$ überproportional in $d_c^p(\mathsf{x},\mathsf{y})$ eingehen, für $p < 1$ aber unterproportional.

- c bestimmt die Gewichtung zwischen Kardinalitäts- und Lokalisierungsfehlern, da $d_c^p(\mathsf{x},\mathsf{y})$ für $c \gg \bar{d}$ maßgeblich vom Vorhandensein von Kardinalitätsunterschieden bestimmt wird.

Für die praktische Nutzung der OSPA-Metrik ist in Gl. (6.137) ein Minimierungsproblem zu lösen. Aufgrund der Struktur des Problems ist hierfür eine effiziente Lösung mit der *ungarischen Methode* (auch als *Kuhn-Munkres*-Algorithmus bekannt) [52, 69] möglich, welche mit einer Laufzeit von $\mathcal{O}\left(\max\left\{|x|,|y|\right\}^3\right)$ implementiert werden kann.

Um die Bewertung der Kardinalitätsfehler und der Positionsfehler getrennt vorzunehmen, wird in [93] vorgeschlagen, die Terme

$$d^p_{c,\mathrm{lok}}(x,y) := \left(\frac{1}{|y|}\left[\min_{\pi\in\Pi_{|y|}}\sum_{i=1}^{|x|}d_c\left(\mathbf{x}_i,\mathbf{y}_{\pi(i)}\right)^p\right]\right)^{\frac{1}{p}}, \tag{6.139}$$

$$d^p_{c,\mathrm{kar}}(x,y) := c\cdot\left(\frac{|y|-|x|}{|y|}\right)^{\frac{1}{p}} \tag{6.140}$$

zu betrachten. In dieser Arbeit werden stattdessen

$$e^p_{c,\mathrm{lok}}(x,y) := \left(\frac{\sum_{i=1}^{|x|}\left[1-\sigma_c\left(d\left(\mathbf{x}_i,\mathbf{y}_{\pi_{\min}(i)}\right)\right)\right]\cdot d_c\left(\mathbf{x}_i,\mathbf{y}_{\pi_{\min}(i)}\right)^p}{\sum_{j=1}^{|x|}\left[1-\sigma_c\left(d\left(\mathbf{x}_j,\mathbf{y}_{\pi_{\min}(j)}\right)\right)\right]}\right)^{\frac{1}{p}}, \tag{6.141}$$

$$e^p_{c,\mathrm{kar}}(x,y) := |y|-|x|+2\cdot\sum_{i=1}^{|x|}\sigma_c\left(d\left(\mathbf{x}_i,\mathbf{y}_{\pi_{\min}(i)}\right)\right) \tag{6.142}$$

mit

$$\pi_{\min} = \operatorname*{argmin}_{\pi\in\Pi_{|y|}}\sum_{i=1}^{|x|}d_c\left(\mathbf{x}_i,\mathbf{y}_{\pi(i)}\right)^p \tag{6.143}$$

und der *Heaviside*-Funktion

$$\sigma_c(x) = \begin{cases} 0, & \text{für } x < c \\ 1, & \text{für } x \geq c \end{cases} \tag{6.144}$$

verwendet. Im Kardinalitätsterm $e^p_{c,\mathrm{kar}}$ werden zugeordnete Punktepaare, die den maximalen Abstand c überschreiten, doppelt berücksichtigt,

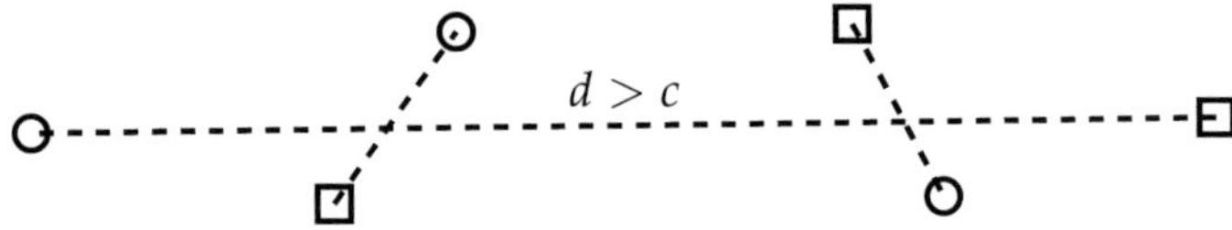

Abbildung 6.8 Die Kreise und Quadrate stellen die Elemente zweier Punktmengen dar. Die gestrichelten Linien verdeutlichen die optimale Zuordnung $\pi_{\min}$ der beiden Punktmengen. Obwohl die Kardinalität beider Mengen identisch ist, ist offensichtlich, dass ein Objekt nicht und eines fälschlicherweise erkannt wurde.

da dies bedeutet, dass einerseits ein Objekt, welches existiert, nicht erkannt wurde, andererseits ein Objekt erkannt wurde, welches nicht existiert. Der Zusammenhang wird in Abb. 6.8 verdeutlicht. Der Lokalisierungsterm $e_{c,\mathrm{lok}}^{p}$ ist das Mittel p-ter Ordnung der Abstände aller „korrekt" zugeordneten Punktepaare.

6.5.2 Simulation

Anhand eines Testszenarios sollen zum einen die vorgestellten Filteransätze miteinander verglichen werden und zum anderen der Gewinn durch die Berücksichtigung der Unsicherheit des Sensorträgerzustandes untersucht werden. Daher werden alle Filter einmal mit den bisher hergeleiteten Gleichungen implementiert und einmal in einer Variante, in der in jedem Korrekturschritt $f_{\mathbf{S}}(\mathbf{s}) = \delta_{\mathbb{E}\{\mathbf{S}\}}(\mathbf{s})$ angenommen wird, d. h. die Sensorträgerzustandsdichte wird zu ihrem EAP-Schätzwert komprimiert. Dadurch werden die Korrekturgleichungen des Mehrobjekt-Zustandes identisch zu den Gleichungen aus der Literatur. Die A-posteriori-Sensorträgerzustandsdichte wird, anstatt mit den in dieser Arbeit hergeleiteten Gleichungen korrigiert zu werden, identisch zur A-priori-Sensorträgerzustandsdichte gesetzt. Somit erfolgt eine Korrektur der Sensorträgerdichten nur noch durch die entsprechenden interozeptiven Sensoren und die exterozeptiven Sensoren anderer Sensorträger.

Szenario

Als Testszenario wird die in Abb. 6.9 dargestellte, 10 s lange Kreuzungsszene verwendet. Links über der Kreuzung befindet sich ein fest installierter Lidar (✳–). Nach 1 s erscheint am rechten Rand in 50 m Entfernung ein Fahrzeug, welches mit GPS, Tachometer, Gierratensensor und ebenfalls einem Lidar ausgerüstet ist und die Szene nach 8 s am linken Rand wieder verlässt. Nach 2 s fährt ein Fahrzeug von unten an die Kreuzung heran, welches GPS, Tachometer, Gierratensensor, Radar (⟩) und eine Stereokamera (📷) an Bord hat. Das Fahrzeug bremst nach 2,5 s und kommt schließlich nach 6 s zum Stehen. Nach 8 s nähert sich von rechts ein Fahrzeug mit GPS, Tachometer und einem Gierratensensor. Die ganze Zeit über kreuzen weitere Autos von Links und Rechts, von denen zwei Fahrzeuge rechts abbiegen und eines einen Spurwechsel vollzieht. Es befinden sich maximal 11 Fahrzeuge gleichzeitig in der Szene.

Die Parameter der simulierten Sensoren sind in Tab. 6.1 zusammengefasst, wobei GPS-Sensoren, vereinfachend angenommen, verrauschte Werte der Absolutposition $\mathbf{p}$ des Sensorträgers liefern. Die Abtastraten der exterozeptiven Sensoren wurden bewusst niedriger als realistisch gewählt, um die Aufgabe für die Filter etwas zu erschweren.

Filterparameter

Um auch das Beschleunigen und Abbremsen von Fahrzeugen, sowie Kurvenfahrten zu beschreiben, benutzen alle Filter das CTRA-Dynamikmodell aus Abschnitt C.1.3, wobei das Systemrauschen mit

$$\mathbf{q}_k = T_k^2 \cdot \mathrm{diag}\left(\approx 0, \approx 0, \approx 0, \approx 0, (60\,^\circ/\mathrm{s})^2, (30/3{,}6\,\mathrm{m/s}^2)^2\right) \quad (6.145)$$

relativ groß gewählt wird, damit die Objekte bei den Zustandssprüngen zu Beginn und Ende eines Manövers nicht verloren werden. Natürlich wäre auch die Verwendung eines Mehrmodell-Ansatzes möglich.

Um die Nichtlinearitäten sowohl im Bewegungsmodell als auch in den meisten Sensormodellen zu handhaben, wird jeweils die *Unscented-*Transformation mit symmetrischen σ-Punkten gemäß Abschnitt 4.2.1 verwendet.

Um ein unbegrenztes Ansteigen der Anzahl an *Bernoulli-* und *Gauß-*Komponenten in den Filtern zu verhindern, werden unwahrscheinliche *Bernoulli*-Komponenten mit $p_\exists < \tau_{\mathrm{SF,Ber}}$ nach jedem Korrekturschritt ent-

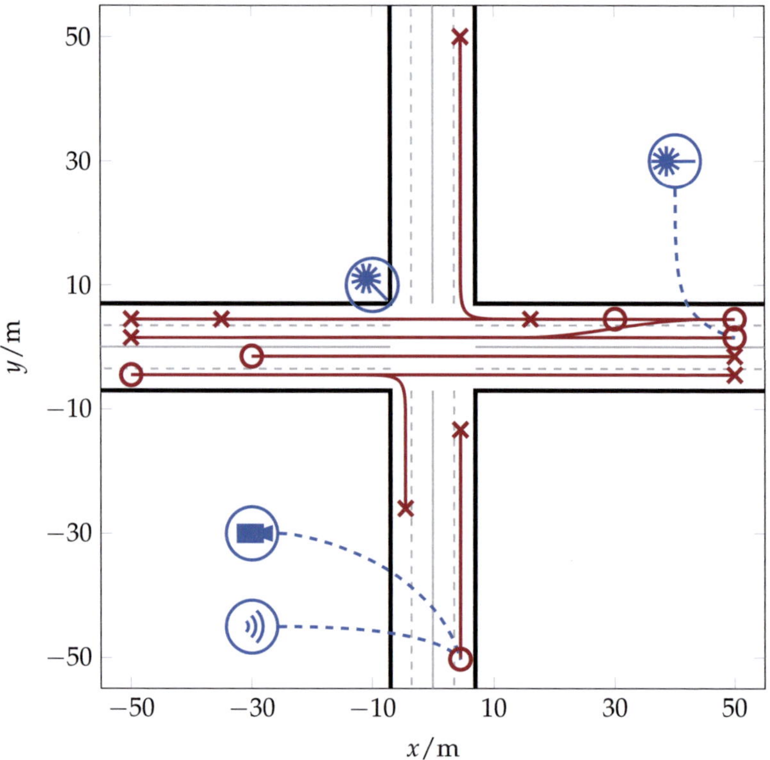

Abbildung 6.9 Objekttrajektorien des simulierten Szenarios. ($\bigcirc$) markiert jeweils die initiale Position, ($\times$) die finale Position.

fernt. Auf sämtliche *Gauß*-Summen wird das Reduktionsverfahren aus Abschnitt 4.3.1 angewandt. Die Parameter werden zu

$$\tau_{\mathrm{SF,Ber}} = 10^{-2}, \qquad\qquad N_{\mathrm{max,Ber}} = 30,$$

$$\tau_{\mathrm{SF,Gau}} = 5\cdot 10^{-3}, \qquad\qquad N_{\mathrm{max,Gau}} = 6,$$

$$\mathbf{d}_{\mathrm{max}} = \left[2\,\mathrm{m},\, 2\,\mathrm{m},\, 45^{\circ},\, 2\,\mathrm{m/s},\, 30^{\circ}/\mathrm{s},\, 2\,\mathrm{m/s^2}\right]^{\mathrm{T}},$$

gewählt. Für das PHD-Filter wird $N_{\mathrm{max}} = N_{\mathrm{max,Gau}} \cdot N_{\mathrm{max,Ber}}$ gesetzt. Um weiter Rechenzeit einzusparen, verwenden alle Filter *gating* mit $p_{\mathrm{G}} = 0{,}995$.

Da keiner der verwendeten Sensoren direkt eine Schätzung der Orientierung von Objekten zulässt, muss diese für neu erscheinende Objekte über mehrere Filterschritte geschätzt werden. Allerdings führt die Initialisierung mit einer zu hohen Varianz in der Orientierung zu numerischen Schwierigkeiten bei Verwendung der *Unscented*-Transformation, weshalb bei der Objektinitialisierung pro Detektion N Komponenten aufgesetzt werden, die sich lediglich im Mittelwert der Orientierung unterscheiden. Die Varianz der Orientierung pro Komponente wird hinreichend groß gewählt. Für die Zustandsgrößen, welche nicht durch die initialisierende Detektion beobachtbar sind, wird folgende A-priori-Dichte verwendet:

$$f_{\mathbf{X}_{\text{nb}}}(\mathbf{x}_{\text{nb}}) = \sum_{n=1}^{N} \frac{1}{N} \cdot \mathcal{N}(\mathbf{x}; \mathbf{m}_n, \mathbf{c}_0), \tag{6.146a}$$

$$\mathbf{m}_n = \left[0\,\text{m}, 0\,\text{m}, 360 \cdot \frac{n}{N}\,^\circ, 60\,\text{km/h}, 0\,^\circ/\text{s}, 0\,\text{m/s}^2\right]^{\text{T}}, \tag{6.146b}$$

$$\mathbf{c}_0 = \text{diag}\left(5\,\text{m}, 5\,\text{m}, 360 \cdot \frac{1}{3 \cdot N}\,^\circ, 20\,\text{km/h}, \approx 0\,^\circ/\text{s}, \approx 0\,\text{m/s}^2\right)^2, \tag{6.146c}$$

wobei in den Simulationen $N = 4$ gewählt wurde. Die Varianz in der Beschleunigung und der Gierrate werden hierbei sehr klein angenommen, so dass die ersten paar Messungen hauptsächlich zur Schätzung der Geschwindigkeit und Orientierung beitragen. Währenddessen erhöht sich die Varianz in Beschleunigung und Gierrate allmählich durch das Systemrauschen, so dass diese beiden Größen später auch aus den Daten geschätzt werden.

Die Persistenzwahrscheinlichkeit p_P wird zeitabhängig zu

$$p_\text{P}(T) = \exp\left(-T / \left(2\left(T_0/3\right)^2\right)\right), \tag{6.147}$$

mit der Zeitkonstante $T_0 = 2{,}25\,\text{s}$ gewählt, was einer auf den Maximalwert 1 normierten Normalverteilung mit einer 3σ Grenze von T_0 entspricht.

Ergebnisse

Auf Grund der stochastischen Natur des Sensorrauschens und der Falsch-/Fehldetektionen wird die vorgestellte Szene 50 mal simuliert.

Zur Bewertung der Schätzgüte der Filter werden die bezüglich der *Monte-Carlo*-Durchläufe gemittelte OSPA-Metrik (Abb. 6.10) sowie die Kardinalitäts- und Lokalisierungsfehler (Abb. 6.11) betrachtet. Zur Berechnung dieser Größen wurde pro Objekt ausschließlich die Position herangezogen und die Metrik wurde mit $p = 1$, $c = 4$ parametriert. Damit gibt $e^p_{c,\text{lok}}(\mathsf{x}, \mathsf{y})$ den mittleren räumlichen Abstand zwischen tatsächlichen Objekten und ihnen korrekt zugeordneten Objekthypothesen in Metern an.

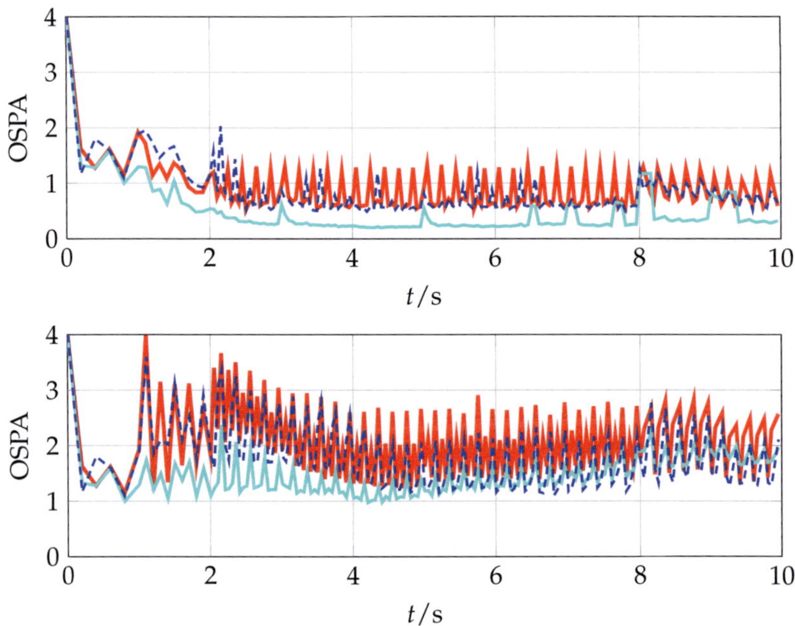

Abbildung 6.10 OSPA-Kurven für das simulierte Szenario, oben unter Berücksichtigung der Unsicherheit bezüglich des Sensorträgerzustands, unten wird $f_{\mathbf{S}}(\mathbf{s}) = \delta_{\mathbb{E}\{\mathbf{S}\}}(\mathbf{s})$ angenommen. (——) PHD-Filter, (——) JIPDA-Filter, (----) MeMBer-Filter.

Zusätzlich sind in Abb. 6.12 und Abb. 6.13 die gemittelten Verarbeitungszeiten bzw. die Anzahl an *Gauß*-Komponenten pro A-posteriori-Dichte je Filterschritt aufgetragen.

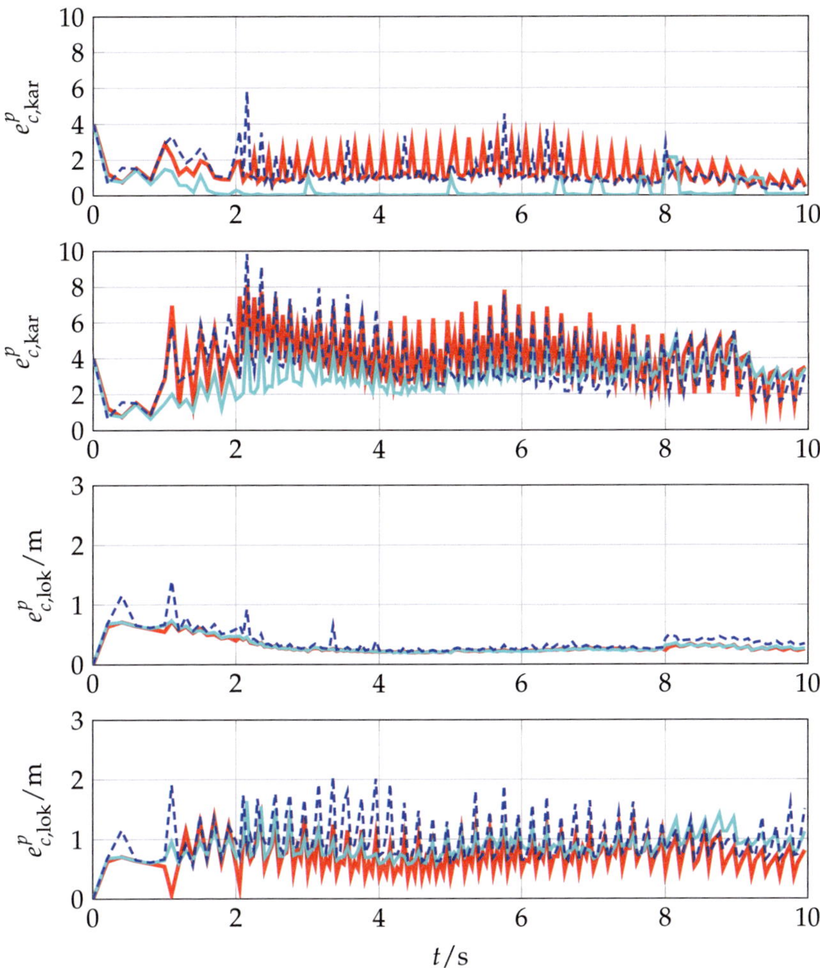

Abbildung 6.11 Gegenüberstellung des Kardinalitäts- und des Lokalisierungs-
fehlers. Im jeweils oberen Plot wurde die Unsicherheit bezüglich
des Sensorträgerzustandes berücksichtigt. (——) PHD-Filter,
(——) JIPDA-Filter, (‑ ‑ ‑ ‑) MeMBer-Filter.

Diskussion

Pro Filteransatz sind sämtliche Kurven bis 1 s unabhängig davon, ob die Unsicherheit des Sensorträgerzustandes berücksichtigt wurde oder nicht, da erst zu diesem Zeitpunkt ein mobiler Sensorträger die Szene betritt und davor ausschließlich der fest installierte Lidar, dessen Position als a priori bekannt vorausgesetzt ist, Messungen aufnimmt. Danach ist deutlich erkennbar, dass eine simple EAP-Schätzung des Sensorträgerzustandes sowohl bezüglich der Kardinalitätsschätzung als auch der Lokalisierung schlechtere Filterergebnisse liefert als das in dieser Arbeit vorgestellte Verfahren.

Beim Vergleich der Filteransätze ergibt sich der Hauptunterschied in der Schätzgüte aus einer schlechteren Kardinalitätsschätzung von PHD- und MeMBer-Filter. Diese ist darauf zurückzuführen, dass beide Filter deutlich empfindlicher auf Fehldetektionen reagieren als das JIPDA-Filter. Obwohl diese Filter bereits initialisierte Komponenten im Falle einer Fehldetektion nicht verlieren, fällt deren Gewicht bis zur nächsten erfolgreichen Detektion unter die Extraktionsschwelle $\tau_\exists$. Unter Beachtung der Unsicherheit bezüglich des Sensorträgerzustandes treten die periodischen Spitzen des Kardinalitätsfehlers erwartungsgemäß zu den Zeitpunkten auf, zu denen der Sensor mit der niedrigsten Detektionswahrscheinlichkeit (der Radarsensor) Messungen liefert. Die einzelnen Spitzen im Kardinalitätsfehler des JIPDA-Filters koinzidieren mit den Zeitpunkten, an denen ein Objekt die Szene betritt oder verlässt und sind somit auf die Trägheit des Filters bezüglich der Existenzschätzung zurückzuführen. Bei der Kompensation des unerwünschten Verhaltens von PHD- und MeMBer-Filter bei vereinzelten Fehldetektionen zeigte bereits eine simple Hystereseschaltung bei der Zustandsschätzung eine deutliche Verbesserung.

Zu den Zeitpunkten, an denen ein neuer mobiler Sensorträger die Szene betritt, ist die Anzahl an *Gauß*-Komponenten und somit die Berechnungszeit der Filter kurzzeitig deutlich höher, wenn die Unsicherheit des Sensorträgerzustandes mitberücksichtigt wird. Dies liegt daran, dass, wie vorher beschrieben, auf Grund der zunächst völlig unbekannten Orientierung des Sensorträgers dessen Zustandsdichte durch mehrere *Gauß*-Komponenten modelliert wird, und für jede dieser Komponenten und jede der bereits existierenden Komponenten der A-priori-Zustandsdichte eine neue A-posteriori-Komponente entsteht. Die Beschränkung auf die wahrscheinlichste Orientierungshypothese des Sensorträgers erfolgt erst nach wenigen Schritten durch das Reduktionsverfahren für *Gauß*-Summen. Danach ist allerdings die Anzahl an Komponenten, und somit die Berechnungszeit, geringer, wenn die Unsicherheit des Sensorträgerzustandes mitberücksichtigt wird. Die Ursache hierfür liegt darin, dass ohne diesen Mehraufwand Detektionen häufiger nicht im *gate* der verursachenden Objekthypothese liegen, da die Unsicherheit der prädizierten Detektion unterschätzt wird. Somit wird zum einen die Schätzgüte degradiert, zum anderen aber auch eine neue Objekthypothese initialisiert, wodurch sich der Rechenaufwand erhöht. Auffällig sind die vereinzelten Spitzen in der Rechenzeit des JIPDA-Filters ohne Berücksichtigung der Unsicherheit des Sensorträgerzustandes. Diese werden, da die Anzahl der *Gauß*-Komponenten zu diesem Zeitpunkt nicht steigt, durch die Berechnung der Assoziationsgewichte hervorgerufen und sind auf große *cluster* zurückzuführen, welche durch die fälschlicherweise zu viel erstellten Objekthypothesen auf Grund der schlechteren Zuordnung von Detektionen zu Objekthypothesen entstehen.

Im Vergleich der Filter fällt auf, dass PHD- und JIPDA-Filter einen sehr ähnlichen Berechnungsaufwand zeigen, wenn die Unsicherheit des Sensorträgerzustandes berücksichtigt wird. Dies mag daran liegen, dass in dem simulierten Szenario die Sensoren die Objekte ausreichend trennen können, so dass die mittlere *Cluster*-Größe bei der Assoziation hinreichend klein ist, und der Hauptaufwand somit in der Berechnung der *Kalman*-Korrekturen pro Kombination aus Detektion, Sensorträger- und Objekt-Komponente liegt. Das MeMBer-Filter nutzt stets mehr *Gauß*-Komponenten zur Darstellung der A-posteriori-Dichte, da hier pro existierendem Objekt nach dem Korrekturschritt normalerweise zwei ähnliche *Bernoulli*-Komponenten existieren, welche im Gegensatz zu PHD- und JIPDA-Filter nicht zusammengefasst werden und somit mit in den nächsten Korrekturschritt eingehen.

Die Absolutwerte der Berechnungszeit zeigen, dass keine echtzeitfähigen Implementierungen vorliegen. Da bei der Implementierung der Filter in MATLAB aber nicht die Performanz im Vordergrund stand, ist dies wenig verwunderlich. Um Echtzeitfähigkeit zu erreichen, sollte das Augenmerk auf ein deutlich effizienteres Speichermanagement sowie die Ausnutzung der hohen Parallelisierbarkeit der Algorithmen gelegt werden. Da in der Literatur echtzeitfähige Implementierungen von JPDA- und JIPDA-Filtern bekannt sind und alle Implementierungen dieser Arbeit einen von der Größenordnung vergleichbaren Rechenaufwand besitzen, sollte es möglich sein, sämtliche Verfahren echtzeitfähig umzusetzen. Um die Spitzen in der Berechnungszeit bei Erscheinen eines neuen Sensorträgers zu umgehen, wäre es sinnvoll, das Erzeugen neuer Objekthypothesen erst zu aktivieren, sobald der Sensorträger hinreichend gut lokalisiert ist. Sonst werden durch die „verkehrten" Modi der Dichte des Sensorträgerzustandes extrem viele neue Objekthypothesen initialisiert, die kurz darauf wieder verworfen werden.

Abschließend lässt sich feststellen, dass für den Einsatz im automobilen Kontext das JIPDA-Filter am besten geeignet ist, da es auch ohne Nachbearbeitung der Filterergebnisse die präzisesten Schätzungen liefert und, solange die Objekte halbwegs gut von den Sensoren getrennt werden können, auch nicht zu viel Rechenzeit benötigt. Außerdem ist sowohl seine Herleitung als auch seine Umsetzung sehr anschaulich nachvollziehbar.

Sensortyp	Abtastrate	Sensorrauschen	p_D	N_C	$f_C(\mathbf{z})$
Tachometer	100 Hz	$\sigma_V = 0{,}15\,\mathrm{m/s}$			
Gierratensensor	20 Hz	$\sigma_\omega = \sqrt{0{,}1}\,^\circ/\mathrm{s}$			
GPS	4 Hz	$\sigma_X = \sigma_Y = 5\,\mathrm{m}$			
Lidar	5 Hz	$\sigma_\beta = 1^\circ$ $\sigma_R = 0{,}3\,\mathrm{m}$	0,9	3	$\mathcal{U}(\mathbf{z};\,\mathbf{z}_{\min},\,\mathbf{z}_{\max})$ $\mathbf{z}_{\min} = \begin{bmatrix} -180^\circ, 0\,\mathrm{m} \end{bmatrix}^{\mathrm{T}}$ $\mathbf{z}_{\max} = \begin{bmatrix} 180^\circ, 200\,\mathrm{m} \end{bmatrix}^{\mathrm{T}}$
Radar	5 Hz	$\sigma_\beta = 2^\circ$ $\sigma_R = 0{,}5\,\mathrm{m}$ $\sigma_{V_{\mathrm{rad}}} = 1\,\mathrm{km/h}$	0,7	3	$\mathcal{U}(\mathbf{z};\,\mathbf{z}_{\min},\,\mathbf{z}_{\max})$ $\mathbf{z}_{\min} = \begin{bmatrix} -180^\circ, 0\,\mathrm{m}, -80\,\mathrm{m/s} \end{bmatrix}^{\mathrm{T}}$ $\mathbf{z}_{\max} = \begin{bmatrix} 180^\circ, 200\,\mathrm{m}, 80\,\mathrm{m/s} \end{bmatrix}^{\mathrm{T}}$
Stereokamera	5 Hz	$\sigma_K = 2\,\mathrm{px}$ $\rho_{K_{\mathrm{li}}K_{\mathrm{re}}} = -0{,}99$	0,9	1	$\mathcal{N}\left(\mathbf{z};\,\mathbf{0},\,10^6\,\mathrm{px} \cdot \begin{bmatrix} 1 & 0{,}999 \\ 0{,}999 & 1 \end{bmatrix}\right)$

Tabelle 6.1 Parameter der simulierten Sensoren.

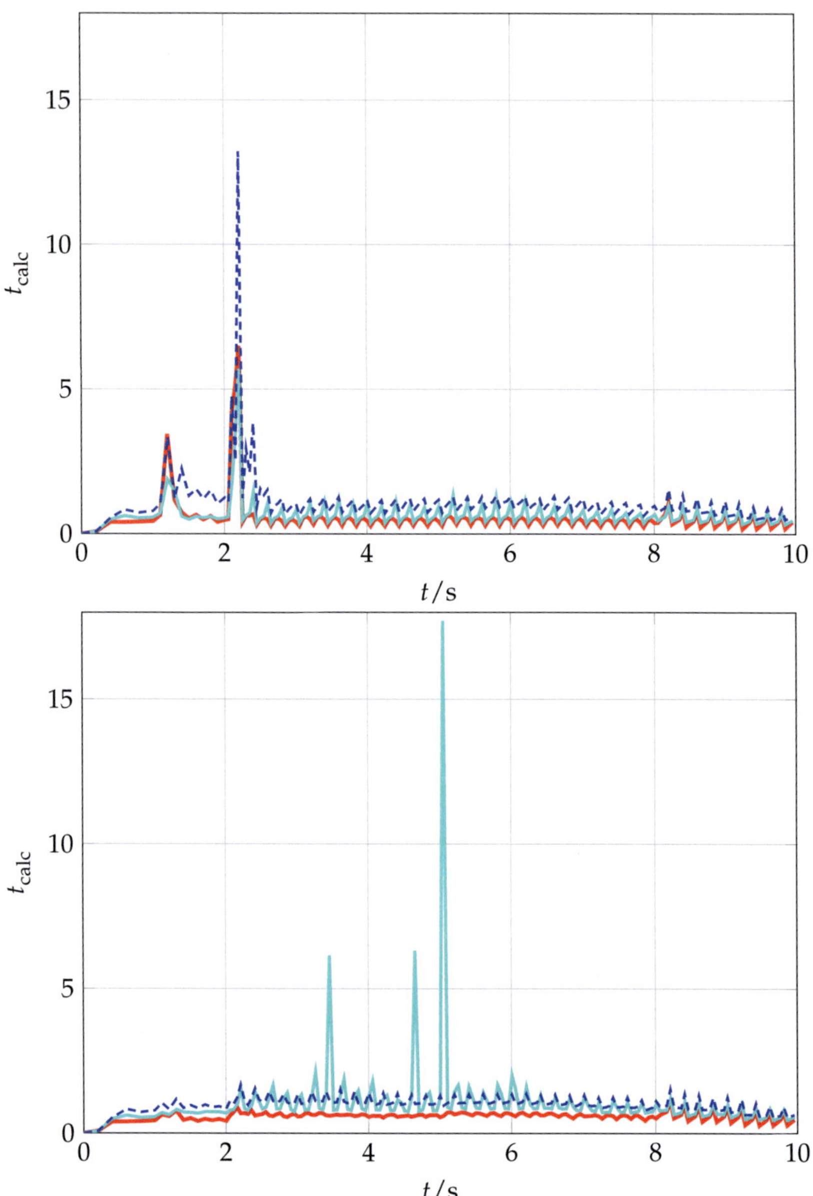

Abbildung 6.12 Gegenüberstellung der Rechenzeit pro Filterschritt, oben mit und unten ohne Berücksichtigung der Unsicherheit bezüglich des Sensorträgerzustandes. (━━━) PHD-Filter, (━━━) JIPDA-Filter, (----) MeMBer-Filter.

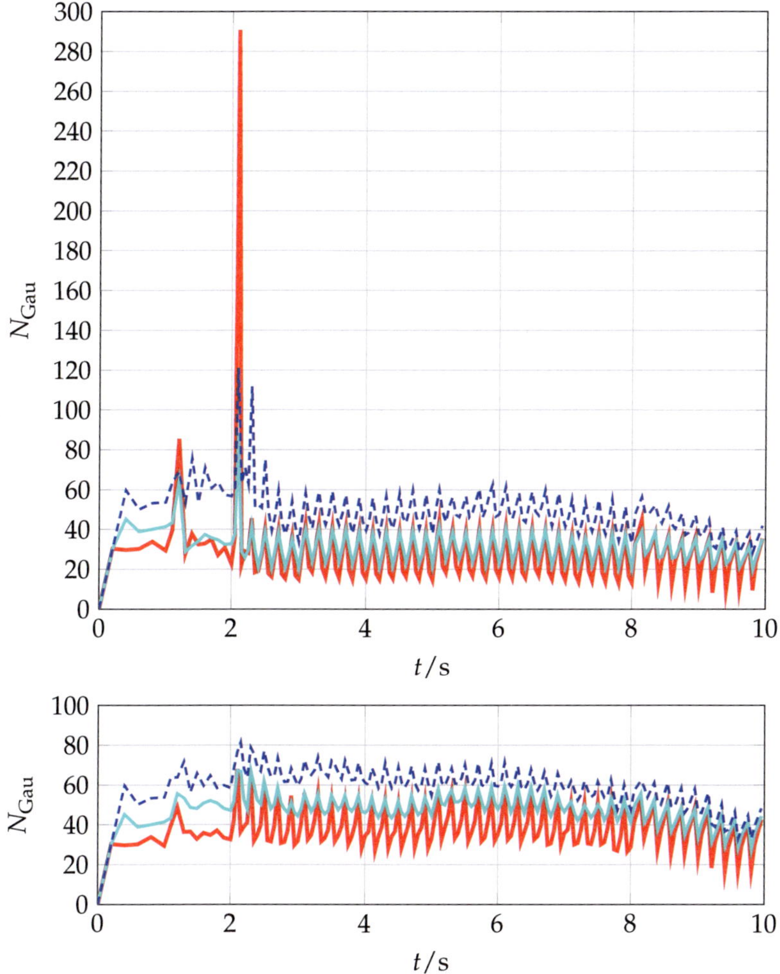

Abbildung 6.13 Anzahl der *Gauß*-Komponenten zur Darstellung der A-posteriori-Dichten, oben mit und unten ohne Berücksichtigung der Unsicherheit bezüglich des Sensorträgerzustandes. (——) PHD-Filter, (——) JIPDA-Filter, (- - - -) MeMBer-Filter.

7 Zusammenfassung und Ausblick

In dieser Arbeit wurde, durchgehend auf Basis *Bayes*'scher Statistik, ein Fusionsrahmenwerk vorgeschlagen, das in der Lage ist, Messungen propriozeptiver und exterozeptiver Sensoren auf Merkmalsebene zu fusionieren. Die Sensoren können hierbei nicht nur verteilt, sondern auch mobil sein. Dabei ist es zulässig, dass sich Sensorträger auch gegenseitig beobachten. Insbesondere wurden existierende Filterverfahren so erweitert, dass sie bei einer exterozeptiven Messung die unsicherheitsbehaftete Sensorposition berücksichtigen und sogar auf die Sensorposition rückschließen können. Da die exakten Erweiterungen mit heutigen Methoden nicht effizient implementierbar sind, wurde ein alternatives Beobachtungsmodell entwickelt und vorgeschlagen, welches die Problemstellung deutlich vereinfacht aber ähnlich zum exakten Modell ist. Ist der Sensorträgerzustand exakt bekannt, reduzieren sich die Korrekturgleichungen für beide Modelle zu den bereits aus der Literatur bekannten Entsprechungen.

Bei der Auslegung des Rahmenwerks wurde auf Grund aktueller Entwicklungen eine Anwendbarkeit im automobilen Kontext zu Grunde gelegt, obwohl das generelle Vorgehen auf andere Anwendungsgebiete übertragbar sein sollte. Die prinzipielle Effektivität des Ansatzes und die Überlegenheit gegenüber einer Nichtbeachtung der Unsicherheit des Sensorträgerzustandes wurde in einer abschließenden Simulation aufgezeigt. Zusätzlich wurden in den ersten Kapiteln viele grundlegende Methoden und Techniken vorgestellt, die zur Entwicklung des Rahmenwerks hinführen und die entweder in der Implementierung des Rahmenwerkes direkt eingesetzt wurden oder für mögliche Erweiterungen und alternative Implementierungsansätze verwendet werden können.

Folgearbeiten haben eine breite Auswahl an Ausrichtungsmöglichkeiten. So ist eine echtzeitfähige Implementierung und Verwendung realistischer Modelle für eine spezifische Anwendung denkbar. Insbesondere der Einfluss der Sensorsichtfelder und die Verwendung von Mehrmodell-Ansätzen, sowohl für verschiedene Objektklassen als auch Bewegungsmodi, sollten hierbei berücksichtigt werden. Methodische Erweiterungen wären z. B. eine gleichzeitige Kartierung sowie ein Abschwächen der vielfältigen Marginalisierungen, die im Moment vorgenommen werden, damit Verdeckungen, Wechselwirkungen bei der Objektbewegungen oder sich nahe beieinander befindende Objekte besser modellierbar werden.

A σ-Punkt-Mengen

Neben den in Abschnitt 4.2.1 eingeführten symmetrischen σ-Punkten gibt es in der Literatur eine Vielzahl an alternativen Vorschlägen. Die in dieser Arbeit verwendeten sind hier zusammengefasst. Es wird im Folgenden stets angenommen, dass die anzunähernde Dichte mittelwertfrei ist und die Einheitsmatrix $\mathbf{i}$ als Kovarianz besitzt (vgl. Abschnitt 4.2.1 Gl. (4.11)).

A.1 Skalierung

Durch Einführung (falls noch nicht in der ursprünglichen σ-Punkt-Menge enthalten) eines weiteren σ-Punktes $\mathbf{x}_{0,\mathbf{N}}$ im Ursprung mit Gewicht w_0 und mit einer Skalierung der σ-Punkte mit Skalierungsparameter $\alpha > 0$ gemäß

$$\mathbf{x}'_{p,\mathbf{N}} = \alpha \cdot \mathbf{x}_{p,\mathbf{N}} \tag{A.1}$$

entsteht die **skalierte *Unscented*-Transformation** [44]. Mit α wird die Streuung der σ-Punkte um den Erwartungswert gesteuert und somit beeinflusst, inwiefern die „lokale" oder „globale" Gestalt der nichtlinearen Funktion η durch die UT erfasst wird. Ohne diesen Parameter würde z. B. für die symmetrischen σ-Punkte die Entfernung der Stützstellen vom Mittelwert mit wachsender Dimension der Dichte steigen, wodurch eine lokale Approximation von η nicht möglich ist. Damit die durch Stichprobenmittelwert und -varianz der modifizierten Stützstellen geschätzten Größen ebenfalls bis zur zweiten Ordnung der *Taylor*-Reihe von η mit den wahren Werten übereinstimmen, müssen die Positionen und Gewichte der σ-Punkte entsprechend angepasst werden. Die Wahl

$$\left[\mathbf{x}'_1, \ldots, \mathbf{x}'_P\right] = \alpha \cdot [\mathbf{x}_1, \ldots, \mathbf{x}_P] \, , \tag{A.2a}$$

$$w'_{p,\mathbf{m}} = \begin{cases} w_0/\alpha^2 + 1 - 1/\alpha^2 & \text{für } p = 0 \\ w_{p,\mathbf{m}}/\alpha^2 & \text{für } p \neq 0 \end{cases} , \tag{A.2b}$$

$$w'_{p,\mathbf{c}} = \begin{cases} w'_{p,\mathbf{m}} + 1 - \alpha^2 & \text{für } p = 0 \\ w'_{p,\mathbf{m}} & \text{für } p \neq 0 \end{cases} \tag{A.2c}$$

hat den gewünschten Effekt.

A.2 Skalierte symmetrische σ-Punkte

Bei der Skalierung der symmetrischen σ-Punkte wird $w_0 = 0$ gewählt, da der Ursprung nicht in der ursprünglichen σ-Punkt-Menge vorhanden ist, was auf

$$w_{p,\mathbf{m}} = w_{p,\mathbf{c}} = \frac{1}{2\alpha^2 D} \qquad \big| p \neq 1 \, , \tag{A.3a}$$

$$w_{1,\mathbf{m}} = 1 - \frac{1}{\alpha^2} \, , \tag{A.3b}$$

$$w_{1,\mathbf{c}} = w_{1,\mathbf{m}} + 1 - \alpha^2 \, , \tag{A.3c}$$

$$[\mathbf{x}_1, \ldots, \mathbf{x}_P] = \alpha \sqrt{D} \cdot [\mathbf{0}_{D \times 1}, \mathbf{i}_{D \times D}, -\mathbf{i}_{D \times D}] \, , \tag{A.3d}$$

mit $D = \dim(\mathbf{X})$ und $P = 2D + 1$ führt.

A.3 Sphärischer-Simplex σ-Punkte

Da der Rechenaufwand mit der Anzahl der σ-Punkte steigt, sollten so wenige wie möglich benutzt werden. Um die Varianz einer D-dimensionalen Größe zu bestimmen, sind mindestens $D + 1$ Stützstellen notwendig, wohingegen die skalierten symmetrischen σ-Punkte $2D + 1$ Stützstellen verwenden. Mit den Gewichten (w_0 ist ein Parameter)

$$w_p = \begin{cases} w_0 & \text{für } p = 1 \\ (1 - w_0)/(D + 1) & \text{für } p \neq 1 \end{cases} \tag{A.4a}$$

und den rekursiv definierten Stützstellen

$$\mathbf{x}_1^1 = 0, \qquad \mathbf{x}_2^1 = -\frac{1}{\sqrt{2w_2}}, \qquad \mathbf{x}_3^1 = \frac{1}{\sqrt{2w_2}}, \tag{A.4b}$$

$$\mathbf{x}_p^j = \begin{cases} \begin{bmatrix} \mathbf{x}_1^{j-1} \\ 0 \end{bmatrix} & \text{für } p = 1 \\[2em] \begin{bmatrix} \mathbf{x}_p^{j-1} \\ -\dfrac{1}{\sqrt{j(j+1)w_2}} \end{bmatrix} & \text{für } 1 < p < j+2 \\[2em] \begin{bmatrix} \mathbf{0}_{j-1 \times 1} \\ \dfrac{j}{\sqrt{j(j+1)w_2}} \end{bmatrix} & \text{für } p = j+2 \end{cases} \tag{A.4c}$$

sind die $P = D + 2$ Sphärischer-Simplex σ-Punkte $\mathbf{x}_p^D$ definiert. Der Name rührt daher, dass die Punkte auf einer D-Sphäre mit Radius $\sqrt{D}/(1 - w_0)$ liegen. Sie sind jedoch nicht symmetrisch bezüglich der Koordinatenachsen.

A.4 *Cubature-Kalman*-Filter

In [2] werden der Erwartungswert und die Varianz einer Zufallsgröße, die durch die Anwendung einer nichtlinearen Funktion auf eine normalverteilte Zufallsgröße mit bekannten Parametern resultiert, mittels numerischer Integration berechnet. Auch wenn die Autoren versuchen, den Unterschied zwischen ihrem Ansatz und der UT hervorzuheben, so entspricht ihr Ergebnis doch der UT mit (nicht skalierten) symmetrischen σ-Punkten.

B Wichtige Klassen endlicher Zufallsmengen

In diesem Anhang werden die wichtigsten in dieser Arbeit benötigten Klassen von endlichen Zufallsmengen mit ihren charakteristischen Größen vorgestellt.

B.1 *Poisson*-verteilte endliche Zufallsmengen

Eine EZM X ist *Poisson*-verteilt, wenn ihre Kardinalität $|X|$ einer *Poisson*-Verteilung mit Erwartungswert N_x

$$p_X(n) = \frac{N_x^n}{n!} e^{-N_x} \tag{B.1}$$

genügt, und die einzelnen Elemente gemäß der Wahrscheinlichkeitsdichte $f_X(\mathbf{x})$ u. i. v. verteilt sind. Sie besitzt die PHD D_X

$$D_X(\mathbf{x}) = N_X \cdot f_X(\mathbf{x}) \tag{B.2}$$

und das WEF

$$\boxed{F_X[h] = e^{-N_x + \langle D_X,\, h \rangle}\,.} \tag{B.3}$$

Die PHD charakterisiert eine *Poisson*-verteilte EZM vollständig, da aus ihr sowohl N_x als auch $f_X(\mathbf{x})$ gewonnen werden können. Es gilt

$$
\begin{aligned}
\frac{\delta F_X}{\delta \mathbf{x}_0}[h] &= \lim_{\epsilon \searrow 0} \frac{1}{\epsilon} \left(e^{-N_x + \left\langle D_X,\, h + \epsilon \delta_{\mathbf{x}_0} \right\rangle} - e^{-N_x + \langle D_X,\, h \rangle} \right) \\
&= e^{-N_x + \langle D_X,\, h \rangle} \cdot \lim_{\epsilon \searrow 0} \frac{e^{\epsilon D_X(\mathbf{x}_0)}}{\epsilon} \\
&= e^{-N_x + \langle D_X,\, h \rangle} \cdot \lim_{\epsilon \searrow 0} D_X(\mathbf{x}_0)\, e^{\epsilon D_X(\mathbf{x}_0)} \\
&= F_X[h] \cdot D_X(\mathbf{x}_0)
\end{aligned}
\tag{B.4}
$$

$$\Rightarrow \frac{\delta F_\mathsf{X}}{\delta \mathsf{x}}[h] = F_\mathsf{X}[h] \cdot D_\mathsf{X}^\mathsf{x} . \tag{B.5}$$

B.2 *Bernoulli*-verteilte endliche Zufallsmengen

Eine EZM X ist *Bernoulli*-verteilt, wenn sie mit Wahrscheinlichkeit $p_\nexists$ leer ist, und mit Wahrscheinlichkeit $p_\exists \equiv 1 - p_\nexists$ ein Element besitzt, welches dann gemäß der Wahrscheinlichkeitsdichte $f_\mathbf{X}(\mathbf{x})$ verteilt ist, also

$$\mathsf{X} \sim p_\mathsf{X}(|\mathsf{x}|) \cdot f_{\mathsf{X},n}\left(\psi^{-1}(\mathsf{x})\right) , \tag{B.6a}$$

mit

$$p_\mathsf{x}(n) = \begin{cases} 1 - p_\exists, & \text{für } n = 0 \\ p_\exists, & \text{für } n = 1 \\ 0, & \text{sonst} \end{cases} \tag{B.6b}$$

und

$$f_{\mathsf{X},1}(\mathbf{x}) = f_\mathbf{X}(\mathbf{x}) . \tag{B.6c}$$

Sie besitzt die PHD/Intensität D_X

$$D_\mathsf{X}(\mathbf{x}) = p_\exists \cdot f_\mathbf{X}(\mathbf{x}) \tag{B.7}$$

und das WEF

$$\boxed{F_\mathsf{X}[h] = p_\nexists + p_\exists \cdot \langle f_\mathbf{X}, h \rangle .} \tag{B.8}$$

Vektorwertige Zufallsgrößen können somit als Spezialfall einer endlichen *Bernoulli*-Zufallsmenge mit $p_\exists = 1$ angesehen werden.

Es gilt

$$\frac{\delta F_\mathsf{X}}{\delta \mathbf{x}_0}[h] = \lim_{\epsilon \searrow 0} \frac{1}{\epsilon} \left(\left[p_\nexists + p_\exists \left\langle f_\mathbf{X}, h + \epsilon \delta_{\mathbf{x}_0} \right\rangle \right] - \left[p_\nexists + p_\exists \langle f_\mathbf{X}, h \rangle \right] \right)$$

$$\tag{B.9}$$

$$= \lim_{\epsilon \searrow 0} \frac{1}{\epsilon} \cdot \epsilon \cdot p_\exists \cdot f_\mathbf{X}(\mathbf{x}_0) = p_\exists \cdot f_\mathbf{X}(\mathbf{x}_0) .$$

B.3 Multi-*Bernoulli*-verteilte endliche Zufallsmengen

Die Vereinigungsmenge von M unabhängigen *Bernoulli*-verteilten endlichen Zufallsmengen $\mathsf{X} = \cup_m \mathsf{X}_m$ ist Multi-*Bernoulli*-verteilt (MB-verteilt oder kurz Multi-*Bernoulli*) und wird durch die Parameter $p_{\exists,m}$ und $f_{\mathsf{X},m}(\mathbf{x})$ vollständig beschrieben, weshalb auch die Schreibweise

$$\mathsf{X} \sim \left\{ p_{\exists,m}, f_{\mathsf{X},m}(\mathbf{x}) \right\}_{m=1}^{M} \tag{B.10}$$

verwendet wird. Die einzelnen Elemente von X werden auch (*Bernoulli*-) Komponenten genannt.

Sie besitzt die PHD/Intensität D_{X}

$$D_{\mathsf{X}}(\mathbf{x}) = \sum_m p_{\exists,m} \cdot f_{\mathsf{X},m}(\mathbf{x}) \tag{B.11}$$

und das WEF

$$\boxed{F_{\mathsf{X}}[h] = \prod_m \left(p_{\nexists,m} + p_{\exists,m} \cdot \langle f_{\mathsf{X},m}, h \rangle \right) .} \tag{B.12}$$

C Bewegungsmodelle

C.1 Kinematische Bewegungsmodelle

Alle hier vorgestellten Bewegungsmodelle beschreiben die Bewegung punktförmiger Objekte in der Ebene. Der Ursprung des Koordinatensystems ist willkürlich aber fest, d. h. er bewegt sich nicht mit dem Objekt.

C.1.1 Gleichförmige Bewegung

Unter der Annahme einer gleichförmigen Bewegung, d. h. Geschwindigkeitsrichtung und -betrag sind konstant, lässt sich der Objektzustand mit vier Größen beschreiben

$$\mathbf{x} = \left[\mathbf{p}^{\mathrm{T}}, \mathbf{v}_{\mathrm{k}}^{\mathrm{T}}\right]^{\mathrm{T}} \text{ bzw. } \left[\mathbf{p}^{\mathrm{T}}, \mathbf{v}_{\mathrm{p}}^{\mathrm{T}}\right]^{\mathrm{T}}. \tag{C.1}$$

Hierbei bezeichnet $\mathbf{p} = [x, y]^{\mathrm{T}}$ die Position des Objektes in der kartesischen Ebene. Die Geschwindigkeit des Objektes kann in kartesischen oder polaren Koordinaten $\mathbf{v}_{\mathrm{k}} = [v_x, v_y]^{\mathrm{T}}$ bzw. $\mathbf{v}_{\mathrm{p}} = [\theta, v]^{\mathrm{T}}$ dargestellt werden. Dabei sind v der Betrag und θ die Richtung von $\mathbf{v}_{\mathrm{k}}$ (der Winkel $\theta = 0$ liegt hierbei in Richtung der x-Achse des Koordinatensystems, θ wird gegen den Uhrzeigersinn definiert). Eine Umrechnung zwischen den Darstellungen ist möglich mit

$$v_x = v \cdot \cos(\theta), \qquad\qquad v = \sqrt{v_x^2 + v_y^2}, \tag{C.2}$$

$$v_y = v \cdot \sin(\theta), \qquad\qquad \theta = \arctan\frac{v_y}{v_x}, \tag{C.3}$$

wobei für die Berechnung von θ der Quadrant von $\mathbf{v}_{\mathrm{k}}$ berücksichtigt werden muss. Des Weiteren sind folgende Zusammenhänge häufig nützlich:

$$\cos(\theta) = \frac{v_x}{\sqrt{v_x^2 + v_y^2}}, \qquad\qquad \sin(\theta) = \frac{v_y}{\sqrt{v_x^2 + v_y^2}}. \tag{C.4}$$

Die Funktion $\overline{g}(\mathbf{x}_k, T_k) = [\mathbf{p}(\mathbf{x}_k, T_k), \mathbf{v}_k(\mathbf{x}_k, T_k)]^{\mathrm{T}}$ (vgl. Gl. (3.5)) ist linear für $\dot{\mathbf{p}} \equiv \mathbf{v}$, $\dot{\mathbf{v}} \equiv 0$ und gegebenes T_k und lässt sich somit als Matrixmultiplikation

$$
\begin{bmatrix} \mathbf{p}_k \\ \mathbf{v}_{k,k} \end{bmatrix} = \begin{bmatrix} 1 & 0 & T_k & 0 \\ 0 & 1 & 0 & T_k \\ 0 & 0 & 1 & 0 \\ 0 & 0 & 0 & 1 \end{bmatrix} \cdot \begin{bmatrix} \mathbf{p}_{k-1} \\ \mathbf{v}_{k-1,k} \end{bmatrix} \tag{C.5}
$$

darstellen, wenn die Geschwindigkeit in kartesischen Koordinaten vorliegt. Für die polare Geschwindigkeitsdarstellung gilt dann

$$
\begin{bmatrix} x_k \\ y_k \\ \theta_k \\ v_k \end{bmatrix} = \begin{bmatrix} x_{k-1} + T_k \cdot v_{k-1} \cdot \cos(\theta_{k-1}) \\ y_{k-1} + T_k \cdot v_{k-1} \cdot \sin(\theta_{k-1}) \\ \theta_{k-1} \\ v_{k-1} \end{bmatrix}. \tag{C.6}
$$

Aufgrund der englischen Bezeichnung *constant velocity* werden diese Bewegungsmodelle als $\mathrm{CV_k}$- bzw. $\mathrm{CV_p}$-Modell bezeichnet.

C.1.2 Bewegung mit konstanter Beschleunigung

Wird zusätzlich ein (in kartesischen Koordinaten) konstanter Beschleunigungsvektor $\dot{\mathbf{v}} \equiv \mathbf{a} = [a_x, a_y]^{\mathrm{T}}$ mit $\dot{\mathbf{a}} \equiv \mathbf{0}$ zugelassen, ist für eine kartesische Geschwindigkeitsdarstellung die Funktion $\overline{g}(\mathbf{x}_k, T_k)$ bei festem T_k linear und hat die Form

$$
\begin{bmatrix} \mathbf{p}_k \\ \mathbf{v}_{k,k} \\ \mathbf{a}_k \end{bmatrix} = \begin{bmatrix} 1 & 0 & T_k & 0 & \frac{T_k^2}{2} & 0 \\ 0 & 1 & 0 & T_k & 0 & \frac{T_k^2}{2} \\ 0 & 0 & 1 & 0 & T_k & 0 \\ 0 & 0 & 0 & 1 & 0 & T_k \\ 0 & 0 & 0 & 0 & 1 & 0 \\ 0 & 0 & 0 & 0 & 0 & 1 \end{bmatrix} \cdot \begin{bmatrix} \mathbf{p}_{k-1} \\ \mathbf{v}_{k-1,k} \\ \mathbf{a}_{k-1} \end{bmatrix}. \tag{C.7}
$$

Aufgrund der englischen Bezeichnung *constant acceleration* wird dieses Bewegungsmodell als CA-Modell bezeichnet.

C.1.3 Bewegung mit konstanter Beschleunigung und Gierrate

Wird angenommen, eine konstante Beschleunigung $\dot{v} \equiv a$ mit $\dot{a} \equiv 0$ erfolgt ausschließlich entlang der instantanen Orientierung θ des Geschwindigkeitsvektors, es sei aber zusätzlich eine konstante Gierrate $\dot{\theta} \equiv \omega$ mit $\dot{\omega} \equiv 0$ möglich, ergibt sich

$$\overline{g}(\mathbf{x}_k, T_k) = [x(\mathbf{x}_k, T_k), y(\mathbf{x}_k, T_k), \theta(\mathbf{x}_k, T_k), v(\mathbf{x}_k, T_k), \omega(\mathbf{x}_k, T_k), a(\mathbf{x}_k, T_k)]^{\mathrm{T}} \tag{C.8a}$$

mit

$$\begin{aligned}
x(\mathbf{x}_k, T_k) = x_{k-1} \\
+ v_{k-1} \cdot \left[\cos(\theta_{k-1}) \frac{\sin(T_k \cdot \omega)}{\omega} - \sin(\theta_{k-1}) \frac{1 - \cos(T_k \cdot \omega)}{\omega} \right] \\
+ a_{k-1} \cdot \left[\cos(\theta_{k-1}) \left(\frac{T_k \cdot \sin(T_k \cdot \omega)}{\omega} - \frac{1 - \cos(T_k \cdot \omega)}{\omega^2} \right) \right. \\
\left. - \sin(\theta_{k-1}) \frac{\sin(T_k \cdot \omega) - T_k \cdot \omega \cdot \cos(T_k \cdot \omega)}{\omega^2} \right],
\end{aligned} \tag{C.8b}$$

$$\begin{aligned}
y(\mathbf{x}_k, T_k) = y_{k-1} \\
+ v_{k-1} \cdot \left[\sin(\theta_{k-1}) \frac{\sin(T_k \cdot \omega)}{\omega} + \cos(\theta_{k-1}) \frac{1 - \cos(T_k \cdot \omega)}{\omega} \right] \\
+ a_{k-1} \cdot \left[\sin(\theta_{k-1}) \left(\frac{T_k \cdot \sin(T_k \cdot \omega)}{\omega} - \frac{1 - \cos(T_k \cdot \omega)}{\omega^2} \right) \right. \\
\left. + \cos(\theta_{k-1}) \frac{\sin(T_k \cdot \omega) - T_k \cdot \omega \cdot \cos(T_k \cdot \omega)}{\omega^2} \right],
\end{aligned} \tag{C.8c}$$

$$\theta(\mathbf{x}_k, T_k) = \theta_{k-1} + T_k \cdot \omega_{k-1}, \tag{C.8d}$$
$$v(\mathbf{x}_k, T_k) = v_{k-1} + T_k \cdot a_{k-1}, \tag{C.8e}$$
$$\omega(\mathbf{x}_k, T_k) = \omega_{k-1}, \tag{C.8f}$$
$$a(\mathbf{x}_k, T_k) = a_{k-1}. \tag{C.8g}$$

Für eine Geradeausfahrt, also $\omega \to 0$, gelten folgende Grenzwerte

$$\lim_{\omega \to 0} \frac{\sin(T_k \cdot \omega)}{\omega} = T_k, \tag{C.9a}$$

$$\lim_{\omega \to 0} \frac{T_k \cdot \sin(T_k \cdot \omega)}{\omega} = T_k^2, \tag{C.9b}$$

$$\tag{C.9c}$$

$$\lim_{\omega \to 0} \frac{1 - \cos(T_k \cdot \omega)}{\omega} = 0, \tag{C.9d}$$

$$\lim_{\omega \to 0} \frac{1 - \cos(T_k \cdot \omega)}{\omega^2} = \frac{T_k^2}{2}, \tag{C.9e}$$

$$\lim_{\omega \to 0} \frac{\sin(T_k \cdot \omega) - T_k \cdot \omega \cdot \cos(T_k \cdot \omega)}{\omega^2} = 0. \tag{C.9f}$$

Aufgrund der englischen Bezeichnung *constant turn rate and acceleration* wird dieses Bewegungsmodell als CTRA-Modell bezeichnet.

C.2 Mehrobjekt-Bewegungsmodell

In dieser Arbeit wird davon ausgegangen, dass neu erscheinende Objekte datengetrieben nach dem Korrekturschritt erzeugt werden, so dass im Gegensatz zum Großteil der Literatur keine explizite Modellierung neu erscheinender Objekte durch das Bewegungsmodell nötig ist. Außerdem wird die Möglichkeit, dass sich ein Objekt in mehrere Objekte aufteilen kann, vernachlässigt, da dies im automotive Bereich zwar motivierbar, aber nur für sehr spezielle Situationen erforderlich erscheint (z. B. ein Wagen, der erst einparkt und aus dem dann Menschen aussteigen). Die folgenden Annahmen beschreiben das Mehrobjekt-Bewegungsmodell:

1. Objekte verbleiben mit der Persistenz-Wahrscheinlichkeit $p_\mathrm{P}(\mathbf{x})$ in der Szene und verschwinden mit der Gegenwahrscheinlichkeit $1 - p_\mathrm{P}(\mathbf{x})$.

2. Objekte bewegen sich unabhängig voneinander.

3. Für den Fall des Verbleibens folgen Objekte einem kinematischen Bewegungsmodell (Anhang C.1).

Daraus folgt

$$\mathsf{X}_{k+1}|\mathsf{x}_k = \bigcup_{\mathbf{x}_k \in \mathsf{X}_k} \mathsf{X}|\mathbf{x}_k, \tag{C.10}$$

wobei

$$\mathsf{X}|\mathbf{x}_k \sim p_\mathsf{X}(|\mathsf{x}|) \cdot f_{\mathsf{X},|\mathsf{x}|}\left(\psi^{-1}(\mathsf{x})\right), \tag{C.11a}$$

mit

$$p_{\mathsf{X}}(n) = \begin{cases} 1 - p_{\mathrm{P}}(\mathbf{x}_k) & \text{für } n = 0 \\ p_{\mathrm{P}}(\mathbf{x}_k) & \text{für } n = 1 \\ 0 & \text{sonst} \end{cases} \tag{C.11b}$$

und

$$f_{\mathsf{X},1}(\mathbf{x}) = f(\mathbf{x}|\mathbf{x}_k) \ . \tag{C.11c}$$

Somit ist $\mathsf{X}_{k+1}|\mathsf{x}_k$ Multi-*Bernoulli* mit dem WEF

$$F_{\mathsf{X}_{k+1}}[h|\mathsf{x}_k] = \left(1 - p_{\mathrm{P}}(\mathbf{x}) + p_{\mathrm{P}}(\mathbf{x}) \cdot \langle f(\mathbf{x}_{k+1}|\mathbf{x}), h\rangle_{\mathbf{x}_{k+1}}\right)^{\mathsf{x}_k} \ . \tag{C.12}$$

D Sensormodelle

D.1 Modelle für Detektionen

Im Folgenden werden die Sensormodelle, die in den Simulationen für diese Arbeit verwendet wurden, vorgestellt.

D.1.1 Radar/Lidar

Radar- und Lidarsensoren erfassen die Position von Objekten relativ zum Sensor in polarer Darstellung, d. h. den Winkel β und den Abstand r. Radarsensoren können meist den *Doppler*-Effekt ausnutzen, um zusätzlich die radiale Geschwindigkeit $v_{\mathrm{rad}} \equiv \dot{r}$ des Objektes zu messen (vgl. Abb. D.1). Eine Signalverabeitung, um pro Objekt nur eine punktförmige Detektion zu erhalten, wird vorausgesetzt.

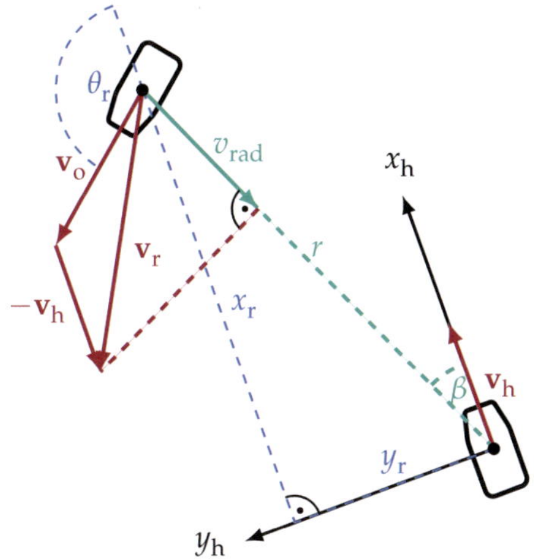

Abbildung D.1 Geometrie einer Radar-/Lidarmessung.

Sind die Position $\mathbf{p}_{\mathrm{r}} = [x_{\mathrm{r}}, y_{\mathrm{r}}]^{\mathrm{T}}$ und Geschwindigkeit $\mathbf{v}_{\mathrm{r}} = [v_{x,\mathrm{r}}, v_{y,\mathrm{r}}]^{\mathrm{T}}$ des Objektes relativ zum Sensor in kartesischer Darstellung gegeben, erfolgt die Umrechnung gemäß

$$\beta = \arctan \frac{y_{\mathrm{r}}}{x_{\mathrm{r}}}, \tag{D.1a}$$

$$r = \sqrt{x_{\mathrm{r}}^2 + y_{\mathrm{r}}^2}, \tag{D.1b}$$

$$\begin{aligned}
v_{\mathrm{rad}} \equiv \dot{r} &= \frac{\mathrm{d}}{\mathrm{d}t} \sqrt{x_{\mathrm{r}}^2 + y_{\mathrm{r}}^2} = \frac{1}{2} \left(x_{\mathrm{r}}^2 + y_{\mathrm{r}}^2 \right)^{-\frac{1}{2}} \cdot [2x_{\mathrm{r}}\dot{x}_{\mathrm{r}} + 2y_{\mathrm{r}}\dot{y}_{\mathrm{r}}] \\
&= \frac{x_{\mathrm{r}}v_{x,\mathrm{r}} + y_{\mathrm{r}}v_{y,\mathrm{r}}}{r} = v \cdot \left[\frac{x_{\mathrm{r}}}{r}\cos(\theta_{\mathrm{r}}) + \frac{y_{\mathrm{r}}}{r}\sin(\theta_{\mathrm{r}}) \right] \\
&= v \cdot [\cos(\beta)\cos(\theta_{\mathrm{r}}) + \sin(\beta)\sin(\theta_{\mathrm{r}})] = v \cdot \cos(\theta_{\mathrm{r}} - \beta),
\end{aligned} \tag{D.1c}$$

wobei in Gl. (D.1a) der Quadrant beachtet werden muss.

Werte für Standardabweichungen aktueller Sensoren liegen in folgenden Größenordnungen:

	σ_β	σ_R	$\sigma_{V_{\mathrm{rad}}}$
Lidar	$0{,}1^\circ - 2^\circ$	$0{,}1\,\mathrm{m} - 1\,\mathrm{m}$	-
Radar	$0{,}25^\circ - 3^\circ$	$0{,}1\,\mathrm{m} - 1\,\mathrm{m}$	$0{,}1\,\mathrm{m/s} - 1\,\mathrm{m/s}$

D.1.2 Mono-/Stereokamera

Eine Kamera liefert in Form eines Bildes pro Zeitschritt eine vektorwertige Messung. In dieser Arbeit wird jedoch davon ausgegangen, dass aus diesem Bild Objekthypothesen mittels eines Detektionsalgorithmus extrahiert werden und diese Hypothesen als Detektionen an den Zustandsschätzer weitergeleitet werden. Da sich sämtliche Simulationen für diese Arbeit auf eine Ebene beschränken, liefert eine Kamera folglich nur eine skalare Größe, die Pixelposition $k \in \mathbb{R}$ des Objektes, zurück. Vereinfachend wird ein Lochkameramodell angesetzt, so dass die Kamera durch die intrinsischen Parameter Brennweite f und Pixelabstand auf dem Sensorchip Δp (vgl. Abb. D.2) beschrieben wird.

Es wird angenommen, dass eine gerade Anzahl an Pixeln pro Zeile vorhanden ist und dass das erste Pixel rechts der optischen Achse den Index

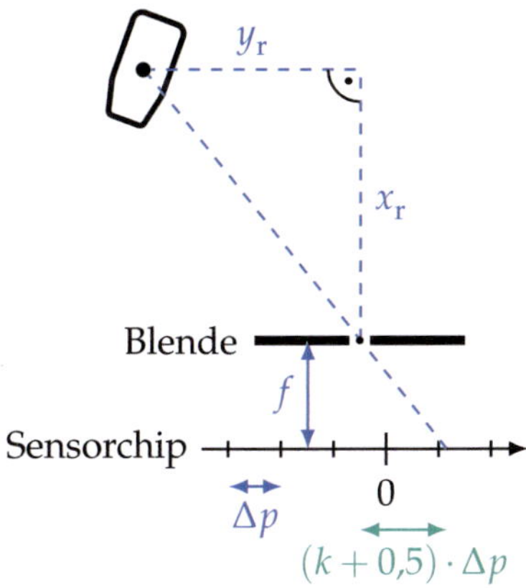

Abbildung D.2 Geometrie einer Monokamera-Messung.

0 hat. Dann gilt mit dem Strahlensatz (die Position des Objektes wird in kartesischer Darstellung angenommen):

$$\frac{\Delta p(k+0{,}5)}{f} = \frac{y_r}{x_r} \Rightarrow k = \frac{f}{\Delta p} \cdot \frac{y_r}{x_r} - 0{,}5 \,. \tag{D.2}$$

Hierbei ist der konstante Faktor $f/\Delta p$ kameraspezifisch und beschreibt das Auflösungsvermögen. Er kann auch wie folgt aus Pixelanzahl pro Zeile N_{Zeile} und Öffnungswinkel α (von Rand zu Rand, nicht von optischer Achse zu Rand) berechnet werden (ein Winkel von $\alpha/2$ entspricht dem Pixel mit dem Index $k = N_{\text{Zeile}}/2 - 1$)

$$\frac{y_r}{x_r} = \tan\!\left(\frac{\alpha}{2}\right) = \frac{\Delta p(k+\frac{1}{2})}{f} \Rightarrow \frac{f}{\Delta p} = \frac{k+\frac{1}{2}}{\tan\!\left(\frac{\alpha}{2}\right)} = \frac{N-1}{2\cdot\tan\!\left(\frac{\alpha}{2}\right)} \,, \tag{D.3}$$

so dass für eine Kamera mit einem Öffnungswinkel von $36\,^\circ$ und 640 Pixeln pro Zeile $f/\Delta p \approx 983{,}32$ gilt. Dieser Wert wird in den Simulationen verwendet, sofern nichts anderes angegeben ist. Bei einer Stereo-Kamera werden die Objektkoordinaten zunächst in Koordinaten relativ zur linken und zur rechten Kamera umgerechnet, und anschließend für beide einzeln k_{li} und k_{re} bestimmt, so dass

$$\mathbf{z} = [k_{\text{li}}, k_{\text{re}}]^{\mathrm{T}} \,. \tag{D.4}$$

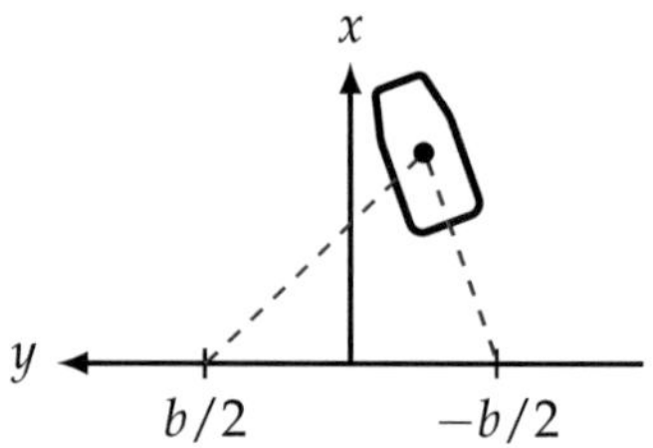

Abbildung D.3   Geometrie einer Stereokamera-Messung.

Aus diesem Punktepaar kann bei Kenntnis des Kameraparameters $\frac{f}{\Delta p}$ (beide Kameras werden als baugleich angesehen, daher nur ein Parameter) und der Basisbreite b (entspricht dem Abstand der Kameras zueinander) eine Rekonstruktion der Position $\mathbf{p}_r$ des Objektes erfolgen. Die Koordinaten x_r und y_r erhält man mit $x_r = x_{li} = x_{re}$ (vgl. Abbildung D.3) wie folgt:

$$y_{li} = y_r - \frac{b}{2}, \qquad y_{re} = y_r + \frac{b}{2} \tag{D.5}$$

$$\Rightarrow b = 2(y_r - y_{li}) = 2(y_{re} - y_r) \Rightarrow y_r = \frac{y_{re} + y_{li}}{2}, \tag{D.6}$$

$$d := k_{re} - k_{li} = \frac{f}{\Delta p}\frac{y_{re} - y_{li}}{x} = \frac{f}{\Delta p}\frac{b}{x_r} \Rightarrow x_r = \frac{f}{\Delta p} \cdot \frac{b}{d}, \tag{D.7}$$

$$y_r = \frac{y_{re} + y_{li}}{2} = \frac{x_r}{2} \cdot \frac{\Delta p}{f}(k_{re} + k_{li} + 1) = b \cdot \frac{k_{re} + k_{li} + 1}{k_{re} - k_{li}}. \tag{D.8}$$

Die Basisbreite b wird, sofern nicht anders angegeben, mit $0{,}2\,\mathrm{m}$ angesetzt.

Wenn man annimmt, dass der Messfehler ausschließlich durch eine Quantisierung der Pixelkoordinate hervorgerufen wird, so kann dieser Fehler näherungsweise durch eine Gleichverteilung auf dem Intervall $[-0{,}5; 0{,}5)$ beschrieben werden. Dieser Fehler kann durch eine Normalverteilung mit gleicher Varianz abgeschätzt werden:

$$\sigma_{\mathcal{N}}^2 \overset{!}{=} \sigma_{\mathcal{U}}^2 = \frac{(0{,}5 - (-0{,}5))^2}{12} = \frac{1}{12} \Rightarrow \sigma_{\mathcal{N}} = \frac{1}{2\sqrt{3}} \approx 0{,}2887. \tag{D.9}$$

Bei einer Stereokamera werden normalerweise eigentlich nicht die linke und rechte Pixelkoordinate berechnet, sondern nur eine der beiden sowie die Disparität $d := k_{re} - k_{li}$. Diese wird als eigentlich fehlerbehaftete

Größe angenommen. Führt man noch die Hilfsgröße $m = \frac{k_{\text{re}}+k_{\text{li}}}{2}$ ein und nimmt an, dass

$$M \sim \mathcal{N}\left(m;\, \mu_M,\, \sigma_M^2\right), \qquad\qquad D \sim \mathcal{N}\left(d;\, \mu_D,\, \sigma_D^2\right), \qquad (\text{D.10})$$

sowie dass beide Größen unkorreliert sind, gelten folgende Zusammenhänge:

$$k_{\text{li}} = m - \frac{d}{2}, \qquad\qquad k_{\text{re}} = m + \frac{d}{2}, \qquad (\text{D.11})$$

$$\mu_{K_{\text{li}}} := \mathbb{E}\{K_{\text{li}}\} = M - \frac{D}{2}, \qquad \mu_{K_{\text{re}}} := \mathbb{E}\{K_{\text{re}}\} = M + \frac{D}{2}, \qquad (\text{D.12})$$

$$\sigma_{K_{\text{li}}}^2 = \sigma_M^2 + \frac{\sigma_D^2}{4}, \qquad\qquad \sigma_{K_{\text{re}}}^2 = \sigma_M^2 + \frac{\sigma_D^2}{4}, \qquad (\text{D.13})$$

$$C_{K_{\text{li}}K_{\text{re}}} = C_{K_{\text{re}}K_{\text{li}}} = \sigma_M^2 - \frac{\sigma_D^2}{4}. \qquad (\text{D.14})$$

Der Korrelationskoeffizient $\rho_{K_{\text{li}}K_{\text{re}}}$ ist somit

$$\rho_{K_{\text{li}}K_{\text{re}}} = \frac{C_{K_{\text{li}}K_{\text{re}}}}{\sigma_{K_{\text{li}}}\sigma_{K_{\text{re}}}} = \frac{1 - \left(\frac{\sigma_D}{2\sigma_M}\right)^2}{1 + \left(\frac{\sigma_D}{2\sigma_M}\right)^2}. \qquad (\text{D.15})$$

Wird nur D als verrauscht angenommen, gilt $\sigma_D \gg \sigma_M$ und somit $r_{K_{\text{li}}K_{\text{re}}} \to -1$. Daher wird für eine simulierte Stereokamera eine Kovarianzmatrix der Form

$$\mathbf{r}_{\text{Ka}} = \sigma_K^2 \cdot \left[1, \; -\rho_{K_{\text{li}}K_{\text{re}}};\; -\rho_{K_{\text{li}}K_{\text{re}}}, \; 1\right] \qquad (\text{D.16})$$

angesetzt, mit $\rho_{K_{\text{li}}K_{\text{re}}}$ im Bereich $0{,}6 - 0{,}999$.

D.2 Modell für Messungen

Messungen von exterozeptiven Sensoren sind meist zunächst vektorwertig (Grauwerte einer Kameraaufnahme, Intensitäten pro Gate bei Radar, Entfernungsmessungen bei Lidar). Werden aus diesen Rohdaten durch Detektionsalgorithmen Objekthypothesen entnommen, so ist deren Anzahl vorab unbekannt und die so komprimierte mengenwertige Messung Z setzt sich aus den einzelnen Detektionen $\mathbf{Z}_l$ zusammen. Für folgende Annahmen soll das resultierende WEF der *Likelihood* vorgestellt werden:

1. Jede Detektion $\mathbf{Z}_l$ wurde entweder von einem tatsächlich vorhandenen Objekt mit Zustand $\mathbf{x}_i$ generiert oder ist ein Falschalarm $\mathbf{c}_c$.

2. Objektgenerierte Detektionen sind mit einem (zunächst als additiv angenommenen) Messrauschen $\mathbf{W}$ versehen.

3. Falschalarme erfolgen unabhängig von objektgenerierten Detektionen und von Objekten.

4. Jedes Objekt generiert höchstens eine Detektion.

Somit ergibt sich mit der Menge existierender Objekte $\mathsf{x} = \cup_i \mathbf{x}_i$ (der zeitliche Index k wird, da er für alle Größen identisch ist, ausgelassen) und der Sensorposition $\mathbf{s}$

$$Z|\mathsf{x}, \mathbf{s} = \bigcup_{\mathbf{x}_i \in \mathsf{x}} Z'|\mathbf{x}_i, \mathbf{s} \cup \underbrace{\bigcup_c C_c}_{=:C} , \tag{D.17}$$

wobei

$$Z'|\mathbf{x}_i, \mathbf{s} \sim p_{Z'}(|z|) \cdot f_{Z',|z|}\left(\psi^{-1}(z), \mathbf{s}\right) , \tag{D.18a}$$

mit

$$p_{Z'}(n) = \begin{cases} 1 - p_{\mathrm{D}}(\mathbf{x}_i, \mathbf{s}), & \text{für } n = 0 \\ p_{\mathrm{D}}(\mathbf{x}_i, \mathbf{s}), & \text{für } n = 1 \\ 0, & \text{sonst} \end{cases} \tag{D.18b}$$

und

$$f_{Z',1}(\mathbf{x}_i, \mathbf{s}) = f(\mathbf{z}|\mathbf{x}_i, \mathbf{s}) . \tag{D.18c}$$

Die objektgenerierten Detektionen sind somit Multi-*Bernoulli*, woraus für das WEF der *Likelihood*

$$F_Z[g|\mathsf{x}, \mathbf{s}] = \left(1 - p_{\mathrm{D}}(\mathbf{x}, \mathbf{s}) + p_{\mathrm{D}}(\mathbf{x}, \mathbf{s}) \cdot \langle f(\mathbf{z}|\mathbf{x}, \mathbf{s}), g \rangle_{\mathbf{z}}\right)^{\mathsf{x} \times \mathbf{s}} \cdot F_C[g] \tag{D.19}$$

folgt.

Häufig wird für die Falschalarme eine *Poisson*-Verteilung angenommen, da diese als Grenzwert resultiert, wenn man annimmt, Falschalarmquellen seien MB und die Anzahl an Quellen geht gegen ∞, während $p_\exists$ pro Komponente gleichzeitig gegen 0 geht. Für diesen Fall ist

$$F_C[g] = e^{N_C(\langle f_C, g \rangle_{\mathbf{z}} - 1)} , \tag{D.20}$$

mit der mittleren Anzahl an Falschalarmen pro Messung N_C sowie der Falschalarm-Dichte $f_C(\mathbf{z})$.

E Herleitungen

E.1 Linearität des Erwartungswertes

$$
\begin{aligned}
\mathbb{E}\{a \cdot \eta_1(\mathbf{X}) + b \cdot \eta_2(\mathbf{Y})\} &= \int \int \left(a \cdot \eta_1(\mathbf{x}) + b \cdot \eta_2(\mathbf{y}) \right) f_{\mathbf{X},\mathbf{Y}}(\mathbf{x},\mathbf{y}) \, d\mathbf{x} \, d\mathbf{y} \\
&= a \cdot \int \eta_1(\mathbf{x}) \cdot \int f_{\mathbf{X},\mathbf{Y}}(\mathbf{x},\mathbf{y}) \, d\mathbf{y} \, d\mathbf{x} \\
&\quad + b \cdot \int \eta_2(\mathbf{y}) \cdot \int f_{\mathbf{X},\mathbf{Y}}(\mathbf{x},\mathbf{y}) \, d\mathbf{x} \, d\mathbf{y} \\
&= a \cdot \int \eta_1(\mathbf{x}) \cdot f_{\mathbf{X}}(\mathbf{x}) \, d\mathbf{x} + b \cdot \int \eta_2(\mathbf{y}) \cdot f_{\mathbf{Y}}(\mathbf{y}) \, d\mathbf{y} \\
&= a \cdot \mathbb{E}\{\eta_1(\mathbf{X})\} + b \cdot \mathbb{E}\{\eta_2(\mathbf{Y})\} \ \blacksquare
\end{aligned}
\tag{E.1}
$$

E.2 Korrekturschritt mit zwei unabhängigen Sensoren

Die Korrekturgleichungen für ein sequentielles Update mit beiden Sensoren:

$$
f\!\left(x_k \big| \mathbf{z}^{(k-1)}, z_{1,k}\right) = \frac{f(z_{1,k}|x_k)\, f\!\left(x_k \big| \mathbf{z}^{(k-1)}\right)}{\int f\!\left(z_{1,k}\big|x_k'\right) f\!\left(x_k'\big|\mathbf{z}^{(k-1)}\right) dx_k'}, \tag{E.2}
$$

$$
c := \int f(z_{1,k}|x_k)\, f\!\left(x_k\big|\mathbf{z}^{(k-1)}\right) dx_k, \tag{E.3}
$$

$$f\left(x_k|\mathbf{z}^{(k-1)},z_{1,k},z_{2,k}\right) = \frac{f(z_{2,k}|x_k)\,f\left(x_k|\mathbf{z}^{(k-1)},z_{1,k}\right)}{\int f\left(z_{2,k}|x_k'\right) f\left(x_k'|\mathbf{z}^{(k-1)},z_{1,k}\right) dx_k'}$$

$$= \frac{1/c \cdot f(z_{2,k}|x_k)\,f(z_{1,k}|x_k)\,f\left(x_k|\mathbf{z}^{(k-1)}\right)}{1/c \cdot \int f\left(z_{2,k}|x_k'\right) f\left(z_{1,k}|x_k'\right) f\left(x_k'|\mathbf{z}^{(k-1)}\right) dx_k'}$$

$$= \frac{f(z_{1,k},z_{2,k}|x_k)\,f\left(x_k|\mathbf{z}^{(k-1)}\right)}{\int f\left(z_{1,k},z_{2,k}|x_k'\right) f\left(x_k'|\mathbf{z}^{(k-1)}\right) dx_k'} \cdot \blacksquare$$

$$\tag{E.4}$$

E.3 Randdichte und bedingte Dichte bei bekannter Größe

Für $f(\mathbf{b}) = \delta_{\mathbf{b}_0}(\mathbf{b})$ gilt

$$f(\mathbf{a}) = \int f(\mathbf{a}|\mathbf{b})\,f(\mathbf{b})\,d\mathbf{b} = f(\mathbf{a}|\mathbf{b}_0)\,. \tag{E.5}$$

E.4 Transitionsdichte bei gegebener Partikelposition

Analog zu Gl. (E.5) folgt

$$f\left(\mathbf{x}_q|q^-,\mathbf{z}^{(k-1)}\right)$$
$$= \int f\left(\mathbf{x}_q|\mathbf{x}_{k-1},q^-,\mathbf{z}^{(k-1)}\right) \cdot \underbrace{f\left(\mathbf{x}_{k-1}|q^-,\mathbf{z}^{(k-1)}\right)}_{=\delta_{\mathbf{x}_{q}^-}(\mathbf{x}_{k-1})}\,d\mathbf{x}_{k-1}$$

$$= f\left(\mathbf{x}_q|\mathbf{x}_{q^-},q^-,\mathbf{z}^{(k-1)}\right) = f\left(\mathbf{x}_q|\mathbf{x}_{q^-}\right)\,.\blacksquare \tag{E.6}$$

E.5 Quotientenregel für WEF

Mit Gl. (6.21) und Gl. (6.22) folgt auch die Quotientenregel

$$
\begin{aligned}
\frac{\delta}{\delta \mathbf{x}} \frac{F_{\mathsf{X}_1}[h]}{F_{\mathsf{X}_2}[h]} &= \frac{\delta}{\delta \mathbf{x}}\left(F_{\mathsf{X}_1}[h] \cdot \frac{1}{F_{\mathsf{X}_2}[h]} \right) \\[2mm]
&\overset{Gl.\ (6.21)}{=} \frac{\delta F_{\mathsf{X}_1}}{\delta \mathbf{x}}[h] \cdot \frac{\delta}{\delta\varnothing} \frac{1}{F_{\mathsf{X}_2}[h]} + \frac{\delta}{\delta\varnothing} F_{\mathsf{X}_1}[h]\, \frac{\delta}{\delta \mathbf{x}} \frac{1}{F_{\mathsf{X}_2}[h]} \\[2mm]
&\overset{Gl.\ (6.22)}{=} \frac{\frac{\delta F_{\mathsf{X}_1}}{\delta \mathbf{x}}[h]}{F_{\mathsf{X}_2}[h]} - F_{\mathsf{X}_1}[h]\, \frac{\delta F_{\mathsf{X}_2}}{\delta \mathbf{x}}[h]\, \frac{1}{F_{\mathsf{X}_2}[h]^2} \\[2mm]
&= \frac{\frac{\delta F_{\mathsf{X}_1}}{\delta \mathbf{x}}[h]\, F_{\mathsf{X}_2}[h] - F_{\mathsf{X}_1}[h]\, \frac{\delta F_{\mathsf{X}_2}}{\delta \mathbf{x}}[h]}{F_{\mathsf{X}_2}[h]^2} \, .
\end{aligned}
\tag{E.7}
$$

E.6 Binomische Formel für endliche Mengen

Die Herleitung dieser Aussage findet man in [64] Anhang A, Lemma 15.

$$
\sum_{\mathsf{d} \subseteq \mathsf{z}} h^{\mathsf{d}} \cdot g^{\mathsf{z}\backslash \mathsf{d}} = (h+g)^{\mathsf{z}}
\tag{E.8}
$$

E.7 Prädiktion des PHD-Filters

$$
\begin{aligned}
\left\langle D_{\mathsf{X}_+}, 1 \right\rangle_+ &= \left\langle \left\langle D_{\mathsf{X}_-}, p_{\mathrm{P}} \cdot f(\mathbf{x}_+|\mathbf{x}_-) \right\rangle_-, 1 \right\rangle_+ = \\[2mm]
&= \left\langle D_{\mathsf{X}_-}, p_{\mathrm{P}} \left\langle f(\mathbf{x}_+|\mathbf{x}_-), 1 \right\rangle_+ \right\rangle_- = \left\langle D_{\mathsf{X}_-}, p_{\mathrm{P}} \right\rangle_- = \\[2mm]
&= \left\langle D_{\mathsf{X}_-}, 1 - 1 + p_{\mathrm{P}} \right\rangle_- = \left\langle D_{\mathsf{X}_-}, 1 \right\rangle_- - \left\langle D_{\mathsf{X}_-}, 1 - p_{\mathrm{P}} \right\rangle_- \\[2mm]
&= N_{\mathsf{X}_-} - N_{\mathrm{ver}} \quad \blacksquare
\end{aligned}
\tag{E.9}
$$

E.8 Ableitung des Verbund-WEFs für PHD-Filter

Es ist zunächst die Ableitung $\frac{\delta F_{ZXS}}{\delta z}[g,h,q]$ zu bestimmen, wobei

$$F_{ZXS}[g,h,q] = F_C[g] \cdot F_S[q \cdot F_X[\tilde{h}|\mathbf{s}]] \tag{E.10a}$$

mit

$$F_C[g] = \exp(-N_C + \langle D_C, g \rangle)\,, \tag{E.10b}$$

$$F_S[\tilde{q}] = \langle f_S, \tilde{q} \rangle\,, \tag{E.10c}$$

$$F_X[\tilde{h}|\mathbf{s}] = \exp(-N_X + \langle D_X, h\,(1 - p_D + p_D \langle L_z, g \rangle) \rangle)\,. \tag{E.10d}$$

Die Differentiation und $F_C[g]$ können in das Integral bezüglich $\mathbf{s}$ gezogen werden. Daher folgt mit der allgemeinen Produktregel Gl. (6.21)

$$\frac{\delta F_{ZXS}}{\delta z}[g,h,q] = F_S\left[q \cdot \sum_{d \subseteq Z} \frac{\delta F_C}{\delta d}[g] \cdot \frac{\delta F_X}{\delta z \setminus d}[\tilde{h}|\mathbf{s}]\right]\,. \tag{E.11}$$

Mit der Definition der Funktionalableitung Gl. (6.15) ist leicht zu zeigen, dass

$$\frac{\delta F_C}{\delta z}[g] = F_C[g] \cdot D_C^z\,, \tag{E.12}$$

$$\frac{\delta F_X}{\delta z}[\tilde{h}|\mathbf{s}] = F_X[\tilde{h}|\mathbf{s}] \cdot \langle D_X, h \cdot p_D L_z \rangle^z \tag{E.13}$$

gelten, so dass

$$\frac{\delta F_{ZXS}}{\delta z}[g,h,q] = F_S\left[q \cdot F_C[g]\, F_X[\tilde{h}|\mathbf{s}] \sum_{d \subseteq z} D_C^d \cdot \langle D_X, h \cdot p_D L_z \rangle^{z \setminus d}\right]\,. \tag{E.14a}$$

Dies wird mit der binomischen Formel für endliche Mengen Gl. (E.8) zu

$$= F_C[g] \cdot F_S[q \cdot F_X[\tilde{h}|\mathbf{s}] \cdot (D_C + \langle D_X, h \cdot p_D L_z \rangle)^z]\,. \tag{E.14b}$$

Für die Bestimmung der PHD von X muss dieser Ausdruck weiterhin nach $\mathbf{x}$ abgeleitet werden:

$$\frac{\delta^2 F_{ZXS}}{\delta x \delta z}[g,h,q] = F_C[g]\, F_S\left[q \cdot \frac{\delta}{\delta x}\left(F_X[\tilde{h}|\mathbf{s}] \cdot (D_C + \langle D_X, h \cdot p_D L_z \rangle)^z\right)\right]\,. \tag{E.15}$$

Hierauf kann wieder die allgemeine Produktregel angewandt werden. Daher wird

$$\frac{\delta F_{\mathsf{X}}}{\delta \mathbf{x}}[\tilde{h}|\mathbf{s}] = F_{\mathsf{X}}[\tilde{h}|\mathbf{s}] \cdot D_{\mathsf{X}}(\mathbf{x}) \cdot (1 - p_{\mathrm{D}} + p_{\mathrm{D}} \langle \mathsf{L}_{\mathbf{z}}, g \rangle) \tag{E.16}$$

und mit

$$\frac{\delta}{\delta \mathbf{x}} L^{\mathbf{z}} = L^{\mathbf{z}} \cdot \sum_{\mathbf{z} \in z} \frac{\frac{\delta}{\delta \mathbf{x}} L}{L^{\mathbf{z}}} \tag{E.17}$$

sowie

$$\frac{\delta}{\delta \mathbf{x}} \left(D_{\mathsf{C}} + \langle D_{\mathsf{X}}, h \cdot p_{\mathrm{D}} \mathsf{L}_{\mathbf{z}} \rangle \right) = D_{\mathsf{X}}(\mathbf{x}) \cdot p_{\mathrm{D}}(\mathbf{x}) \cdot \mathsf{L}_{\mathbf{z}}(\mathbf{x}) \,, \tag{E.18}$$

$$\frac{\delta}{\delta \mathbf{x}} \left(D_{\mathsf{C}} + \langle D_{\mathsf{X}}, h \cdot p_{\mathrm{D}} \mathsf{L}_{\mathbf{z}} \rangle \right)^{\mathbf{z}} = \left(D_{\mathsf{C}} + \langle D_{\mathsf{X}}, h \cdot p_{\mathrm{D}} \mathsf{L}_{\mathbf{z}} \rangle \right)^{\mathbf{z}} \cdot D_{\mathsf{X}}(\mathbf{x})$$
$$\times \sum_{\mathbf{z} \in z} \frac{p_{\mathrm{D}} \cdot \mathsf{L}_{\mathbf{z}}}{D_{\mathsf{C}} + \langle D_{\mathsf{X}}, h \cdot p_{\mathrm{D}} \mathsf{L}_{\mathbf{z}} \rangle} \tag{E.19}$$

bestimmt, um

$$\frac{\delta^2 F_{\mathsf{ZXS}}}{\delta \mathbf{x} \delta \mathbf{z}}[g, h, q] = D_{\mathsf{X}} \cdot F_{\mathsf{C}}[g] \cdot F_{\mathsf{S}} \left[q \cdot F_{\mathsf{X}}[\tilde{h}|\mathbf{s}] \cdot \left(D_{\mathsf{C}} + \langle D_{\mathsf{X}}, h \cdot p_{\mathrm{D}} \mathsf{L}_{\mathbf{z}} \rangle \right)^{\mathbf{z}} \right.$$
$$\left. \times \left(1 - p_{\mathrm{D}} + p_{\mathrm{D}} \langle \mathsf{L}_{\mathbf{z}}, g \rangle + \sum_{\mathbf{z} \in z} \frac{p_{\mathrm{D}} \cdot \mathsf{L}_{\mathbf{z}}}{D_{\mathsf{C}}(\mathbf{z}) + \langle D_{\mathsf{X}}, h \cdot p_{\mathrm{D}} \mathsf{L}_{\mathbf{z}} \rangle} \right) \right] \tag{E.20}$$

zu erhalten.

E.9 Prädiktion des JIPDA-Filters

$$
\begin{aligned}
F_{\mathbf{x}_+}[h_1,\ldots,h_M] &= \prod_m 1 - p_{\exists,m} + p_{\exists,m}\left\langle f_m, 1 - p_{\mathrm{P}} + p_{\mathrm{P}}\left\langle f(\mathbf{x}_+|\mathbf{x}_-), h_m\right\rangle_+ \right\rangle_- \\[2mm]
&= \prod_m 1 - \underbrace{p_{\exists,m}\left\langle f_m, p_{\mathrm{P}}\right\rangle}_{=:p^+_{\exists,m}} + p_{\exists,m}\left\langle f_m, p_{\mathrm{P}}\cdot\left\langle f(\mathbf{x}_+|\mathbf{x}_-), h_m\right\rangle_+ \right\rangle_- \\[2mm]
&= \prod_m 1 - p^+_{\exists,m} + p_{\exists,m}\left\langle \left\langle f(\mathbf{x}_+|\mathbf{x}_-), f_m p_{\mathrm{P}}\right\rangle_-, h_m \right\rangle_+ \\[2mm]
&= \prod_m 1 - p^+_{\exists,m} + p^+_{\exists,m}\left\langle \left\langle f(\mathbf{x}_+|\mathbf{x}_-), \frac{f_m p_{\mathrm{P}}}{\langle f_m, p_{\mathrm{P}}\rangle}\right\rangle_-, h_m \right\rangle_+
\end{aligned}
$$

$$\tag{E.21}$$

E.10 Ableitung des Verbund-WEFs für JIPDA-Filter

Gesucht ist zunächst die Ableitung des Verbund-WEFs

$$
F_{\mathbf{Z}\mathbf{X}\mathbf{S}}[g,h_1,\ldots,h_m,q] = F_{\mathbf{S}}\!\left[q\cdot F_{\mathbf{C}}[g]\cdot\prod_m F_m[\tilde{h}_m|\mathbf{s}]\right]
\tag{E.22a}
$$

mit

$$
\begin{aligned}
F_{\mathbf{C}}[g] &= \exp(-N_{\mathbf{C}} + \langle D_{\mathbf{C}}, g\rangle)\,, & \tag{E.22b}\\
F_{\mathbf{S}}[\tilde{q}] &= \langle f_{\mathbf{S}}, \tilde{q}\rangle\,, & \tag{E.22c}\\
F_m[\tilde{h}_m|\mathbf{s}] &= 1 - p_{\exists,m} + p_{\exists,m}\langle f_m, h_m\,(1 - p_{\mathrm{D}} + p_{\mathrm{D}}\langle L_{\mathbf{z}}, g\rangle)\rangle & \tag{E.22d}
\end{aligned}
$$

nach der Detektionsmenge z.

Diese folgt direkt durch zweimaliges Anwenden der allgemeinen Produktregel und mit Gl. (E.12) als

$$
\frac{\delta F_{\mathbf{Z}\mathbf{X}\mathbf{S}}}{\delta \mathbf{z}}[g,h_1,\ldots.h_m,q] = F_{\mathbf{S}}\!\left[q\cdot F_{\mathbf{C}}[g]\sum_{\mathrm{d}\subseteq \mathbf{z}}\sum_{\biguplus_m \mathbf{w}_m=\mathrm{d}} D_{\mathbf{C}}^{\mathbf{z}\backslash\mathrm{d}}\prod_m \frac{\delta F_m}{\delta \mathbf{w}_m}[\tilde{h}_m|\mathbf{s}]\right]\,.
$$

$$\tag{E.23}$$

Bei der Bestimmung der Ableitung nach x_c ist zu beachten, dass nur der Term $\frac{\delta F_c}{\delta w_c}[\tilde{h}_c|\mathbf{s}]$ von h_c abhängt, so dass sofort

$$\frac{\delta^2 F_{Z\mathbf{X}\mathbf{S}}}{\delta x_c \delta z}[g, h_1, \ldots, h_M, q] =$$

$$F_{\mathbf{S}}\left[q \cdot F_C[g] \cdot \sum_{d \subseteq z} \sum_{\biguplus_m w_m = d} D_C^{z \backslash d} \frac{\delta}{\delta x_c} \frac{\delta F_c}{\delta w_c}[\tilde{h}_c|\mathbf{s}] \cdot \prod_{m \neq c} \frac{\delta F_m}{\delta w_m}[\tilde{h}_m|\mathbf{s}]\right] \quad \text{(E.24)}$$

folgt.

Die Ableitungen der WEFe $F_m[\tilde{h}_m|\mathbf{s}]$ ergeben sich über die Definition der Funktionalableitung Gl. (6.15) wie folgt:

$$\frac{\delta F_m}{\delta \varnothing}[\tilde{h}_m|\mathbf{s}] = 1 - p_{\exists,m} + p_{\exists,m} \langle f_m, h_m (1 - p_D + p_D \langle L_\mathbf{z}, g \rangle) \rangle, \quad \text{(E.25a)}$$

$$\frac{\delta F_m}{\delta \mathbf{z}}[\tilde{h}_m|\mathbf{s}] = \lim_{\epsilon \searrow 0} \frac{1}{\epsilon} \left(\left[F_m[\tilde{h}_m|\mathbf{s}] + p_{\exists,m} \langle f_m, h_m p_D \langle L_\mathbf{z}, \epsilon\delta_\mathbf{z}(\mathbf{z}) \rangle \rangle\right] - F_m[\tilde{h}_m|\mathbf{s}]\right)$$

$$= p_{\exists,m} \langle f_m, h_m p_D L_\mathbf{z} \rangle, \quad \text{(E.25b)}$$

$$\frac{\delta F_m}{\delta \mathbf{x}}[\tilde{h}_m|\mathbf{s}] = \lim_{\epsilon \searrow 0} \frac{1}{\epsilon} \left(\left[F_m[\tilde{h}_m|\mathbf{s}] + p_{\exists,m} \langle f_m, \epsilon\delta_\mathbf{x}(\mathbf{x}) (1 - p_D + p_D \langle g, L_\mathbf{z} \rangle) \rangle\right]\right.$$

$$\left. - F_m[\tilde{h}_m|\mathbf{s}]\right)$$

$$= p_{\exists,m} f_m(\mathbf{x}) (1 - p_D(\mathbf{x}) + p_D(\mathbf{x}) \langle g, L_\mathbf{z}(\mathbf{x}) \rangle), \quad \text{(E.25c)}$$

$$\frac{\delta^2 F_m}{\delta \mathbf{x} \delta \mathbf{z}}[\tilde{h}|\mathbf{s}] = \lim_{\epsilon \searrow 0} \frac{1}{\epsilon} \left(\left[\frac{\delta F_m}{\delta \mathbf{z}}[\tilde{h}_m|\mathbf{s}] + p_{\exists,m} \langle f_m, \epsilon\delta_\mathbf{x}(\mathbf{x}) p_D L_\mathbf{z} \rangle\right] - \frac{\delta F_m}{\delta \mathbf{z}}[\tilde{h}_m|\mathbf{s}]\right)$$

$$= p_{\exists,m} f_m(\mathbf{x}) p_D(\mathbf{x}) L_\mathbf{z}(\mathbf{x}). \quad \text{(E.25d)}$$

E.11 Ableitung des Verbund-WEFs für CBMeMBer-Filter

Da im MeMBer-Ansatz X als endliche Zufallsmenge und nicht als Mengenvektor betrachtet wird, ist

$$F_{Z\mathbf{X}\mathbf{S}}[g, h, q] = F_{\mathbf{S}}[q \cdot F_C[g] \cdot F_\mathbf{X}[\tilde{h}|\mathbf{s}]] \quad \text{(E.26a)}$$

mit

$$F_C[g] = \exp(-N_C + \langle D_C, g \rangle) , \qquad \text{(E.26b)}$$

$$F_S[\tilde{q}] = \langle f_S, \tilde{q} \rangle , \qquad \text{(E.26c)}$$

$$F_X[\tilde{h}|\mathbf{s}] = \prod_m F_m[\tilde{h}|\mathbf{s}] , \qquad \text{(E.26d)}$$

$$F_m[\tilde{h}|\mathbf{s}] = 1 - p_{\exists,m} + p_{\exists,m} \langle f_m, h \cdot (1 - p_D + p_D \langle L_\mathbf{z}, g \rangle) \rangle , \qquad \text{(E.26e)}$$

woraus mit der Produktregel

$$\frac{\delta F_{ZXS}}{\delta \mathbf{z}_1}[g, h_1, \ldots, h_M, q] = F_S\left[q \cdot \left(\frac{\delta F_C}{\delta \mathbf{z}_1}[g] \cdot F_X[\tilde{h}|\mathbf{s}] + F_C[g] \cdot \frac{\delta F_X}{\delta \mathbf{z}_1}[\tilde{h}|\mathbf{s}]\right)\right]$$
$$\text{(E.27)}$$

folgt. Mit

$$\frac{\delta F_X}{\delta \mathbf{z}_1}[\tilde{h}|\mathbf{s}] = F_X[\tilde{h}|\mathbf{s}] \cdot \sum_m \frac{\frac{\delta F_m}{\delta \mathbf{z}_1}[\tilde{h}|\mathbf{s}]}{F_m[\tilde{h}|\mathbf{s}]} \qquad \text{(E.28)}$$

und Gl. (E.12) wird dies zu

$$\frac{\delta F_{ZXS}}{\delta \mathbf{z}_1}[g, h_1, \ldots, h_M, q] = F_S\left[q \cdot F_C[g] \cdot F_X[\tilde{h}|\mathbf{s}] \left(D_C(\mathbf{z}_1) + \sum_m \frac{\frac{\delta F_m}{\delta \mathbf{z}_1}[\tilde{h}|\mathbf{s}]}{F_m[\tilde{h}|\mathbf{s}]}\right)\right] .$$
$$\text{(E.29)}$$

Erneutes Ableiten nach $\mathbf{z}_2$ liefert mit der Produkt- und der Quotientenregel Gl. (6.21) und (6.23) (da $\frac{\delta^2 F_m}{\delta \mathbf{z}_2 \delta \mathbf{z}_1}[\tilde{h}|\mathbf{s}] = 0$ und $\frac{\delta}{\delta \mathbf{z}_2} D_C(\mathbf{z}_1) = 0$)

$$\frac{\delta^2 F_{ZXS}}{\delta \mathbf{z}_2 \delta \mathbf{z}_1}[g, h, q] = F_S\left[q \cdot \left(\frac{\delta}{\delta \mathbf{z}_2}\left(F_C[g] F_X[\tilde{h}|\mathbf{s}]\right) \cdot \left(D_C(\mathbf{z}_1) + \sum_m \frac{\frac{\delta F_m}{\delta \mathbf{z}_1}[\tilde{h}|\mathbf{s}]}{F_m[\tilde{h}|\mathbf{s}]}\right)\right.\right.$$

$$\left.\left. - F_C[g] F_X[\tilde{h}|\mathbf{s}] \cdot \sum_m \frac{\frac{\delta F_m}{\delta \mathbf{z}_1}[\tilde{h}|\mathbf{s}] \cdot \frac{\delta F_m}{\delta \mathbf{z}_2}[\tilde{h}|\mathbf{s}]}{F_m[\tilde{h}|\mathbf{s}]^2}\right)\right]$$

$$= F_S\left[q \cdot F_C[g] \cdot F_X[\tilde{h}|\mathbf{s}] \cdot \left\{\left(D_C(\mathbf{z}_1) + \sum_m \frac{\frac{\delta F_m}{\delta \mathbf{z}_1}[\tilde{h}|\mathbf{s}]}{F_m[\tilde{h}|\mathbf{s}]}\right)\right.\right.$$

$$\left.\left. \times \left(D_C(\mathbf{z}_2) + \sum_m \frac{\frac{\delta F_m}{\delta \mathbf{z}_2}[\tilde{h}|\mathbf{s}]}{F_m[\tilde{h}|\mathbf{s}]}\right) - \sum_m \frac{\frac{\delta F_m}{\delta \mathbf{z}_1}[\tilde{h}|\mathbf{s}] \cdot \frac{\delta F_m}{\delta \mathbf{z}_2}[\tilde{h}|\mathbf{s}]}{F_m[\tilde{h}|\mathbf{s}]^2}\right\}\right] .$$
$$\text{(E.30)}$$

E.12 Ableitung des modifizierten Verbund-WEFs für PHD-Filter

Einsetzen aller Annahmen liefert zunächst

$$
\begin{aligned}
F_{\mathrm{ZXS}}[g,h,q] &= \exp(-N_\mathsf{C} + \langle D_\mathsf{C}, g\rangle) \\
&\quad \times \exp\big(-N_\mathsf{X} + \langle D_\mathsf{X}, h\cdot \langle f_\mathsf{S}, q\,(1-p_\mathrm{D} + p_\mathrm{D}\,\langle \mathsf{L_z}, g\rangle)\rangle\rangle\big) \\
&= \exp\big(-N_\mathsf{C} - N_\mathsf{X} + \langle D_\mathsf{C} + \langle D_\mathsf{X}, h\cdot \langle f_\mathsf{S}, q\cdot p_\mathrm{D}\mathsf{L_z}\rangle\rangle, g\rangle\big) \\
&\quad \times \exp\big(\langle D_\mathsf{X}, h\,\langle f_\mathsf{S}, q\cdot (1-p_\mathrm{D})\rangle\rangle\big) \ .
\end{aligned}
\tag{E.31}
$$

Die Ableitung nach einer Detektion $\mathbf{z}$ lässt sich über die Definition der Funktionalableitung bestimmen

$$
\begin{aligned}
\frac{\delta F_{\mathrm{ZXS}}}{\delta \mathbf{z}}[g,h,q] &= \lim_{\epsilon \searrow 0} \frac{1}{\epsilon}\Big(F_{\mathrm{ZXS}}[g,h,q] \\
&\qquad \times \big(\exp(\epsilon\,\langle \delta_\mathbf{z}, D_\mathsf{C} + \langle D_\mathsf{X}, h\cdot \langle f_\mathsf{S}, q\cdot p_\mathrm{D}\mathsf{L_z}\rangle\rangle\rangle) - 1\big)\Big) \\
&= F_{\mathrm{ZXS}}[g,h,q] \cdot \big(D_\mathsf{C}(\mathbf{z}) + \langle D_\mathsf{X}, h\cdot \langle f_\mathsf{S}, q\cdot p_\mathrm{D}\mathsf{L_z}\rangle\rangle\big) \ ,
\end{aligned}
\tag{E.32}
$$

woraus

$$
\frac{\delta F_{\mathrm{ZXS}}}{\delta z}[g,h,q] = F_{\mathrm{ZXS}}[g,h,q] \cdot \big(D_\mathsf{C} + \langle D_\mathsf{X}, h\cdot \langle f_\mathsf{S}, q\cdot p_\mathrm{D}\mathsf{L_z}\rangle\rangle\big)^z
\tag{E.33}
$$

folgt. Wiederum mit der Definition der Funktionalableitung erhält man

$$
\frac{\delta F_{\mathrm{ZXS}}}{\delta \mathbf{x}}[g,h,q] = F_{\mathrm{ZXS}}[g,h,q] \cdot D_\mathsf{X}(\mathbf{x}) \cdot \langle f_\mathsf{S}, q\cdot (1-p_\mathrm{D} + p_\mathrm{D}\,\langle \mathsf{L_z}, g\rangle)\rangle \ .
\tag{E.34}
$$

Mit Gl. (E.17) und

$$
\frac{\delta}{\delta \mathbf{x}}\big(D_\mathsf{C} + \langle D_\mathsf{X}, h\cdot \langle f_\mathsf{S}, q\cdot p_\mathrm{D}\mathsf{L_z}\rangle\rangle\big) = D_\mathsf{X}\cdot \langle f_\mathsf{S}, q\cdot p_\mathrm{D}\mathsf{L_z}\rangle
\tag{E.35}
$$

folgt auch

$$
\begin{aligned}
\frac{\delta}{\delta \mathbf{x}}\big(D_\mathsf{C} + \langle D_\mathsf{X}, h\cdot \langle f_\mathsf{S}, q\cdot p_\mathrm{D}\mathsf{L_z}\rangle\rangle\big)^z &= \big(D_\mathsf{C} + \langle D_\mathsf{X}, h\cdot \langle f_\mathsf{S}, q\cdot p_\mathrm{D}\mathsf{L_z}\rangle\rangle\big)^z \\
&\quad \times \sum_{\mathbf{z}\in z} \frac{D_\mathsf{X}\cdot \langle f_\mathsf{S}, q\cdot p_\mathrm{D}\mathsf{L_z}\rangle}{D_\mathsf{C} + \langle D_\mathsf{X}, h\,\langle f_\mathsf{S}, q\cdot p_\mathrm{D}\mathsf{L_z}\rangle\rangle} \ .
\end{aligned}
\tag{E.36}
$$

Die allgemeine Produktregel und Gl. (E.34) sowie Gl. (E.36) liefern schließlich

$$\frac{\delta^2 F_{ZXS}}{\delta \mathbf{x} \delta \mathbf{z}}[g, h, q] = \frac{\delta F_{ZXS}}{\delta \mathbf{z}}[g, h, q]$$

$$\times D_{\mathsf{X}} \cdot \left(\langle f_{\mathsf{S}}, q \cdot (1 - p_{\mathrm{D}} + p_{\mathrm{D}} \langle \mathsf{L}_{\mathbf{z}}, g \rangle) \rangle + \sum_{\mathbf{z} \in z} \frac{\langle f_{\mathsf{S}}, q \cdot p_{\mathrm{D}} \mathsf{L}_{\mathbf{z}} \rangle}{D_{\mathsf{C}} + \langle D_{\mathsf{X}}, h \cdot \langle f_{\mathsf{S}}, q \cdot p_{\mathrm{D}} \mathsf{L}_{\mathbf{z}} \rangle \rangle} \right).$$

$$\text{(E.37)}$$

Analog lässt sich $\frac{\delta^2 F_{ZXS}}{\delta \mathbf{s} \delta \mathbf{z}}[g, h, q]$ bestimmen.

E.13 WEF der Fehldetektions-Hypothesen im CBMeMBer-Filter

Es gilt zu zeigen, dass

$$\frac{F_m[h \cdot \langle f_{\mathsf{S}}, 1 - p_{\mathrm{D}} \rangle]}{F_m[\langle f_{\mathsf{S}}, 1 - p_{\mathrm{D}} \rangle]} \tag{E.38}$$

Bernoulli-Form besitzt.

$$\frac{F_m[h \cdot \langle f_{\mathsf{S}}, 1 - p_{\mathrm{D}} \rangle]}{F_m[\langle f_{\mathsf{S}}, 1 - p_{\mathrm{D}} \rangle]} = \frac{1 - p_{\exists,m} + p_{\exists,m} \langle f_m, h \langle f_{\mathsf{S}}, 1 - p_{\mathrm{D}} \rangle \rangle}{1 - p_{\exists,m} + p_{\exists,m} \langle f_m, \langle f_{\mathsf{S}}, 1 - p_{\mathrm{D}} \rangle \rangle}$$

$$= \frac{1 - p_{\exists,m}}{1 - p_{\exists,m} \langle\!\langle p_{\mathrm{D}} \rangle\!\rangle_m} + \frac{p_{\exists,m} \langle f_m, h \langle f_{\mathsf{S}}, 1 - p_{\mathrm{D}} \rangle \rangle}{1 - p_{\exists,m} \langle\!\langle p_{\mathrm{D}} \rangle\!\rangle_m}$$

$$= \frac{1 - p_{\exists,m} \langle\!\langle p_{\mathrm{D}} \rangle\!\rangle_m - p_{\exists,m}(1 - \langle\!\langle p_{\mathrm{D}} \rangle\!\rangle_m)}{1 - p_{\exists,m} \langle\!\langle p_{\mathrm{D}} \rangle\!\rangle_m}$$

$$+ \frac{p_{\exists,m}(1 - \langle\!\langle p_{\mathrm{D}} \rangle\!\rangle_m) \left\langle f_m, h \left\langle f_{\mathsf{S}}, \frac{1 - p_{\mathrm{D}}}{1 - \langle\!\langle p_{\mathrm{D}} \rangle\!\rangle_m} \right\rangle \right\rangle}{1 - p_{\exists,m} \langle\!\langle p_{\mathrm{D}} \rangle\!\rangle_m} \tag{E.39}$$

$$= 1 - \underbrace{p_{\exists,m} \frac{1 - \langle\!\langle p_{\mathrm{D}} \rangle\!\rangle_m}{1 - p_{\exists,m} \langle\!\langle p_{\mathrm{D}} \rangle\!\rangle_m}}_{= p_{\exists,m}^*}$$

$$+ \underbrace{p_{\exists,m} \frac{1 - \langle\!\langle p_{\mathrm{D}} \rangle\!\rangle_m}{1 - p_{\exists,m} \langle\!\langle p_{\mathrm{D}} \rangle\!\rangle_m}}_{= p_{\exists,m}^*} \cdot \left\langle \underbrace{f_m \cdot \frac{\langle f_{\mathsf{S}}, 1 - p_{\mathrm{D}} \rangle}{1 - \langle\!\langle p_{\mathrm{D}} \rangle\!\rangle_m}}_{= f_m^*}, h \right\rangle \blacksquare$$

E.14 PHD der detektionsinduzierten Hypothesen im CBMeMBer-Filter

Mit Gl. (6.32), Gl. (6.104), Gl. (6.105), $D_{C,l} := D_C(\mathbf{z}_l)$, den Abkürzungen

$$F_{Z,l}[h] := p_{\exists,m} \left\langle f_m, h \cdot \left\langle f_S, p_D L_{\mathbf{z}_l} \right\rangle \right\rangle, \tag{E.40}$$

$$F_{N,l}[h] := 1 - p_{\exists,m} + p_{\exists,m} \left\langle f_m, h \cdot \left\langle f_S, 1 - p_D \right\rangle \right\rangle \tag{E.41}$$

und der Quotientenregel Gl. (6.23) folgt

$$D_{\mathbf{X}_{U,l}^*} = \frac{\delta F_{\mathbf{X}_{U,l}^*}}{\delta \mathbf{x}}[h=1] = \frac{\delta}{\delta \mathbf{x}} \frac{1}{C_l} \cdot \left(D_{C,l} + \sum_m \frac{F_{Z,l}[h]}{F_{N,l}[h]} \right) \Bigg|_{h=1}$$

$$= \frac{1}{C_l} \cdot \sum_m \frac{\frac{\delta F_{Z,l}}{\delta \mathbf{x}}[h] \cdot F_{N,l}[h] - F_{Z,l}[h] \cdot \frac{\delta F_{N,l}}{\delta \mathbf{x}}[h]}{F_{N,l}[h]^2} \Bigg|_{h=1}. \tag{E.42}$$

Über die Definition der Funktionalableitung erhält man leicht

$$\frac{\delta F_{Z,l}}{\delta \mathbf{x}}[h] = p_{\exists,m} \cdot f_m(\mathbf{x}) \cdot \left\langle f_S, p_D L_{\mathbf{z}_l} \right\rangle, \tag{E.43}$$

$$\frac{\delta F_{N,l}}{\delta \mathbf{x}}[h] = p_{\exists,m} \cdot f_m(\mathbf{x}) \cdot \left\langle f_S, 1 - p_D \right\rangle, \tag{E.44}$$

$$\tag{E.45}$$

was auf

$$D_{\mathbf{X}_{U,l}^*}(\mathbf{x}) = \frac{1}{C_l} \sum_m \left(\frac{p_{\exists,m} f_m(\mathbf{x}) \left\langle f_S, (1 - p_{\exists,m} \langle\langle p_D \rangle\rangle_m) p_D L_{\mathbf{z}_l} \right\rangle}{(1 - p_{\exists,m} \langle\langle p_D \rangle\rangle_m)^2} \right.$$

$$\left. - \frac{p_{\exists,m} f_m(\mathbf{x}) \left\langle f_S, p_{\exists,m} \langle\langle p_D L_{\mathbf{z}_l} \rangle\rangle_m (1 - p_D) \right\rangle}{(1 - p_{\exists,m} \langle\langle p_D \rangle\rangle_m)^2} \right). \tag{E.46}$$

führt.

E.15 PHD des Sensorzustandes im CBMeMBer-Filter mit modifizierter *Likelihood*

Mit Gl. (6.32), Gl. (6.41) und Gl. (6.101) folgt

$$D_{S^*}(\mathbf{s}) = \frac{\delta}{\delta \mathbf{s}} \left. \frac{F_{ZXS}[0,1,q] \cdot \left(D_C + \sum_m \frac{F_{m,Z}[q]}{F_{m,N}[q]} \right)^{\mathbf{z}}}{F_{ZXS}[0,1,1] \cdot \left(D_C + \sum_m \frac{F_{m,Z}[1]}{F_{m,N}[1]} \right)^{\mathbf{z}}} \right|_{q=1} \tag{E.47a}$$

mit

$$F_{m,Z}[q] := p_{\exists,m} \cdot \langle f_{\mathbf{s}}, q \cdot \langle f_m, p_D L_{\mathbf{z}} \rangle \rangle \,, \tag{E.47b}$$

$$F_{m,N}[q] := F_m[0,1,q] = 1 - p_{\exists,m} + p_{\exists,m} \cdot \langle f_{\mathbf{s}}, q \cdot \langle f_m, 1 - p_D \rangle \rangle \tag{E.47c}$$

und $F_{ZXS}[g,h,q]$ analog zu Gl. (6.91). Es ist zu beachten, dass der Nenner in Gl. (E.47a) eine Konstante ist.

Zunächst wird mit

$$\frac{\delta F_m}{\delta \mathbf{s}}[\bar{h}] = p_{\exists,m} \cdot f_{\mathbf{s}}(\mathbf{s}) \cdot \langle h, 1 - p_D + p_D \langle L_{\mathbf{z}}, g \rangle \rangle \tag{E.48}$$

und mit Hilfe des Analogons zu Gl. (E.17)

$$\frac{\delta F_{ZXS}}{\delta \mathbf{s}}[0,1,q] = F_{ZXS}[0,1,q] \cdot \sum_m f_{\mathbf{s}}(\mathbf{s}) \cdot \frac{p_{\exists,m} \langle f_m, 1 - p_D \rangle}{F_{m,N}[q]} \tag{E.49}$$

bestimmt.

Mit Gl. (E.17) ist

$$\frac{\delta}{\delta \mathbf{s}} \left(D_C + \sum_m \frac{F_{m,Z}[q]}{F_{m,N}[q]} \right)^{\mathbf{z}} = \left(D_C + \sum_m \frac{F_{m,Z}[q]}{F_{m,N}[q]} \right)^{\mathbf{z}}$$
$$\times \sum_l \frac{\frac{\delta}{\delta \mathbf{s}} \left(D_C + \sum_m \frac{F_{m,Z}[q]}{F_{m,N}[q]} \right)}{D_C + \sum_m \frac{F_{m,Z}[q]}{F_{m,N}[q]}} \,. \tag{E.50}$$

Hierin folgt aus der Quotientenregel Gl. (6.23)

$$\frac{\delta}{\delta \mathbf{s}} \left(D_C + \sum_m \frac{F_{m,Z}[q]}{F_{m,N}[q]} \right) = \sum_m \frac{\frac{\delta F_{m,Z}}{\delta \mathbf{s}}[q] \, F_{m,N}[q] - F_{m,Z}[q] \, \frac{\delta F_{m,N}}{\delta \mathbf{s}}[q]}{F_{m,N}[q]^2} \,, \tag{E.51}$$

mit

$$\frac{\delta F_{m,Z}}{\delta \mathbf{s}}[q] = p_{\exists,m} \cdot f_{\mathbf{S}}(\mathbf{s}) \cdot \langle f_m, p_{\mathrm{D}} \mathsf{L}_{\mathbf{z}} \rangle \, , \tag{E.52}$$

$$\frac{\delta F_{m,N}}{\delta \mathbf{s}}[q] = p_{\exists,m} \cdot f_{\mathbf{S}}(\mathbf{s}) \cdot \langle f_m, 1-p_{\mathrm{D}} \rangle \, . \tag{E.53}$$

Anwenden der Produktregel auf Gl. (E.47a) und Einsetzen der bisherigen Zwischenergebnisse liefert nach elementaren Umformungen

$$D_{\mathbf{S}^*}(\mathbf{s}) = f_{\mathbf{S}}(\mathbf{s}) \cdot \sum_m p_{\exists,m} \left[\langle f_m, 1-p_{\mathrm{D}} \rangle \cdot \frac{1}{1 - p_{\exists,m} \langle\!\langle p_{\mathrm{D}} \rangle\!\rangle_m} \right.$$
$$\left. + \sum_{\mathbf{z} \in z} \frac{\langle f_m, p_{\mathrm{D}} \mathsf{L}_{\mathbf{z}} \rangle (1 - p_{\exists,m} \langle\!\langle p_{\mathrm{D}} \rangle\!\rangle_m) - p_{\exists,m} \langle\!\langle p_{\mathrm{D}} \mathsf{L}_{\mathbf{z}} \rangle\!\rangle_m \langle f_m, 1-p_{\mathrm{D}} \rangle}{(1 - p_{\exists,m} \langle\!\langle p_{\mathrm{D}} \rangle\!\rangle_m)^2 \left(D_{\mathrm{C}}(\mathbf{z}_l) + \sum_m \frac{p_{\exists,m} \langle\!\langle p_{\mathrm{D}} \mathsf{L}_{\mathbf{z}_l} \rangle\!\rangle_m}{1 - p_{\exists,m} \langle\!\langle p_{\mathrm{D}} \rangle\!\rangle_m} \right)} \right] . \tag{E.54}$$

E.16 Rekursive Berechnung der Subassoziations-*Likelihood* und -Matrix

Mit $c \in i$ gelten

$$\lambda(i, z) = \sum_{\substack{\uplus \, w_m = z \\ m \in i}} \prod_m \lambda_{m,l_m} = \sum_{w_c \in z} \lambda_{c,l_c} \cdot \sum_{\substack{\uplus \, w_m = z \setminus w_c \\ m \in i \setminus \{c\}}} \prod_m \lambda_{m,l_m} \tag{E.55}$$
$$= \sum_{w_c \in z} \lambda_{c,l_c} \cdot \lambda(i \setminus \{c\}, z \setminus w_c)$$

sowie

$$\boldsymbol{\Lambda}(i, z) = \sum_{\substack{\uplus \, w_m = z \\ m \in i}} \left(\prod_m \lambda_{m,l_m} \right) \cdot \left(\sum_m \mathbf{T}_{m,l_m} \right)$$
$$= \sum_{w_c \in z} \sum_{\substack{\uplus \, w_m = z \setminus w_c \\ m \in i \setminus \{c\}}} \left[\left(\lambda_{c,l_c} \prod_m \lambda_{m,l_m} \right) \cdot \left(\mathbf{T}_{c,l_c} + \sum_m \mathbf{T}_{m,l_m} \right) \right] \tag{E.56}$$

$$= \sum_{\mathsf{w}_c \in \mathsf{z}} \left[\lambda_{c,l_c} \cdot \mathbf{T}_{c,l_c} \cdot \sum_{\substack{\biguplus_{m \in \mathsf{i} \setminus \{c\}} \mathsf{w}_m = \mathsf{z} \setminus \mathsf{w}_c}} \prod_m \lambda_{m,l_m} \right.$$

$$\left. + \lambda_{c,l_c} \cdot \sum_{\substack{\biguplus_{m \in \mathsf{i} \setminus \{c\}} \mathsf{w}_m = \mathsf{z} \setminus \mathsf{w}_c}} \left(\prod_m \lambda_{m,l_m} \right) \cdot \left(\sum_m \mathbf{T}_{m,l_m} \right) \right]$$

$$= \sum_{\mathsf{w}_c \in \mathsf{z}} \lambda_{c,l_c} \cdot \mathbf{T}_{c,l_c} \cdot \lambda(\mathsf{i} \setminus \{c\}, \mathsf{z} \setminus \{\mathsf{w}_c\}) + \lambda_{c,l_c} \cdot \mathbf{\Lambda}(\mathsf{i} \setminus \{c\}, \mathsf{z} \setminus \{\mathsf{w}_c\}) . \blacksquare$$

$$(\text{E.57})$$

F Pseudocode für die effiziente Berechnung von Λ

```
foreach  d : d ⊆ z  {
  λ(d)  = 1;
  Λ(d)  = 0|x|×(|z|+1);
}
for  m=1:|x|  {
  for  c=min(|z|,m):−1:0  {
    foreach  d : d ⊆ z ∧ |d| = c  {
      λ(d)  = λc,∅·λ(d);
      Λ(d)  = Tc,∅·λ(d) + λc,∅·Λ(d);
      foreach  z ∈ d  {
        λ(d)  += λc,z·λ(d \ {z});
        Λ(d)  += λc,z·Tc,z·λ(d \ {z}) + λc,z·Λ(d \ {z});
      }
    }
  }
}
Λ  = 0|x|×(|z|+1);
foreach  d ⊆ z  {
  Λ  += Dc^(z\d)·Λ(d);
}
```

Literaturverzeichnis

[1] **Alspach, D.** und **H. Sorenson**: *Nonlinear Bayesian estimation using Gaussian sum approximations.* IEEE Transactions on Automatic Control, 17(4):S. 439–448, 1972.

[2] **Arasaratnam, I.** und **S. Haykin**: *Cubature Kalman filters.* IEEE Transactions on Automatic Control, 54(6):S. 1254–1269, 2009.

[3] **Asl, H. G.** und **S. H. Pourtakdoust**: *UD covariance factorization for unscented Kalman filter using sequential measurements update.* World Academy of Science, Engineering and Technology, 25(4):S. 368–376, 2007.

[4] **Balakwmar, B., A. Sinha, T. Kirubarajan** und **J. P. Reilly**: *PHD filtering for tracking an unknown number of sources using an array of sensors.* In *13th Workshop on Statistical Signal Processing*, S. 43–48. 2005.

[5] **Bar-Shalom, Y.** und **X. R. Li**: *Multitarget-Multisensor tracking: principles and techniques.* Yaakov Bar-Shalom, 1995.

[6] **Bar-Shalom, Y., X. R. Li** und **T. Kirubarajan**: *Estimation with applications to tracking and navigation: theory, algorithms and software.* John Wiley & Sons, 2001.

[7] **Bar-Shalom, Y.** und **E. Tse**: *Tracking in a cluttered environment with probabilistic data association.* Automatica, 11(5):S. 451–460, 1975.

[8] **Bell, B. M.** und **F. W. Cathey**: *The iterated Kalman filter update as a Gauss-Newton method.* IEEE Transactions on Automatic Control, 38(2):S. 294 –297, 1993.

[9] **Blackman, S. S.**: *Multiple hypothesis tracking for multiple target tracking.* IEEE Aerospace and Electronic Systems Magazine, 19(1):S. 5–18, 2004.

[10] **Blom, H. A. P.** und **Y. Bar-Shalom**: *The interacting multiple model algorithm for systems with Markovian switching coefficients.* IEEE Transactions on Automatic Control, 33(8):S. 780–783, 1988.

[11] **Blom, H. A. P.** und **E. A. Bloem**: *Probabilistic data association avoiding track coalescence.* IEEE Transactions on Automatic Control, 45(2):S. 247–259, 2000.

[12] **Boers, Y., H. Driessen, J. Torstensson, M. Trieb, R. Karlsson** und **F. Gustafsson**: *Track-before-detect algorithm for tracking extended targets.* IEE Proceedings Radar, Sonar and Navigation, 153(4):S. 345–351, 2006.

[13] **Boers, Y.** und **J. N. Driessen**: *Interacting multiple model particle filter.* IEE Proceedings Radar, Sonar and Navigation, 150(5):S. 344–349, 2003.

[14] **Boers, Y.** und **J. N. Driessen**: *Multitarget particle filter track before detect application.* IEE Proceedings Radar, Sonar and Navigation, 151(6):S. 351–357, 2004.

[15] **Bolić, M., P. M. Djurić** und **S. Hong**: *Resampling algorithms for particle filters: a computational complexity perspective.* EURASIP Journal on Advances in Signal Processing, 2004(15):S. 2267–2277, 2004.

[16] **Clark, D.** und **S. Godsill**: *Group target tracking with the Gaussian mixture probability hypothesis density filter.* In *International Conference on Intelligent Sensors, Sensor Networks and Information,* S. 149–154. 2007.

[17] **Clark, D. E., A.-T. Cemgil, P. Peeling** und **S. Godsill**: *Multi-object tracking of sinusoidal components in audio with the Gaussian mixture probability hypothesis density filter.* In *IEEE Workshop on Applications of Signal Processing to Audio and Acoustics,* S. 339–342. 2007.

[18] **Clark, D. E.** und **S. Godsill**: *Gaussian mixture implementations of probability hypothesis density filters for non-linear dynamical models.* IET Seminar on Target Tracking and Data Fusion Algorithms and Applications, 2008(12273):S. 19–28, 2008.

[19] **Clark, D. E., B. Ristic** und **B.-N. Vo**: *PHD filtering with target amplitude feature.* In *11th International Conference on Information Fusion,* S. 1–7. 2008.

[20] **Clark, D. E., I. T. Ruiz, Y. Petillot** und **J. Bell**: *Particle PHD filter multiple target tracking in sonar image.* IEEE Transactions on Aerospace and Electronic Systems, 43(1):S. 409, 2007.

[21] **Clark, D. E., B. Vo** und **J. Bell**: *GM-PHD filter multi-target tracking in sonar images.* Proc. SPIE Defense and Security, 6235:S. 1–8, 2006.

[22] **Clark, D. E.** und **B.-N. Vo**: *Convergence analysis of the Gaussian mixture PHD filter.* IEEE Transactions on Signal Processing, 55(4):S. 1204–1212, 2007.

[23] **Cox, I. J.** und **S. L. Hingorani**: *An efficient implementation of Reid's multiple hypothesis tracking algorithm and its evaluation for the purpose of visual tracking.* IEEE Transactions on Pattern Analysis and Machine Intelligence, 18(2):S. 138–150, 1996.

[24] **Davey, S. J., M. G. Rutten** und **B. Cheung**: *A comparison of detection performance for several track-before-detect algorithms.* In *11th International Conference on Information Fusion,* S. 1 –8. 2008.

[25] **Doucet, A., N. De Freitas** und **N. Gordon**: *Sequential Monte Carlo methods in practice.* Springer Verlag, 2001.

[26] **Dowson, D. C.** und **B. V. Landau**: *The Fréchet distance between multivariate normal distributions.* Journal of Multivariate Analysis, 12(3):S. 450–455, 1982.

[27] **Duong, T.** und **M. L. Hazelton**: *Cross-validation bandwidth matrices for multivariate kernel density estimation.* Scandinavian Journal of Statistics, 32(3):S. 485–506, 2005.

[28] **Dyckmanns, H., R. Matthaei, M. Maurer** und **B. Lichte**: *Object tracking in urban intersections: active interacting multi model filter with handling of uncertainties of map matching.* In *14th International Conference on Information Fusion*, S. 1–8. 2011.

[29] **Farmer, M. E., R.-L. Hsu** und **A. K. Jain**: *Interacting multiple model (IMM) Kalman filters for robust high speed human motion tracking.* In *16th International Conference on Pattern Recognition*, Band 2, S. 20–23. 2002.

[30] **Filippone, M.** und **G. Sanguinetti**: *Approximate inference of the bandwidth in multivariate kernel density estimation.* Computational Statistics & Data Analysis, 55(12):S. 3104–3122, 2011.

[31] **Fortmann, T., Y. Bar-Shalom** und **M. Scheffe**: *Sonar tracking of multiple targets using joint probabilistic data association.* IEEE Journal of Oceanic Engineering, 8(3):S. 173–184, 1983.

[32] **Gales, M. J. F.** und **S. S. Airey**: *Product of Gaussians for speech recognition.* Computer Speech & Language, 20:S. 22–40, 2006.

[33] **Gelb, A.**: *Applied optimal estimation.* MIT Press, 1974.

[34] **Hekler, A., M. Kiefel** und **U. D. Hanebeck**: *Nonlinear Bayesian estimation with compactly supported wavelets.* In *IEEE Conference on Decision and Control.* Atlanta, Georgia, 2010.

[35] **Hoffmann, C.** und **T. Dang**: *Cheap joint probabilistic data association filters in an interacting multiple model design.* Robotics and Autonomous Systems, 57(3):S. 268–278, 2009.

[36] **Horridge, P.** und **S. Maskell**: *Real-time tracking of hundreds of targets with efficient exact JPDAF implementation.* In *9th International Conference on Information Fusion*, S. 1–8. 2006.

[37] **Hoseinnezhad, R., B.-N. Vo, D. Suter** und **B.-T. Vo**: *Multi-object filtering from image sequence without detection.* In *IEEE International Conference on Acoustics Speech and Signal Processing*, S. 1154–1157. 2010.

[38] **Hoseinnezhad, R., B.-N. Vo, B.-T. Vo** und **D. Suter**: *Bayesian integration of audio and visual information for multi-target tracking using a CB-member filter.* In *IEEE International Conference on Acoustics, Speech and Signal Processing*, S. 2300–2303. 2011.

[39] **Huber, M. F.** und **U. D. Hanebeck**: *Gaussian filter based on deterministic sampling for high quality nonlinear estimation*. In *17th IFAC World Congress*, Band 1, S. 13.527–13.532. IFAC, 2008.

[40] **Huber, M. F.** und **U. D. Hanebeck**: *Progressive Gaussian mixture reduction*. In *11th International Conference on Information Fusion*, S. 1–8. 2008.

[41] **Huck, T., A. Westenberger, M. Fritzsche, T. Schwarz** und **K. Dietmayer**: *Precise timestamping and temporal synchronization in multi-sensor fusion*. In *IEEE Intelligent Vehicles Symposium*, S. 242 –247. 2011.

[42] **Jianjun, Y., Z. Jianqiu** und **Z. Zesen**: *Gaussian sum PHD filtering algorithm for nonlinear non-Gaussian models*. Chinese Journal of Aeronautics, 21(4):S. 341–351, 2008.

[43] **Jondral, F.** und **A. Wiesler**: *Wahrscheinlichkeitsrechnung und stochastische Prozesse*. Teubner, 2. Auflage, 2002.

[44] **Julier, S. J.**: *The scaled unscented transformation*. In *American Control Conference*, Band 6, S. 4555–4559. 2002.

[45] **Julier, S. J.**: *The spherical simplex unscented transformation*. In *American Control Conference*, Band 3, S. 2430–2434. 2003.

[46] **Julier, S. J.** und **J. K. Uhlmann**: *Unscented filtering and nonlinear estimation*. Proceedings of the IEEE, 92(3):S. 401–422, 2004.

[47] **Kalman, R. E.**: *A new approach to linear filtering and prediction problems*. Transactions of the ASME Journal of Basic Engineering, 82(82 (Series D)):S. 35–45, 1960.

[48] **Kämpchen, N.**: *Feature-level fusion of laser scanner and video data for advanced driver assistance systems*. Dissertation, Universität Ulm, 2007.

[49] **Kiencke, U.**: *Ereignisdiskrete Systeme*. Oldenbourg, 2. Auflage, 2006.

[50] **Kiencke, U., M. Schwarz** und **T. Weickert**: *Signalverarbeitung – Zeit-Frequenz-Analyse und Schätzverfahren*. Oldenbourg, München, 1. Auflage, 2008.

[51] **Kirubarajan, T.** und **Y. Bar-Shalom**: *Kalman filter versus IMM estimator: when do we need the latter?* IEEE Transactions on Aerospace and Electronic Systems, 39(4):S. 1452–1457, 2003.

[52] **Kuhn, H. W.**: *The Hungarian method for the assignment problem*. In M. Jünger, T. M. Liebling, D. Naddef, G. L. Nemhauser, W. R. Pulleyblank, G. Reinelt, G. Rinaldi und L. A. Wolsey (Hrsg.), *50 Years of Integer Programming 1958-2008*, Kapitel 2, S. 29–47. Springer Berlin Heidelberg, Berlin, Heidelberg, 2010.

[53] **Li, X. R.** und **Y. Bar-Shalom**: *Design of interacting multiple model algorithm for tracking in air traffic control systems*. In *32nd IEEE Conference on Decision and Control*, S. 906–911. 1993.

[54] **Li, X. R.** und **V. P. Jilkov**: *Survey of maneuvering target tracking. Part V. Multiple-model methods*. IEEE Transactions on Aerospace and Electronic Systems, 41(4):S. 1255–1321, 2005.

[55] **Lin, L., Y. Bar-Shalom** und **T. Kirubarajan**: *Track labeling and PHD filter for multitarget tracking*. IEEE Transactions on Aerospace and Electronic Systems, 42(3):S. 778–795, 2006.

[56] **Liu, F., J. Sparbert** und **C. Stiller**: *IMMPDA vehicle tracking system using asynchronous sensor fusion of radar and vision*. In *IEEE Intelligent Vehicles Symposium*, S. 168–173. 2008.

[57] **Ma, W.-K., B.-N. Vo, S. S. Singh** und **A. Baddeley**: *Tracking an unknown time-varying number of speakers using TDOA measurements: a random finite set approach*. IEEE Transactions on Signal Processing, 54(9):S. 3291–3304, 2006.

[58] **Maggio, E., M. Taj** und **A. Cavallaro**: *Efficient multitarget visual tracking using random finite sets*. IEEE Transactions on Circuits and Systems for Video Technology, 18(8):S. 1016–1027, 2008.

[59] **Mahalanobis, P. C.**: *On the generalised distance in statistics*. In *Proceedings National Institute of Science, India*, Band 2, S. 49–55. 1936.

[60] **Mahler, R.**: *Sensor management with non-ideal sensor dynamics*. In *7th International Conference on Information Fusion*. 2004.

[61] **Mahler, R. P. S.**: *Multitarget Bayes filtering via first-order multitarget moments*. IEEE Transactions on Aerospace and Electronic Systems, 39(4):S. 1152–1178, 2003.

[62] **Mahler, R. P. S.**: *PHD filters of higher order in target number*. IEEE Transactions on Aerospace and Electronic Systems, 43(4):S. 1523–1543, 2007.

[63] **Mahler, R. P. S.**: *Statistical multisource-multitarget information fusion*. Artech House, Inc., Norwood, MA, USA, 2007.

[64] **Mählisch, M.**: *Filtersynthese zur simultanen Minimierung von Existenz-, Assoziations- und Zustandsunsicherheiten in der Fahrzeugumfelderfassung mit heterogenen Sensoren*. Dissertation, Universität Ulm, 2009.

[65] **Mählisch, M., R. Schweiger, W. Ritter** und **K. Dietmayer**: *Multisensor Vehicle Tracking with the Probability Hypothesis Density Filter*. In *9th International Conference on Information Fusion*, S. 1–8. 2006.

[66] **Morelande, M. R.** und **S. Challa**: *A multitarget tracking algorithm based on random sets*. In *Sixth International Conference of Information Fusion*, Band 2, S. 807–814. 2003.

[67] **Morelande, M. R., C. M. Kreucher** und **K. Kastella**: *A Bayesian approach to multiple target detection and tracking*. IEEE Transactions on Signal Processing, 55(5):S. 1589–1604, 2007.

[68] **Mullane, J., B.-N. Vo, M. D. Adams** und **B.-T. Vo**: *A random finite set approach to Bayesian SLAM*. IEEE Transactions on Robotics, 27(2):S. 268–282, 2011.

[69] **Munkres, J.**: *Algorithms for the assignment and transportation problems*. Journal of the Society for Industrial and Applied Mathematics, 5(1):S. 32–38, 1957.

[70] **Musicki, D.** und **R. Evans**: *Joint integrated probabilistic data association: JIPDA*. IEEE Transactions on Aerospace and Electronic Systems, 40(3):S. 1093–1099, 2004.

[71] **Musicki, D., R. Evans** und **S. Stankovic**: *Integrated probabilistic data association*. IEEE Transactions on Automatic Control, 39(6):S. 1237–1241, 1994.

[72] **Norgaard, M., N. K. Poulsen** und **O. Ravn**: *New developments in state estimation for nonlinear systems*. Automatica, 36(11):S. 1627–1638, 2000.

[73] **Novoselov, R. Y., S. M. Herman, S. M. Gadaleta** und **A. B. Poore**: *Mitigating the effects of residual biases with Schmidt-Kalman filtering*. In *8th International Conference on Information Fusion*, Band 1, S. 8 pp. 2005.

[74] **Panta, K., D. E. Clark** und **B.-N. Vo**: *Data association and track management for the Gaussian mixture probability hypothesis density filter*. IEEE Transactions on Aerospace and Electronic Systems, 45(3):S. 1003–1016, 2009.

[75] **Panta, K., B. Vo, S. Singh** und **A. Doucet**: *Probability hypothesis density filter versus multiple hypothesis tracking*, Band 5429, S. 284–295. Spie, 2004.

[76] **Papoulis, A.**: *Probability, random variables and stochastic processes*. McGraw-Hill, 3. Auflage, 1991.

[77] **Pasha, A., B. Vo, H. D. Tuan** und **W.-K. Ma**: *Closed form PHD filtering for linear jump Markov models*. In *9th International Conference on Information Fusion*, S. 1–8. 2006.

[78] **Pitt, M. K.** und **N. Shephard**: *Filtering via simulation: auxiliary particle filters*. Journal of the American Statistical Association, 94(446):S. 590–599, 1999.

[79] **Puente León, F.** und **U. Kiencke**: *Messtechnik – Systemtheorie für Ingenieure und Informatiker*. Springer-Verlag, Berlin Heidelberg, 8. Auflage, 2011.

[80] **Puente León, F.** und **H. Ruser**: *Information fusion – overview and taxonomy*. In F. Puente (Hrsg.), *Reports on Distributed Measurement Systems*, S. 1–18. Shaker Verlag, 2008.

[81] **Rasmussen, C. E.** und **C. K. I. Williams**: *Gaussian processses for machine learning*. MIT Press, 2. Auflage, 2006.

[82] **Rauch, A., F. Klanner** und **K. Dietmayer**: *Analysis of V2X communication parameters for the development of a fusion architecture for cooperative perception systems.* In *IEEE Intelligent Vehicles Symposium*, S. 685–690. 2011.

[83] **Richter, E., M. Obst, M. Noll** und **G. Wanielik**: *Tracking multiple extended objects – a Markov chain Monte Carlo approach.* In *14th International Conference on Information Fusion*, S. 1–8. 2011.

[84] **Ristic, B., D. Clark** und **B.-N. Vo**: *Improved SMC implementation of the PHD filter.* In *13th International Conference on Information Fusion*, S. 1–8. 2010.

[85] **Rutten, M. G., B. Ristic** und **N. J. Gordon**: *A comparison of particle filters for recursive track-before-detect.* In *8th International Conference on Information Fusion*, Band 1, S. 7 pp. 2005.

[86] **Salmond, D. J.**: *Mixture reduction algorithms for target tracking.* In *IEE Colloquium on State Estimation in Aerospace and Tracking Applications*, S. 7/1 –7/4. 1989.

[87] **Särkka, S., A. Vehtari** und **J. Lampinen**: *Rao-Blackwellized particle filter for multiple target tracking.* Information Fusion, 8(1):S. 2–15, 2007.

[88] **Schei, T. S.**: *A finite-difference approach to linearization in nonlinear estimation algorithms.* In *American Control Conference*, Band 1, S. 114–118. 1995.

[89] **Schieferdecker, D.** und **M. F. Huber**: *Gaussian mixture reduction via clustering.* In *12th International Conference on Information Fusion*, S. 1536–1543. 2009.

[90] **Schikora, M., D. Bender, D. Cremers** und **W. Koch**: *Passive multi-object localization and tracking using bearing data.* In *13th International Conference on Information Fusion*, S. 1–7. 2010.

[91] **Schmidt, S. F.**: *Advances in control systems. Theory and applications*, Band 3, Kapitel Application of state-space methods to navigation problems, S. 293–340. Academic Press, 1966.

[92] **Schön, T., F. Gustafsson** und **P.-J. Nordlund**: *Marginalized particle filters for mixed linear/nonlinear state-space models.* IEEE Transactions on Signal Processing, 53(7):S. 2279–2289, 2005.

[93] **Schuhmacher, D., B.-T. Vo** und **B.-N. Vo**: *A consistent metric for performance evaluation of multi-object filters.* IEEE Transactions on Signal Processing, 56(8):S. 3447–3457, 2008.

[94] **Sittler, R. W.**: *An Optimal Data Association Problem in Surveillance Theory.* IEEE Transactions on Military Electronics, 8(2):S. 125–139, 1964.

[95] **Sorenson, H. W.**: *Kalman filtering: Theory and application.* IEEE Press, 1985.

[96] **Thuy, M., J. Habigt** und **F. Puente León**: *Objektdetektion und -verfolgung durch nichtlineare Filterung und Fusion von Lidar- und Positionsdaten*. Technisches Messen, 77(4):S. 243–249, 2010.

[97] **Van der Merwe, R.** und **E. A. Wan**: *The square-root unscented Kalman filter for state and parameter-estimation*. In *IEEE International Conference on Acoustics, Speech, and Signal Processing*, Band 6, S. 3461–3464. 2001.

[98] **Vermaak, J., S. Maskell** und **M. Briers**: *A unifying framework for multi-target tracking and existence*. In *8th International Conference on Information Fusion*, Band 1, S. 9 pp. 2005.

[99] **Vo, B.-N.** und **W.-K. Ma**: *The Gaussian mixture probability hypothesis density filter*. IEEE Transactions on Signal Processing, 54(11):S. 4091–4104, 2006.

[100] **Vo, B.-N., A. Pasha** und **H. D. Tuan**: *A Gaussian mixture PHD filter for nonlinear jump Markov models*. In *45th IEEE Conference on Decision and Control*, S. 3162–3167. 2006.

[101] **Vo, B.-N.** und **S. Singh**: *On the Bayes filtering equations of finite set statistics*. In *5th Asian Control Conference*, Band 2, S. 1264–1269. 2004.

[102] **Vo, B.-N., S. Singh** und **A. Doucet**: *Sequential monte carlo implementation of the PHD filter for multi-target tracking*. In *Sixth International Conference of Information Fusion*, Band 2, S. 792–799. 2003.

[103] **Vo, B.-N., B.-T. Vo, N.-T. Pham** und **D. Suter**: *Joint detection and estimation of multiple objects from image observations*. IEEE Transactions on Signal Processing, 58(10):S. 5129–5141, 2010.

[104] **Vo, B. T.**: *Random finite sets in multi-object filtering*. Dissertation, University of Western Australia, 2008.

[105] **Vo, B.-T., B.-N. Vo** und **A. Cantoni**: *Analytic Implementations of the Cardinalized Probability Hypothesis Density Filter*. IEEE Transactions on Signal Processing, 55(7):S. 3553–3567, 2007.

[106] **Vo, B.-T., B.-N. Vo** und **A. Cantoni**: *The cardinality balanced multi-target multi-Bernoulli filter and its implementations*. IEEE Transactions on Signal Processing, 57(2):S. 409–423, 2009.

[107] **Wan, E. A.** und **R. Van Der Merwe**: *The unscented Kalman filter for nonlinear estimation*. In *IEEE Adaptive Systems for Signal Processing, Communications, and Control Symposium*, S. 153–158. 2000.

[108] **Whiteley, N., S. Singh** und **S. Godsill**: *Auxiliary particle implementation of probability hypothesis density filter*. IEEE Transactions on Aerospace and Electronic Systems, 46(3):S. 1437–1454, 2010.

[109] **Yang, N., W. Tian** und **Z. Jin**: *An interacting multiple model particle filter for manoeuvring target location*. Measurement Science and Technology, 17(6):S. 1307, 2006.

[110] **Yin, J., J. Zhang** und **L. Ni**: *The polynomial predictive particle MeMBer filter*. In *2nd International Conference on Mechanical and Electronics Engineering*, Band 1, S. 18–22. 2010.

[111] **Yin, J., J. Zhang** und **J. Zhao**: *The Gaussian particle multi-target multi-Bernoulli filter*. In *2nd International Conference on Advanced Computer Control*, Band 4, S. 556–560. 2010.

[112] **Zhang, S., Y. Bar-Shalom** und **G. Watson**: *Tracking with multisensor out-of-sequence measurements with residual biases*. In *13th International Conference on Information Fusion*, S. 1–8. 2010.

[113] **Zhang, X., R. D. Brooks** und **M. L. King**: *A Bayesian approach to bandwidth selection for multivariate kernel regression with an application to state-price density estimation*. Journal of Econometrics, 153(1):S. 21–32, 2009.

Eigene Veröffentlichungen

[114] **Bauer, M.** und **M. Kruse**: *Countering impulsive noise without channel coding*. In F. Puente und K. Dostert (Hrsg.), *Reports on Industrial Information Technology*, Band 12, S. 95–112. KIT Scientific Publishing, Karlsruhe, 2010.

[115] **Kruse, M.** und **F. Puente León**: *Mehrobjekt-Verfolgung mit dem PHD-Filter auf Basis von Radarmessungen*. In G. Scholl (Hrsg.), *XXIV. Messtechnisches Symposium des Arbeitskreises der Hochschullehrer für Messtechnik e.V. (AHMT)*, S. 40–50. Shaker Verlag, Aachen, 2010.

[116] **Kruse, M.** und **F. Puente León**: *Verteilte Multiobjekt-Multisensorfusion mit dem PHD-Filter*. In F. Puente León, K.-D. Sommer und M. Heizmann (Hrsg.), *Verteilte Messsysteme*, S. 231–242. KIT Scientific Publishing, Karlsruhe, 2010.

[117] **Kruse, M.** und **F. Puente León**: *Radargestützte Mehrobjekt-Verfolgung mit dem PHD-Filter*. Technisches Messen, 78(4):S. 190–195, 2011.

[118] **Kruse, M.** und **F. Puente León**: *Sensortechnik: Handbuch für Praxis und Wissenschaft*, Kapitel 20.3 Umfeldwahrnehmung. Springer-Verlag, Berlin Heidelberg, 2. Auflage, 2013.

[119] **Stiller, C., F. Puente León** und **M. Kruse**: *Information fusion for automotive applications – an overview*. Information Fusion, 12(4):S. 244–252, 2011.

Betreute Diplom- und Studienarbeiten

[120] **Bach, J.**: *Multiple-Target Multiple-Model Filter zur robusten Erkennung von Regentropfen auf der Windschutzscheibe.* Studienarbeit, KIT, 2011.

[121] **Faltinski, C.**: *Implementierung und Evaluierung eines JIPDA-Filters.* Diplomarbeit, KIT, 2011.

[122] **Herzmann, J.**: *Implementierung und Evaluierung eines Cardinality Balanced Multi-Target Multi-Bernoulli Filters.* Diplomarbeit, KIT, 2010.

[123] **Huy, N. Q.**: *Kompensation der Fahrzeugeigenbewegung zur optimierten Positionierung eines markierenden Lichtsystems.* Studienarbeit, KIT, 2011.

[124] **Kochendörfer, U. B.**: *Implementierung und Evaluierung eines JPDA-Filters.* Studienarbeit, KIT, 2010.

[125] **Lutz, R.**: *Positions- und Bewegungsschätzung von Objekten aus einem sich selbst bewegenden Bezugssystem als Grundlage für ein automotives Kollisionswarnmodul.* Studienarbeit, KIT, 2010.

[126] **Maurer, C.**: *Regionenbasierte Stereoschätzung.* Diplomarbeit, kit, 2010.

[127] **Mayer, S.**: *Entwurf eines Multi-Hypothesis-Trackers für kognitive Automobile.* Bachelorarbeit, KIT, 2011.

[128] **Pfau, J.**: *Implementierung und Evaluierung von Partikelfilter-Varianten.* Bachelorarbeit, KIT, 2010.

[129] **Schneider, J.**: *Multiobjekt-Verfolgung anhand Laufzeitunterschieden akustischer Signale.* Studienarbeit, KIT, 2010.

[130] **Susloparov, D.**: *Echtzeitfähige Implementierung einer berührungslosen Geschwindigkeitsmessung mittels Korrelationsverfahren.* Diplomarbeit, KIT, 2011.

[131] **Trusheim, F.**: *Positionsinnovatives Resampling im Bayes'schen-Korrekturschritt.* Bachelorarbeit, KIT, 2011.

[132] **Udelhoven, T.**: *Entwurf eines Probability Hypothesis Density Filters für Kognitive Automobile.* Diplomarbeit, KIT, 2010.

**Forschungsberichte
aus der Industriellen Informationstechnik
(ISSN 2190-6629)**

Institut für Industrielle Informationstechnik
Karlsruher Institut für Technologie

Hrsg.: Prof. Dr.-Ing. Fernando Puente León, Prof. Dr.-Ing. habil. Klaus Dostert

Die Bände sind unter www.ksp.kit.edu als PDF frei verfügbar oder als Druckausgabe bestellbar.

Band 1   Pérez Grassi, Ana
          **Variable illumination and invariant features for detecting and
          classifying varnish defects.** (2010)
          ISBN 978-3-86644-537-6

Band 2   Christ, Konrad
          **Kalibrierung von Magnet-Injektoren für Benzin-Direkteinspritzsysteme
          mittels Körperschall.** (2011)
          ISBN 978-3-86644-718-9

Band 3   Sandmair, Andreas
          **Konzepte zur Trennung von Sprachsignalen in unterbestimmten
          Szenarien.** (2011)
          ISBN 978-3-86644-744-8

Band 4   Bauer, Michael
          **Vergleich von Mehrträger-Übertragungsverfahren und Entwurfs-
          kriterien für neuartige Powerline-Kommunikationssysteme zur
          Realisierung von Smart Grids.** (2012)
          ISBN 978-3-86644-779-0

Band 5   Kruse, Marco
          **Mehrobjekt-Zustandsschätzung mit verteilten Sensorträgern am
          Beispiel der Umfeldwahrnehmung im Straßenverkehr** (2013)
          ISBN 978-3-86644-982-4